西北旱区生态水利学术著作丛书

丹汉江流域清洁小流域
理论与实践

张秦岭　李占斌　宋晓强　李　鹏
　　　　同新奇　唐润芒　徐国策　　　著

科学出版社
北京

内 容 简 介

　　本书根据南水北调中线水源区水土流失治理与非点源污染控制的要求，系统分析梯田、林草等水土保持措施对水土流失与非点源污染的控制作用，深入研究生态渗滤沟的非点源污染调控作用，提出非点源污染控制与修复措施体系，并从坡面、小流域及河流等不同尺度归纳总结丹汉江水源区流域-河流治理模式。在此基础上，本书还系统阐述生态清洁小流域的内涵、指导思想和建设技术体系，从目标、理念、措施和管理等角度阐明生态清洁小流域与传统小流域综合治理的区别。本书结合丹汉江水源区水土流失与非点源污染治理的实践，对丹汉江水源区清洁小流域建设与示范实践工作进行总结，提出多种类型清洁小流域的建设模式。最后，提出生态流域清洁小流域建设管理体制与控制战略。

　　本书可供水土保持、环境科学、地理科学、水文学、流域管理等领域相关科技人员和高等院校师生参考。

图书在版编目（CIP）数据

丹汉江流域清洁小流域理论与实践 / 张秦岭等著. —北京：科学出版社，2018.6

　（西北旱区生态水利学术著作丛书）

　ISBN 978-7-03-057804-4

　Ⅰ.①丹…　Ⅱ.①张…　Ⅲ.①流域污染-非点污染源-污染控制-研究-陕西　Ⅳ.①X522

中国版本图书馆 CIP 数据核字（2018）第 126214 号

责任编辑：祝　洁　白　丹 / 责任校对：郭瑞芝
责任印制：张　伟 / 封面设计：迷底书装

科学出版社 出版
北京东黄城根北街 16 号
邮政编码：100717
http://www.sciencep.com

北京建宏印刷有限公司 印刷
科学出版社发行　各地新华书店经销

*

2018 年 6 月第　一　版　开本：720×1000　B5
2018 年 6 月第一次印刷　印张：21
字数：415 000

定价：**150.00** 元

（如有印装质量问题，我社负责调换）

《西北旱区生态水利学术著作丛书》学术委员会

《西北旱区生态水利学术著作丛书》编写委员会

总 序 一

水资源作为人类社会赖以延续发展的重要要素之一，主要来源于以河流、湖库为主的淡水生态系统。这个占据着少于 1%地球表面的重要系统虽仅容纳了地球上全部水量的 0.01%，但却给全球社会经济发展提供了十分重要的生态服务，尤其是在全球气候变化的背景下，健康的河湖及其完善的生态系统过程是适应气候变化的重要基础，也是人类赖以生存和发展的必要条件。人类在开发利用水资源的同时，对河流上下游的物理性质和生态环境特征均会产生较大影响，从而打乱了维持生态循环的水流过程，改变了河湖及其周边区域的生态环境。如何维持水利工程开发建设与生态环境保护之间的友好互动，构建生态友好的水利工程技术体系，成为传统水利工程发展与突破的关键。

构建生态友好的水利工程技术体系，强调的是水利工程与生态工程之间的交叉融合，由此生态水利工程的概念应运而生，这一概念的提出是新时期社会经济可持续发展对传统水利工程的必然要求，是水利工程发展史上的一次飞跃。作为我国水利科学的国家级科研平台，西北旱区生态水利工程省部共建国家重点实验室培育基地（西安理工大学）是以生态水利为研究主旨的科研平台。该平台立足我国西北旱区，开展旱区生态水利工程领域内基础问题与应用基础研究，解决若干旱区生态水利领域内的关键科学技术问题，已成为我国西北地区生态水利工程领域高水平研究人才聚集和高层次人才培养的重要基地。

《西北旱区生态水利学术著作丛书》作为重点实验室相关研究人员近年来在生态水利研究领域内代表性成果的凝炼集成，广泛深入地探讨了西北旱区水利工程建设与生态环境保护之间的关系与作用机理，丰富了生态水利工程学科理论体系，具有较强的学术性和实用性，是生态水利工程领域内重要的学术文献。丛书的编纂出版，既是对重点实验室研究成果的总结，又对今后西北旱区生态水利工程的建设、科学管理和高效利用具有重要的指导意义，为西北旱区生态环境保护、水资源开发利用及社会经济可持续发展中亟待解决的技术及政策制定提供了重要的科技支撑。

中国科学院院士 王光谦

2016 年 9 月

总 序 二

近 50 年来全球气候变化及人类活动的加剧,影响了水循环诸要素的时空分布特征,增加了极端水文事件发生的概率,引发了一系列社会-环境-生态问题,如洪涝、干旱灾害频繁,水土流失加剧,生态环境恶化等。这些问题对于我国生态本底本就脆弱的西北地区而言更为严重,干旱缺水(水少)、洪涝灾害(水多)、水环境恶化(水脏)等严重影响着西部地区的区域发展,制约着西部地区作为"一带一路"桥头堡作用的发挥。

西部大开发水利要先行,开展以水为核心的水资源-水环境-水生态演变的多过程研究,揭示水利工程开发对区域生态环境影响的作用机理,提出水利工程开发的生态约束阈值及减缓措施,发展适用于我国西北旱区河流、湖库生态环境保护的理论与技术体系,确保区域生态系统健康及生态安全,既是水资源开发利用与环境规划管理范畴内的核心问题,又是实现我国西部地区社会经济、资源与环境协调发展的现实需求,同时也是对"把生态文明建设放在突出地位"重要指导思路的响应。

在此背景下,作为我国西部地区水利学科的重要科研基地,西北旱区生态水利工程省部共建国家重点实验室培育基地(西安理工大学)依托其在水利及生态环境保护方面的学科优势,汇集近年来主要研究成果,组织编纂了《西北旱区生态水利学术著作丛书》。该丛书兼顾理论基础研究与工程实际应用,对相关领域专业技术人员的工作起到了启发和引领作用,对丰富生态水利工程学科内涵、推动生态水利工程领域的科技创新具有重要指导意义。

在发展水利事业的同时,保护好生态环境,是历史赋予我们的重任。生态水利工程作为一个新的交叉学科,相关研究尚处于起步阶段,期望以此丛书的出版为契机,促使更多的年轻学者发挥其聪明才智,为生态水利工程学科的完善、提升做出自己应有的贡献。

中国工程院院士

2016 年 9 月

总　序　三

　　我国西北干旱地区地域辽阔、自然条件复杂、气候条件差异显著、地貌类型多样，是生态环境最为脆弱的区域。20世纪80年代以来，随着经济的快速发展，生态环境承载负荷加大，遭受的破坏亦日趋严重，由此导致各类自然灾害呈现分布渐广、频次显增、危害趋重的发展态势。生态环境问题已成为制约西北旱区社会经济可持续发展的主要因素之一。

　　水是生态环境存在与发展的基础，以水为核心的生态问题是环境变化的主要原因。西北干旱生态脆弱区由于地理条件特殊，资源性缺水及其时空分布不均的问题同时存在，加之水土流失严重导致水体含沙量高，对种类繁多的污染物具有显著的吸附作用。多重矛盾的叠加，使得西北旱区面临的水问题更为突出，急需在相关理论、方法及技术上有所突破。

　　长期以来，在解决如上述水问题方面，通常是从传统水利工程的逻辑出发，以人类自身的需求为中心，忽略甚至破坏了原有生态系统的固有服务功能，对环境造成了不可逆的损伤。老子曰"人法地，地法天，天法道，道法自然"，水利工程的发展绝不应仅是工程理论及技术的突破与创新，而应调整以人为中心的思维与态度，遵循顺其自然而成其所以然之规律，实现由传统水利向以生态水利为代表的现代水利、可持续发展水利的转变。

　　西北旱区生态水利工程省部共建国家重点实验室培育基地（西安理工大学）从其自身建设实践出发，立足于西北旱区，围绕旱区生态水文、旱区水土资源利用、旱区环境水利及旱区生态水工程四个主旨研究方向，历时两年筹备，组织编纂了《西北旱区生态水利学术著作丛书》。

　　该丛书面向推进生态文明建设和构筑生态安全屏障、保障生态安全的国家需求，瞄准生态水利工程学科前沿，集成了重点实验室相关研究人员近年来在生态水利研究领域内取得的主要成果。这些成果既关注科学问题的辨识、机理的阐述，又不失在工程实践应用中的推广，对推动我国生态水利工程领域的科技创新，服务区域社会经济与生态环境保护协调发展具有重要的意义。

中国工程院院士

2016 年 9 月

前　言

　　生态清洁小流域是随着近些年我国经济社会的快速发展与水环境不断恶化的矛盾而提出的。在社会城镇化发展水平不断提高的过程中，越来越多的地区面临着水土流失加剧、农村生活污水和垃圾增多、农田化肥农药过量施用和非点源污染肆意蔓延等一系列生态环境问题，特别是水库上游地区和一些水源区的水生态安全受到了严重威胁。生态清洁小流域正是基于这样的背景，在探求解决水源区这些突出的环境问题过程中，对传统小流域综合治理不断拓展、丰富和总结而逐步发展起来的。

　　2003 年，北京市以保障首都水源安全和绿色奥运为目标，率先开展了生态清洁型小流域建设实践，取得了良好的效果。2005 年，根据经济社会发展的新形势，在总结北京经验的基础上，水利部明确提出控制非点源污染是我国水土保持工作的六大任务之一，并首批安排北京市密云水库等全国十座水库（水源区）开展非点源污染水土流失防治试点工作，其核心内容是生态清洁型小流域建设。2006 年，水利部在全国 30 个省（自治区、直辖市）的 81 个县（市、区）开展了生态清洁型小流域试点工程建设，从此拉开了全国生态清洁型小流域建设的序幕。

　　按照国家部署，陕西省生态清洁小流域最初于 2006 年 12 月在桃曲坡水库和冯家山水库率先开展了两条生态清洁小流域试点工程。2008 年，陕西省在国家南水北调中线工程的水源区——陕西省南部的丹江和汉江（简称丹汉江水源区）开展了生态清洁小流域的试点工程。2010 年 3 月，结合"丹汉江水源区水土流失非点源污染过程与调控"等相关科研课题，陕西省水土保持局召开了生态清洁小流域建设研讨会，正式拉开了全省生态清洁小流域建设的序幕，并在陕西省南部（简称陕南）地区逐年扩大范围，探索生态清洁小流域的建设模式。通过探索与实践逐步深刻地认识了生态清洁小流域的建设模式，并取得了一些成绩，对丹汉江水源区的经济社会发展和全省生态清洁小流域的建设起到了良好的示范作用。

　　通过近年来大量的探索实践工作，"丹汉江水源区水土流失非点源污染过程与调控"课题组从清洁小流域的规划、设计、措施布设以及维护管理等方面进行了创新和集成。与传统小流域综合治理相比，生态清洁小流域在建设目标上以水土流失防治目标为基础，增加了防治非点源污染的目标。截至 2016 年 12 月，陕西省共建成清洁小流域 80 多条。随着国家"五位一体"和生态文明建设战略的提出，"绿水青山就是金山银山"的生态建设理念逐渐深入人心。生态清洁小流域建设必将进入一个新的发展阶段。因此，课题组全力总结陕西省与全国其他地区清洁小流域建设的经验，将最新的研究成果引入清洁小流域的建设中，并凝练成书以飨读者，以期在总结经验的同时，为未来研究奠定坚实的基础。本书由张秦岭、李占斌主笔，宋晓强、李鹏、同新奇、唐润芒和徐国策等负责本书编写整理工作。具体编写分工如下：第 1 章，张铁钢、刘晓君、时鹏、杨媛媛；第 2 章，王星、张秦岭、任宗萍、程圣东、高海东；第 3 章，李鹏、徐国策、王友胜、张铁钢、于坤霞、成玉婷、马田田；第 4 章，宇涛、王星、张秦岭、王友胜、黄萍萍、杨瑞编写；第 5 章，李占斌、李鹏、鲁克新、肖列、孙倩、杨瑞；第 6 章，徐国策、冯建平、黄萍萍、刘晓君、张铁钢、刘泉、王添、杨瑞；第 7 章，李鹏、冯建平、李婧、程圣东、鲁克新、姚京威、王飞超编写；第 8 章和第 9 章，张秦岭、李占斌、宋晓强、同新奇、唐润芒、贾荣、张铁钢、刘晓君；第 10 章，李鹏、徐国策、王友胜、龙菲菲、张洋；第 11 章～13 章，李占斌、张秦岭、宋晓强、李鹏、宇涛、同新奇、唐润芒、张洋。另外，一大批从事水土保持工作的管理人员、现场监测工作人员和室内测试分析人员等对本书成稿做出了贡献，在此一并表示感谢。

感谢国家自然科学基金项目（41401316、41471226、41330858、51609196、41601092、41071182、41601291）、陕西省水利科技计划项目（2015slkj-06）和陕西省青年科技新星计划项目（2016KJXX-68）对本书研究和出版的资助。

由于著者水平有限，本书不足之处在所难免，敬请同行专家与各界读者批评指正。

目 录

第 1 章　控制农业非点源污染的国内外经验及启示

1.1　非点源污染的研究现状与发展趋势

水作为人类生存及发展的物质基础，是维持生态和经济可持续发展及良性循环的资源。人类活动加剧导致水体污染越来越严重，同时破坏了水环境的生态系统和生物多样性，直接威胁着人类的生存与发展。

从源头分类，水体污染可分为点源污染和非点源污染。其中，点源污染是废水及污水进入水体所导致的污染，如通过管道、渠道等设施排放。而非点源污染指蕴含于大气、地面及土壤中的污染物质进入各种水体（江河、水库、海洋等），从而出现的水体污染（胡雪涛等，2002；茅国芳等，2002），其特点主要表现为不确定性，即时间、途径以及数量方面的不确定（任磊等，2002；Novotny et al.，1981）。

国外的非点源污染研究起初是以土地利用为基础（影响河流水质的土地利用类型），通过统计模型分析得到污染负荷与流域范围内的土地利用和径流量的统计关系（Suttles et al.，2003）。20 世纪 70 年代之前，学者逐渐认识到非点源污染的重要性并开始着手研究，同时期的研究往往是针对现象的因果分析，忽略了定量化的研究（王志标，2007）。人们对城镇非点源污染的深入了解，使得模型转向机理、连续时间序列响应方向，同时建立了一些使得城市径流非点源污染进一步发展的著名模型，如 SWMM（storm water management model）、STORM（storage treatment overflow runoff model）以及 ANSWERS（areal nonpoint source watershed environment response simulation）和 HSP（hydrologic simulation propram）等流域模型（Decoursey，1985；Beyerlein et al.，1979）。

进入 20 世纪 80 年代，美国农业部门开发了化学污染物负荷及流失模型（chemicals runoff and erosion from agricultural management systems，CREAMS），在暴雨径流计算方面选用了径流曲线数（soil conservation service，SCS）模型，这样可以兼顾污染物处于土壤中时的分布情况以及其化学、物理形态。80 年代末，以上述提出的新模型为基础，在定量计算污染负荷及污染规划管理方面加强了"3S"（GIS、GPS、RS）技术的运用。这一时期最突出的成果是三维图形输出，模型基于 GIS 的开发，主要应用于计算潜在的非点源污染（Jamieson et al.，1988；Gilliland et al.，1987）。

20 世纪 90 年代，各种模型的研究逐渐增多，在总结上述研究及应用的基础上，对已经分析建立的模型进行提高完善，以期得到更加准确、合理的模型，如城市地表径流大肠杆菌数学模型（Benaman et al.，2001）。这个时期研究的出发点转移到流域开发、管理和风险评价，以及非点源负荷估算方向上，GRASS-GIS、ARC/INFO 和 "3S" 等计算机技术逐渐得到广泛的应用，这些都为大型流域模型的开发奠定了一定的基础，此时开发得到的流域模型拥有空间信息处理、数据库技术、数学计算及可视化表达等功能，而非简单的数学运算，这些流域模型拓宽了其应用的范畴，加强了预测的准确性。由此，经过大量学者数十年的研究分析，非点源污染模型从基础的统计模型逐步发展进化到机理、连续时间序列响应模型，提出了诸如水文、侵蚀及污染物迁移等子模型，借鉴农业方面的研究经验，从城市的自身特点出发，使得研究的应用区域逐步达到城市水系，单场暴雨达到长时期连续性质的模拟，同时结合 "3S" 技术，其应用性及准确度得到了大幅度的提高。此时，许多学者关注的重点仍是人工模拟、遥感和 GIS 技术等。

1.2　流域非点源污染过程与控制

1.2.1　非点源污染的发生机理

非点源污染的产生、分布、迁移和转化机制是进行污染物定量研究与控制治理的基础（余炜敏，2005）。与之对应的过程分别为降雨径流过程、水土流失过程、地表溶质流失过程和土壤溶质渗漏过程（张玉珍，2003）。非点源污染模型通常将这几个过程进行耦合，用于研究不同管理措施对非点源污染的影响。

1. 降雨径流过程

降雨径流过程是非点源污染发生的主要驱动力和载体。降雨量、降雨强度、降雨持续时间及降雨的空间分布对地表径流的形成起决定性作用，进而对非点源污染物的产生、迁移与转化产生显著影响。降雨形成的地表径流和土壤侵蚀产生的泥沙将坡面养分从土壤中剥离、搬运，并最终汇入江河湖泊引发非点源污染。Rodríguez-Blanco 等（2013）对西班牙一个小流域（16km²）5 年的监测数据表明，降雨径流中磷的输出量占总输出量的 68%，且 19% 的颗粒态磷和 35% 的溶解态磷的流失量发生在 2% 的降雨-径流事件中。Bowes 等（2015）采用高频次采样从年时间尺度来推断污染物的来源和动态变化规律。虽然降雨径流过程与污染物浓度之间存在着密切的线性相关关系，但是在丰水年、平水年和枯水年，非点源污染物的浓度峰值与径流流量峰值表现出明显差异，多数污染物（有机氮等）的浓度峰值与径流流量峰值大致同步出现，但在枯水年硝氮的浓度峰值会滞后于洪水的流量峰值（范丽丽等，2008）。崔玉洁等（2013）在三峡库区支流高岚河流域不同降雨过程中污染物的迁移规律研究中指出，强降雨冲刷产生的泥沙携带大量颗粒态磷素进入河流，使得总磷含量迅速增加，溶解性总磷和正磷酸盐浓度略微升高，尖瘦型强降雨产生的总磷浓度及通量极大值均高于矮胖型降雨，且侵蚀产生的泥沙更多。罗专溪等（2008）研究了紫色土丘陵区的氮、磷输出规律，40%的总氮、总磷和颗粒态悬浮物污染负荷由占总径流量 30%的初期降雨径流携带输出。蒋锐等（2009）的研究表明，暴雨径流初期冲刷形成的土壤侵蚀是暴雨初期径流颗粒态氮和颗粒态磷迁移的主要机制。

2. 水土流失过程

降雨条件下坡地水土流失的过程是降雨—入渗—产流—土壤侵蚀，养分流失过程则是雨水—入渗水—径流水—土壤养分之间的相互解析和相互作用。雨水击溅地表会使土体表层所赋存的固态养分发生解吸过程，以溶解态的形式随地表径流迁移，未能从土壤中解吸出来的养分会随着坡面泥沙的流失而运移。那么，水土流失和养分流失之间存在怎样的关系？有研究指出，泥沙是造成土壤养分流失的主要载体（刘秉正等，1990）。在同一降雨强度条件下，泥沙流失量与养分流失量呈现显著的正相关；在不同降雨强度条件下，黄土坡面径流养分流失与泥沙养分流失的规律基本相同。近年来的研究也大都得出了水土流失与养分流失的定性关系。

在不同降雨条件下，坡耕地不同种植模式下的养分流失以泥沙携带为主，而泥沙携带的养分中又以全量养分为主。富集作用的产生与土壤本身及侵蚀泥沙的粒径有很大的关系，0.01～0.25mm 和 0.001～0.005mm 粒径是全量养分流失的主体，0.01～1mm 粒径是速效氮、磷、钾养分流失的主体；溶蚀携带的养分，有机质、全氮、全磷、全钾，速效氮、磷、钾养分与土壤机械组成中的部分粒径呈负相关（李军建，2006）。

对土壤初始含水量的研究表明，用指数函数模型可较好地反映径流养分流失量，而幂函数模型可以很好地模拟紫色土区坡面对前期含水量、地下供水、不同坡度、不同施肥方法径流溶质浓度的变化过程（何丙辉，2009）。野外模拟降雨验证了坡度对径流养分流失量的影响是通过径流量起主导作用的，而植被覆盖对坡面产流产沙的效应存在有效植被覆盖度界限，径流养分流失量随植被覆盖度的增加而减少，在很大程度上，养分流失量是由径流量来决定的（张长保，2008）。

对于水土流失和非点源污染之间关系的建立，有以水文过程和泥沙输移过程模拟为基础的研究，采用 GIS 空间分析技术和洛兰茨曲线原理，计算非点源污染"源-汇"景观的坡度指数、非点源污染景观空间负荷对比指数，统计分析得到流域景观空间负荷对比指数对滇池流域水土流失指标有良好的响应效果（牟向玉，2009）。这种响应关系表现在所构建的径流深度、入湖泥沙模数、侵蚀面积指标与景观空间负荷对比指数都具有良好的相关关系。

此外，众多研究集中于对养分随径流和泥沙流失过程的模拟，以及各种耕作措施下的养分随径流泥沙的迁移过程。Munodawafa（2007）对常规耕作、覆盖耕作和平行起垄耕作三种耕作方式下的氮、磷、钾随径流、泥沙的流失过程表明，相对于覆盖耕作和平行起垄耕作，常规耕作下的氮和磷的流失量明显增大。Zhang等（2004）对退耕还林地区造林措施对水土流失和养分流失的研究分析，沉积的土壤流失占水土流失的主要部分，并且这部分沉积土壤中的养分富集比大于1。Ramos等（2004）对暴雨后的泥沙养分含量进行测定，在研究区域内，泥沙的流失量为 $207mg/hm^2$，养分流失量分别为：氮 $108.5kg/hm^2$、磷 $108.6kg/hm^2$、钾 $35.6kg/hm^2$，并依此数据利用数字高程模型绘制了研究区域养分流失量的分布图。

从上述分析可以看出，对于水土流失和养分流失之间的关系进行过一定的研究，但还不够深入。坡面养分的流失也是以径流和泥沙为载体的，它们之间的关系是密不可分的，而研究只是从各种角度对二者之间的影响及其相互的定性关系着手，对径流泥沙和养分流失之间的定量关系研究则较少。因此，本书通过对坡面水土流失和养分流失过程进行分析，旨在构建出水土流失与养分流失之间的关系，并建立相关模型。

3. 地表溶质流失过程

在雨滴打击及径流冲刷作用下，土壤表面形成一定厚度的混合层，混合层内的溶质参与径流过程而发生土壤养分流失。目前，土壤养分流失造成的非点源污染对当今世界水质恶化构成了最大的威胁（Ongley et al.，2010）。Ahuja 等（1981）将 ^{32}P 放置在不同深度的饱和土壤中，发现处于土壤表层的溶质进入径流的概率最大，而且进入地表径流的概率随着深度增加呈指数递减趋势。王全九等（1999）提出了适合黄土区的等效对流质量传递模拟模型，即假定在产流前土壤水与雨水完全混合，进而模拟了径流溶质浓度的变化规律。Wallach 等（2001）采用非完全或非均匀分布混合理论模拟了溶质从土壤进入地表径流的过程。此外，王全九等（2010）在分别考虑了径流和入渗作用的基础上，建立了适合黄土坡面的土壤溶质向地表径流传递的有效混合深度模型。Cao 等（2014）采用 meta 方法分析了我国各地的氮、磷流失状况，并指出了我国农业生态系统每年的氮、磷流失量，氮的年流失强度范围为 $0.01\sim249.60kg/hm^2$，磷的年流失强度范围为 $0.005\sim77.66kg/hm^2$，氮、磷流失强度比值（N/P）变化范围为 $0.01\sim50$，氮素流失强度约为磷素流失强度的 10 倍。

4. 土壤溶质渗漏过程

土壤溶质渗漏是指土壤中可溶性物质随土壤溶液向下迁移的现象。壤中流的形成对坡面养分垂直迁移具有重要作用。由于硝酸盐比磷酸盐更易迁移且危害更大,因此多数研究集中在硝氮及其他形态的氮素渗漏方面。已有研究表明,氮素从农田向水体的渗漏量巨大,土壤根区氮素渗漏量瑞典为 $22kg/hm^2$(Hoffmann et al.,2000),挪威为 $36kg/hm^2$(Bechmann et al.,1998),丹麦高达 $80kg/hm^2$(Dalgaard et al.,2011)。在农田尺度上,硝氮的流失量高达 $105kg/hm^2$(Kladivko et al.,1999),氮素渗漏导致地下水硝酸盐含量上升,使人体健康受到极大的威胁。水体和食物中过量的硝酸盐被视为重要的污染物,大量的医学研究证明,饮水中过量硝酸盐与胃癌、高血压、先天性中枢神经系统残疾及婴儿血液氧运输的障碍等发生有关。由硝酸盐等引起的地下水污染是隐蔽渐进且代价高昂的,地下蓄水层一旦被污染,净化极其困难。土石山区坡面土质疏松,壤中流发育活跃,与地表径流土壤氮素流失过程有明显区别,是土壤养分迁移的重要途径之一。壤中流改善了径流特性,在整个径流成分中占有一定比例,对土壤氮素再分布过程和输出过程的影响不容忽视。近年来,日益突出的环境问题驱动人们更加关注硝酸盐的淋溶流失(Schlesinger,2009)。对我国西南土石山区的研究表明,土壤氮素流失主要由水文过程,尤其是壤中流和当地农业活动引起,壤中流是坡地径流的重要组成部分,无论是否施肥,壤中流中的硝氮浓度均高于地表径流(丁文峰等,2009)。目前,已有大量研究表明不同土壤理化性质、肥料种类、施肥方式等条件下的土壤氮素迁移转化特征,但对坡地土壤氮素淋溶研究仍较为缺乏,坡地硝酸盐淋失途径与淋失机制并不清楚,通常是把氮素淋溶流失与径流流失分开来,很少有研究同时考虑地表径流和泥沙对土壤氮素迁移的影响,在全面认识土壤养分损失上存在不足,也缺乏土壤氮素流失对非点源污染影响的全面评估。迄今为止,还没有被广泛应用来确定和模拟农业土壤氮素迁移的标准方法。在多数情况下,可靠、准确地模拟预测土壤氮、磷迁移的能力还较薄弱,定量评价氮、磷迁移量仍是具有较高挑战性的工作。由于对土石山区土壤氮、磷素在壤中流作用下的迁移过程认识非常薄弱,极大地制约了水源区水质保护工作的深入研究。

1.2.2　土地利用变化对非点源污染的影响

在流域范围内控制氮、磷输出可以削减农业非点源污染物的排放量,从而缓解水体富营养化,而对小流域主要污染物的识别和负荷计算可以为流域水质控制及管理提供科学依据(张维理等,2004)。然而,流域中多种非点源污染物各种源、汇的复杂性,氮、磷输出规律也成为研究的难点之一。流域内土地利用和产业结构的变化是造成氮、磷负荷逐年变化的主要原因之一,同时,人口、土壤施肥也是其变化的驱动因子(张微微等,2013)。因此,阐明流域氮、磷输出过程的主要影响因素,可以为流域控制非点源污染及削减污染负荷提供理论支撑。李艳利等(2012)认为氨氮、速效磷及总氮受结构性因素的影响较大,空间相关性较强,而硝氮及总磷则主要受随机性因素影响,表现出较弱的空间相关性变异特征,进而推测氮素空间分布的结构性因素主要有林地、农田和居民用地，而磷素空间分布的结构性因素主要为农田和草地。李兆富等（2012）发现，湿地对氮、磷的截留功效具有较强的季节效应。同时人为因素对流域氮、磷输出的贡献率明显高于气候因素，化肥的大量使用是导致氮、磷输出较高的重要原因之一（付意成等，2012）。冯源嵩等（2014）在贵阳麦西河流域的研究发现，氨氮和硝氮经由径流携带进入水体的风险较高，而总磷在冬季的输出量高于夏季；然而有的学者研究发现，7～9月流域氮、磷排放量分别占全年总量的55.33%和77.81%（付斌等，2015）。廖义善等（2014）利用构建的"径流-地类"参数的非点源氮、磷负荷模型计算出了汛期的氮、磷流失主要为非点源污染，其非点源氮、磷流失量均占总流失量的95%以上。因此，确定流域氮、磷输出量，并分析其影响因素，可以为流域非点源污染治理及土地利用调整提供理论依据。

分析土地利用方式与污染负荷之间的内在联系是国内外非点源污染研究的基本出发点。土地利用类型是氮、磷流失的关键影响因素，导致不同土地利用类型产生的氮、磷流失量差别巨大。不同的土地利用类型对水体氮素负荷的贡献率是不同的。不同的坡地结构及土地利用类型显著地影响径流流量及其携带的氮、磷含量，尤其是农用地与林地面积的比例明显地影响着径流中氮、磷元素的含量（Zhu et al.，2011）。

不同土地利用类型的土壤养分循环机制不同，对水体氮、磷等营养物负荷的贡献率也存在明显的差异。在单一土地利用结构中，地表径流中的溶解态氮浓度差别较大，村庄最高，其次是坡耕地、林果地、荒草坡（王晓燕等，2003）。国外已有研究表明，径流中氮素含量的94%与农地、林地的面积有关，径流中的氮素含量与林地面积比例呈显著的线性相关，随林地面积的增加，氨氮、硝氮、总氮的平均含量均成比例地减少。在林地-耕地、草地-耕地等不同土地利用结构中，径流中氨氮的含量随着林地或草地所占面积比例的增加而降低，随着耕地面积所占比例的百分比增加而升高（Yuan et al.，2015）。在流域尺度上，土地利用类型的比例与河流水质的变化有密切关系。在不同的土地利用变化情景下，土地利用结构和格局的变化对非点源污染负荷有显著影响。不合理的土地利用结构和管理造成土壤侵蚀和养分流失，进而导致流域大面积的非点源污染，引起氮磷流失和水华。土地利用和植被覆盖变化与水质化学参数显著相关，研究土地利用和植被覆盖变化对径流和水质的作用对河网管理和修复至关重要（Tsiknia et al.，2015）。目前，国内外学者将景观生态学的空间格局引入到土地利用与非点源污染的研究中，提出了建立景观格局指数与流域水质之间的相关关系，主要包括"子流域"分析法、"缓冲区"分析法、"梯度"分析法和"源-汇"理论。土地利用的时空变化对地表径流、土壤侵蚀及非点源污染有显著影响，Fiener等（2011）从斑块及连通度方面进行了系统的总结。通过定量分析景观-水质之间的格局-过程关系，优化流域的景观格局，从源头减少非点源污染物的产生，在污染物运移过程中进行拦截非点源污染物，并促使其向无害形态转化（刘丽娟等，2011）。

1.3　农业非点源污染的研究方法

农业非点源污染的研究方法主要有：①选择代表性小流域进行径流小区试验。非点源污染物主要来源于降雨发生时土壤表层，受到降雨、地表径流、植被格局、耕作制度及地形等因素的影响而表现出复杂的迁移规律，因此选择有代表性的径流小区，研究天然降雨条件下非点源污染的产生、迁移及转化规律的方法被广泛采用。根据不同土地利用类型径流小区的污染迁移规律和各类土地利用的面积，通过加权法计算流域的非点源污染负荷。然而，由于典型的径流小区较难确定，且流域越大，非点源污染的空间差异性越大，将径流小区的研究成果推广到小流域，或者更大尺度流域时的空间尺度效应仍有待于进一步研究。②人工模拟降雨试验。利用天然降雨事件获取试验数据的周期长达一年或数年，而采用人工降雨模拟试验能够在较短的时间内有效地再现非点源污染物的产生、迁移及转化特征。在流域内设置不同土地利用类型的径流小区进行人工模拟降雨试验，可以加速研究不同植被类型、格局、耕作措施、水土保持措施等条件下的水土流失及氮、磷流失规律。但这种方法多用于模拟暴雨条件下径流中污染物的流失规律。③降雨径流过程中河流水质的动态变化规律。分布在流域各个坡面的氮、磷等养分均会随水土流失汇入河流、湖泊等天然水体，通过天然降雨过程中径流、泥沙的实时采样，分析氮、磷等污染物浓度的变化过程，研究河流的水质变化规律能够揭示流域氮、磷等非点源污染的输出机制，选择多个流域则可以研究土地利用类型对流域水质的影响机制。④非点源污染计算机模拟方法。随着人们对非点源污染研究的不断深入，理论逐渐成熟，监测技术更加完善，从而涌现出许多流域非点源污染模型。

非点源污染模型是研究非点源污染的定量化及其影响最有效的研究方法。径流和泥沙作为非点源污染的主要载体，改进非点源污染模型中的降雨-径流模型和土壤侵蚀模型，可进一步提高非点源污染模型的精度。最早的非点源污染模型是CREAMS 模型，主要用于研究土地管理对流域径流、泥沙、氮磷等营养物及农药迁移的影响，其中径流预测采用 SCS 法，侵蚀产沙模型采用通用土壤流失方程（universal soil loss equation，USLE），氮、磷等营养物的负荷采用概念模型。在CREAMS 模型的基础上，发展出的 GLEAMS（groundwater loading effects on agricultural management systems）和 EPIC（erosion productivity impact calculator）模型，分别用于模拟地下水中杀虫剂负荷和土壤侵蚀对农作物产量的影响，以上模型均为集总式水文模型，随着该模型向物理分布式水文模型不断发展，单场降雨事件的分布式水文模型 ANSWERS 模型、AGNPS（agricultural nonpoint source）模型，以及不同功能的 HSPF（hydrologic simulation program-fortran）模型、SWRRB（simulator for water resources in rural basins）模型、SWAT（soil water assessment tool）模型和 WEPP（water erosion prediction project）模型等被研发出来并被广泛应用。Rode 等（1997）采用 AGNPS 模型进行情景模拟，研究土地利用和耕种措施对非点源污染的影响。Mostaghimi 等（1997）用 AGNPS 模型模拟了 1153hm² 小流域的营养物负荷量和泥沙产量，经过校正后，应用 AGNPS 模型成功地模拟了加拿大魁北克省的一个流域面积为 26km² 小流域的地表径流量和产沙量。Kusumandari 等（1997）使用 AGNPS 模型评估了一个小集水区中的树木覆盖区和农作物覆盖区的土壤侵蚀过程，结果表明农作物能够减少侵蚀量。邢可霞等（2004）基于 HSPF 模型对滇池流域非点源污染进行了模拟，结果表明滇池入湖的污染负荷中 80%的固体悬浮物和 1/3 的全氮和全磷来源于非点源污染。Zeng 等（2002）在研究西班牙 Teba 流域的径流量和泥沙量时采用了 SWRRB 模型，结果表明年径流量的模拟精度可达 83.6%。

SWAT 模型作为一个开源的水文模型，能够模拟各种管理措施以及气候变化对水资源供给等多方面的影响，在美国、加拿大、欧洲、亚洲及澳大利亚得到了广泛应用，而且 SWAT 模型可以与 ArcGIS 软件进行交互开发，模型得到进一步完善和提高。Arnold 等（1996）在美国各地的不同尺度的流域对 SWAT 模型的模拟精度进行了全面评估，证实了 SWAT 模型在径流模拟方面的适用性。刘昌明（2003）选取唐乃亥水文站逐年、逐月实测径流资料对 SWAT 模型进行率定，进而利用模型研究了引起黄河河源区径流变化的主要原因，以及土地利用和气候变化对黄河河源区径流量的影响。郝芳华等（2004）通过 SWAT 模型对土地利用变化对流域产流量和产沙量的影响进行情景模拟，结果表明，森林增加径流量的同时减少了产沙量，草地也能减少产沙量，而农业用地增加将导致产沙量增加。SWAT 模型的情景模拟技术还可以用于研究退耕还林、等高种植、化肥减量和植被过滤带等非点源污染控制措施的综合效果。

土石山区坡改梯和退耕还林（草）等一系列水土保持措施及生态建设活动不仅具有保持水土、减少土壤养分流失的作用，还在一定程度上保护了水源区水质。因此，大面积的土地利用类型变化将会深刻影响流域的径流过程，也使径流驱动的侵蚀泥沙输移—沉积过程和土壤养分流失过程发生显著变化。科学认识土石山区小流域的水-沙-养分多尺度、多过程的变化规律及其对土地利用变化的响应机理，已成为区域生态环境稳定发展和水源地水资源安全亟待解决的关键科学问题。因此，迫切需要开展土石山区非点源污染分布及负荷特征研究，并估算其经济损失价值，识别水土流失与非点源污染敏感区并进行分区治理，揭示典型水土保持措施及生态清洁小流域对非点源污染的调控机理，总结丹汉江水源区非点源污染治理过程中的经验及治理模式。

参 考 文 献

崔玉洁, 刘德富, 宋林旭, 等, 2013. 高岚河不同降雨径流类型磷素输出特征[J]. 环境科学, 34(2): 555-560.

丁文峰, 张平仓, 2009. 紫色土坡面壤中流养分输出特征[J]. 水土保持学报, 23(4):15-19.

范丽丽, 沈珍瑶, 刘瑞民, 2008. 不同降雨-径流过程中农业非点源污染研究[J]. 环境科学与技术, 31(10): 5-8.

冯源嵩, 林陶, 杨庆媛, 2014. 百花湖周边城市近郊小流域氮、磷输出时空特征[J]. 环境科学, 35(12): 4537-4543.

付斌, 刘宏斌, 鲁耀, 等, 2015. 高原湖泊典型农业小流域氮、磷排放特征研究——以凤羽河小流域为例[J]. 环境科学学报, 35(9): 2892-2899.

付意成, 魏传江, 储立民, 等, 2012. 浑太河流域水质达标控制方法研究[J]. 中国环境监测, 28(2): 70-76.

郝芳华, 陈利群, 刘昌明, 等, 2004. 土地利用变化对产流和产沙的影响分析[J]. 水土保持学报, 18(3): 5-8.

何丙辉, 2009. 人工模拟降雨条件下紫色土养分流失研究[D]. 重庆: 西南大学.

胡雪涛, 陈吉宁, 张天柱, 2002. 非点源污染模型研究[J]. 环境科学, 23(3): 124-128.

蒋锐, 朱波, 唐家良, 等, 2009. 紫色丘陵区典型小流域暴雨径流氮磷迁移过程与通量[J]. 水利学报, 40(6): 659-666.

李军建, 2006. 不同种植模式下紫色土坡耕地水分及养分流失特征研究[D]. 重庆: 西南大学.

李艳利, 徐宗学, 刘星才, 2012. 浑太河流域氮磷空间异质性及其对土地利用结构的响应[J]. 环境科学研究, 25(7): 770-777.

李兆富, 刘红玉, 李恒鹏, 2012. 天目湖流域湿地对氮磷输出影响研究[J]. 环境科学, 33(11): 3753-3759.

廖义善, 卓慕宁, 李定强, 等, 2014. 基于"径流-地类"参数的非点源氮磷负荷估算方法[J]. 环境科学学报, 34(8): 2126-2132.

刘秉正, 吴发启, 陈继明, 1990. 渭北高原水土流失对土壤肥力与生产力影响的初步研究[J]. 中国科学院水利部西北水土保持研究所集刊, 12: 104-113.

刘昌明, 李道峰, 田英, 等, 2003. 基于 DEM 的分布式水文模型在大尺度流域应用研究[J]. 地理科学进展, 22(5): 437-445.

刘丽娟, 李小玉, 何兴元, 2011. 流域尺度上的景观格局与河流水质关系研究进展[J]. 生态学报, 31(19): 5460-5465.

罗专溪, 朱波, 王振华, 等, 2008. 川中丘陵区村镇降雨特征与径流污染物的相关关系[J]. 中国环境科学, 28(11): 1032-1036.

茅国芳, 顾玉龙, 汪湖北, 等, 2002. 上海化肥农药非点源污染现状及治理途径探索[J]. 上海农业学报, 18(3): 56-60.

牟向玉, 2009. 基于 GIS 的滇池流域水土流失非点源污染研究[D]. 北京: 北京林业大学.

任磊, 黄廷林, 2002. 水环境非点源污染的模型模拟[J]. 西安建筑科技大学学报(自然科学版), 34(1): 9-13.

王全九, 邵明安, 李占斌, 1999. 黄土区农田溶质径流过程模拟方法分析[J]. 水土保持研究, 6(2): 67-71.

王全九, 王辉, 2010. 黄土坡面土壤溶质随径流迁移有效混合深度模型特征分析[J]. 水利学报, 41(6): 671-676.

王晓燕, 王一峋, 王晓峰, 等, 2003. 密云水库小流域土地利用方式与氮磷流失规律[J]. 环境科学研究, 16(1): 30-33.

王志标, 2007. 基于 SWMM 的棕榈泉小区非点源污染负荷研究[D]. 重庆: 重庆大学.

邢可霞, 郭怀成, 孙延枫, 等, 2004. 基于 HSPF 模型的滇池流域非点源污染模拟[J]. 中国环境科学, 24(2): 229-232.

余炜敏, 2005. 三峡库区农业非点源污染及其模型模拟研究[D]. 重庆: 西南农业大学.

张微微, 李红, 孙丹峰, 等, 2013. 怀柔水库上游农业氮磷污染负荷变化[J]. 农业工程学报, 24: 124-131.

张维理, 徐爱国, 冀宏杰, 等, 2004. 中国农业非点源污染形势估计及控制对策III. 中国农业非点源污染控制中存在问题分析[J]. 中国农业科学, 37(7): 1026-1033.

张玉珍, 2003. 九龙江上游五川流域农业非点源污染研究[D]. 厦门: 厦门大学.

张长保, 2008. 降雨条件下黄土坡面土壤养分迁移特征试验研究[D]. 杨凌: 西北农林科技大学.

AHUJA L R, SHARPLEY A N, YAMAMOTO M, et al., 1981. The depth of rainfall-runoff-soil interaction as determined by ^{32}P[J]. Water Resources Research, 17(4): 969-974.

ARNOLD J G, ALLEN P M, 1996. Estimating hydrologic budgets for three Illinois watersheds[J]. Journal of Hydrology, 176(1): 57-77.

BECHMANN M, EGGESTAD H O, VAGSTAD N, 1998. Nitrogen balances and leaching in four agricultural catchments in southeastern Norway [J]. Environmental Pollution, 102(98): 493-499.

BENAMAN J, SHOEMAKER C A, HAITH D A, 2001. Modeling Non-Point Source Pollution Using a Distributed Watershed Model for the Cannonsville Reservoir Basin, Delaware County, New York[C]. Reston: World Water and Environmental Resources Congress: 1-9.

BEYERLEIN D C, DONIGIAN A S, 1979. Modeling Soil and Water Conservation Practices[M]//LOEHR R C, HAITH D A, WALTER M F, et al. Best Management Practices for Agriculture and Silviculture. Ann Arbor: Ann Arbor Science Publishers: 687-714.

BOWES M J, JARVIE H P, HALLIDAY S J, et al., 2015. Characterising phosphorus and nitrate inputs to a rural river using high-frequency concentration-flow relationships[J]. Science of the Total Environment, 511: 608-620.

CAO D, CAO W Z, FANG J, et al., 2014. Nitrogen and phosphorus losses from agricultural systems in China: a meta-analysis [J]. Marine Pollution Bulletin, 85(2): 727-732.

DALGAARD T, HUTCHINGS N, DRAGOSITS U, et al., 2011. Effects of farm heterogeneity and methods for upscaling on modelled nitrogen losses in agricultural landscapes [J]. Environmental Pollution, 159(11): 3183-3192.

DECOURSEY D G, 1985. Mathematical models for nonpoint water pollution control[J]. Journal of Soil and Water Conservation, 5: 408-413.

FIENER P, AUERSWALD K, OOST K V, 2011. Spatio-temporal patterns in land use and management affecting surface runoff response of agricultural catchments—A review[J]. Earth-Science Reviews, 106(s1-2): 92-104.

GILLILAND M W, BAXTER-POTTER W A, 1987. Geographic information system to predict non-point source pollution potential[J]. Water Resources Bulletin, 2: 281-291.

HOFFMANN M, JOHNSSON H, GUSTAFSON A, et al., 2000. Leaching of nitrogen in Swedish agriculture—A historical perspective[J]. Agriculture Ecosystems & Environment, 80(3): 277-290.

JAMIESON C A, CLAUSEN J C, 1988. Test of the CREAMS model on agricultural fields in vermont[J]. Water Resources Bulletin, 24(6): 1219-1226.

KLADIVKO E J, GROCHULSKA J, 1999. Pesticide and nitrate transport into subsurface tile drains of different spacings[J]. Journal of Environmental Quality, 28(3): 997-1004.

KUSUMANDARI A, MITCHELL B, 1997. Soil erosion and sediment yield in forest and agroforestry areas in West Java, Indonesia[J]. Journal of Soil & Water Conservation, 52(5): 376-380.

MOSTAGHIMI S, PARK S W, COOKE R A, et al., 1997. Assessment of management alternatives on a small agricultural watershed[J]. Water Research, 31(8): 1867-1878.

MUNODAWAFA A, 2007. Assessing nutrient losses with soil erosion under different tillage systems and their implications on water quality [J]. Physics and Chemistry of the Earth, 32: 1135-1140.

NOVOTNY V, CHESTERS G, 1981. Handbook of Non-point Pollution: Sources and Management[M]. New York: Van Nostrand Reinhold Company: 4-387.

ONGLEY E D, ZHANG X, YU T, 2010. Current status of agricultural and rural non-point source pollution assessment in China[J]. Environmental Pollution, 158(5): 1159-1168.

RAMOS M C, MARTI´NEZ-CASASNOVAS J A, 2004. Nutrient losses from a vineyard soil in Northeastern Spain caused by an extraordinary rainfall event [J]. Catena, 55: 79-90.

RITTER W F, JENSEN P A, 1979. Water Quality Modeling in the Delaware Coastal Plain Region[M]//LOEHR R C, HAITH D A, WALTER M F, et al. Best Management Practices for Agriculture and Silviculture. Ann Arbor: Ann Arbor Science Publishers: 507-524.

RODE M, FREDE H G, 1997. Modification of AGNPS for agricultural land and climate conditions in central Germany[J]. Journal of Environmental Quality, 26(1): 165-172.

RODRÍGUEZ-BLANCO M L, TABOADA-CASTRO M M, TABOADA-CASTRO M T, 2013. Phosphorus transport into a stream draining from a mixed land use catchment in Galicia(NW Spain): significance of runoff events[J]. Journal of Hydrology, 481(481): 12-21.

SCHLESINGER W H, 2009. On the fate of anthropogenic nitrogen [J]. Proceedings of the National Academy of Sciences of the United States of America, 106(1): 203-208.

SUTTLES J B, VELLIDIS G, BOSCH D D, et al., 2003. Watershed-scale simulation of sediment and nutrient loads in Georgia coastal plain streams using the Annualized AGNPS Mode [J]. Transactions of the ASAE, 46(5): 1325-1335.

TSIKNIA M, PARANYCHIANAKIS N V, VAROUCHAKIS E A, et al., 2015. Environmental drivers of the distribution of nitrogen functional genes at a watershed scale [J]. Microbiology Ecology, 91(6): 10.

WALLACH R, GRIGORIN G, RIVLIN J, 2001. A comprehensive mathematical model for transport of soil-dissolved chemicals by overland flow [J]. Journal of Hydrology, 247(1): 85-99.

YUAN Z J, CHU Y M, SHEN Y J, 2015. Simulation of surface runoff and sediment yield under different land-use in a Taihang Mountains watershed, North China [J]. Soil & Tillage Research, 153: 7-19.

ZENG Z Y, MEIJERINK A M J, 2002. Water yield and sediment yield simulations for Teba catchment in spain using SWRRB model: II. simulation results [J]. Pedosphere, 12(1): 49-58.

ZHANG B, YANG Y S, ZEPP H, 2004. Effect of vegetation restoration on soil and water erosion and nutrient losses of a severely eroded clayey plinthudult in southeastern China [J]. Catena, 57(1): 77-90.

ZHU B, WANG Z, ZHANG X, 2011. Phosphorus fractions and release potential of ditch sediments from different land uses in a small catchment of the upper Yangtze River [J]. Journal of Soils & Sediments, 12(2): 278-290.

第2章 丹汉江流域生态安全评价

2.1 生态系统健康评价

2.1.1 生态系统健康评价理论与方法

生态系统健康（ecosystem health）是生态系统的综合特征，它表现为活力、稳定和具有自调节能力的特征。换言之，一个生态系统的生物群落在结构、功能上与理论上所描述的相近，那么它们就是健康的，否则就是不健康的。一个不健康的生态系统往往处于衰退，并逐渐趋向于不可逆的崩溃过程。

生态系统健康是环境管理的一个新方法，也是环境管理的新目标。健康意味着正常发挥功能，地球上生态系统功能的正常发挥是人们普遍关心的问题，也是一个主要的社会目标。以人类利益为目标，健康的生态系统能够维持自身的复杂性，同时能满足人类的需求，因此需要对不同的生态系统健康进行评价。如果没有一个生态系统健康评价体系，就不能客观、准确地比较不同生态系统的健康状况，也将使人类的发展无法达到可持续状态。因此，有必要对不同生态系统的健康状况进行评价。

1. 指标选取原则

健康概念最近才开始应用到生态系统和景观水平，是一个相对新的概念，在应用上还没有准确定义。陕南丹汉江流域是我国南水北调水源区，水土流失与非点源污染是水源区建设与保护的关键生态问题。在此区域，评价一个生态系统是否健康，最基本的条件就是能够在多大程度上防止或限制水土流失的发生，减少非点源污染。

生态系统是在一定空间中共同栖息着的所有生物（即生物群落）与其环境之间由于不断地进行物质循环和能量流动过程而形成的统一整体。生态系统各要素之间相互作用、相互依赖，共同完成生态系统的功能。生态系统要素中，下垫面因素和降水的侵蚀力对水土流失和非点源污染有决定性作用。下垫面因素是地面环境的总称，是地球表面在地球内、外营力作用的基础上，人类活动干预的结果。影响侵蚀发生的下垫面因素主要是土壤的抗蚀性、地貌形态及植被覆盖等。降水、土壤、植被和地貌这4个要素共同控制着水土流失的过程，因此选取评价生态系统健康指标时必须能够反映这4个要素的特征，以及它们所具有的与水土流失相关的功能。

2. 评价指标

在流域生态系统健康评价过程中，需要加强与水土流失过程相关的研究。选取降水、土壤、植被和地貌4个要素为评价指标。但这4个要素非常复杂，每个要素都包含着多种性质，有些是容易得到的，有些则非常困难。按照丹汉江流域的实际情况和评价要求，对这4个要素进行分析，从中选取适宜的评价指标。

1）降水要素

降水是引起土壤水蚀的基本动力，降水通过雨滴的动能分散和溅蚀土壤颗粒，并形成地表径流冲刷和搬运土壤。影响侵蚀的降水因素主要包括降水量、降水强度和径流深度（高启晨等，2005）。一个地区的降水受气候和天气条件控制，在长时间尺度上，它具有相对稳定性；同时，在短时间尺度上，其又具有天气条件的不确定性。

2）土壤要素

土壤是在气候、生物、母质和地形等自然因素与人类生产活动综合作用下形成的。土壤母质经风化和崩解，再经过生物的作用，逐渐发育成土壤；在统一的气候背景下，土壤和生物又具有趋同性，协同发育，相互作用。从土壤母质发育到现在熟化的土壤经过了漫长的历史时间，是一个不断进化的过程。在这个过程中，土壤形成了与当地气候、生物、母质和地形相一致的性质。

土壤抗蚀性主要指土壤的抗侵蚀能力，它与土壤的物质成分、颗粒组成、有机质含量及风化层厚度等性质有关。这些指标的综合便是土壤类型的反映。土壤类型直接反映出土壤的抗蚀性。

3）植被要素

植被覆盖可以减弱降雨对土壤的溅蚀作用，调节地表径流、减缓径流速率、减少地表冲刷及促进拦淤。植被覆盖度越大，土壤侵蚀量越少，同时植物根系对土壤具有良好的固结作用。由于水热组合与植被类型的一致性，植被类型在一定程度上也反映了植被盖度和根系，甚至植被破坏后恢复能力的特征（王玉华等，2008），因此选用植被类型作为评价指标，也可以准确地反映出植被覆盖对水土流失的作用。

4）地貌要素

地貌形态是影响水土流失的重要因素，主要有坡度、坡长、坡向、沟谷密度和沟谷深度等。研究证实，水土流失对坡度具有最强的敏感性。对于0°～24°的斜坡，坡度越大，侵蚀越强。大约在24°存在一个临界值，坡度大于24°时，坡度越大，侵蚀反而减弱，但趋势不明显。坡向也是一个比较重要的因素，不同的坡向有不同的植被盖度。

3. 数据来源及处理方法

DEM数据来源于中国科学院计算机网络信息中心国际科学数据镜像网站，该数据集是利用 ASTER GDEM 第一版本（V1）的数据进行加工得来，是覆盖整个中国区域的空间分辨率为 30m 的数字高程数据产品。数据时期为 2009 年，数据类型为 IMG，投影为 UTM/WGS84。下载的 DEM 数据经过拼接、裁剪后，重采样至 100m，供后续分析使用。

土壤数据来源于联合国粮食及农业组织（Food and Agriculture Organization of the United，FAO）和国际应用系统分析研究所（International Institute for Applied Systems Analysis，IIASA）构建的世界土壤数据库（Harmonized World Soil Database，HWSD），该数据库于 2009 年 3 月 26 日发布了 1.1 版本，可为建模者提供模型输入参数，农业角度可用来研究生态农业分区、粮食安全和气候变化等。数据分辨率为 1km。中国境内数据源为第二次全国土地调查中国科学院南京土壤研究所提供的 1∶100 万土壤数据。数据格式为 GRID 栅格格式，投影为 WGS84。采用的土壤分类系统主要为 FAO-90。数据使用丹汉江流域边界进行裁剪，供后续分析使用。

植被数据来源于国家自然科学基金委员会国家地球系统科学数据平台"寒区旱区科学数据中心"（http://westdc.westgis.ac.cn）。1∶100 万中国植被图的原始数据来源于《1∶1 000 000 中国植被图集》，将图集中的 60 幅图件分别进行数字化处理（多边形属性），然后进行投影、匹配、拼接，最后为每个多边形赋植被属性。植被属性包括：植被群系编号、新编号、植被群系和亚群系、植被型编号、植被型、植被型组编号、植被型组、植被大类及相应的英文属性信息。植被数据全面反映出我国 11 个植被类型组、54 个植被型的 833 个群系和亚群系（包括自然植被和栽培植被），以及 2000 多个群落优势种，主要农作物和经济植物的地理分布。1∶100 万中国植被图采用 Shape file 格式放在修订植被图文件夹里，命名为 vegetation，该数据坐标系及投影为 Albers 正轴等面积双标准纬线圆锥投影。

2.1.2　区域生态系统健康评价

1. 因子选择与权重的确定

1）坡度与坡向

由于水土流失对坡度有最强的敏感性，丹汉江区域坡度等级分类标准见表2.1，区域坡度等级分布情况见图2.1。

表 2.1　丹汉江区域坡度等级分类标准

项目	1 级	2 级	3 级	4 级	5 级	6 级
坡度/（°）	<5	5～8	8～15	15～25	25～35	>35
级别分数	1	0.8	0.6	0.4	0.4	0.4

注：依据《土壤侵蚀分类分级标准》（SL 190—2007），打分为 0～1，0 为最差，1 为最好，下同。

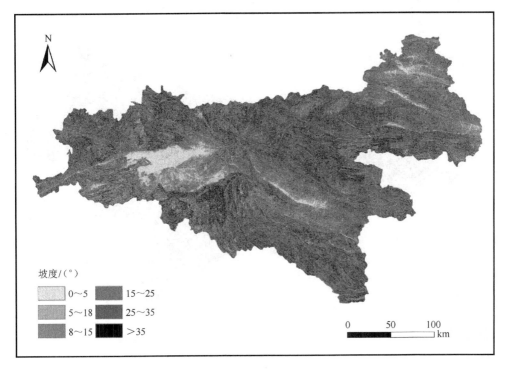

图 2.1　丹汉江区域坡度等级分布图

　　坡向也是一个比较重要的因素，由于受蒸发等条件的影响，北坡水分含量高，植被覆盖度好，南坡则相反，东坡和西坡居中。通常4个方向植被覆盖度的大小顺序为：阴坡>半阴坡＝半阳坡>阳坡，水土流失敏感性也是此顺序。丹汉江区域坡向等级分类标准见表2.2，区域的坡向等级见图2.2。

表 2.2　丹汉江区域坡向等级分类标准

项目	平地	阴坡	半阴坡	半阳坡	阳坡
坡向范围/(°)	—	45~315	45~90, 270~315	90~135, 225~270	135~225
级别分数	1	1	0.5	0.4	0.2

　　2）植被类型

　　秦岭林区位于关中平原与汉江谷地、盆地之间，森林面积为 3780.2 万亩[①]，占全省森林面积的 54%，是陕西省面积最大的林区，主要为次生林。森林覆盖率为 46.5%，平均每亩林木蓄积量为 4.8m³，每年每亩生长量为 0.12m³。秦岭林区东部商洛地区森林破坏较西部严重，林相残败，森林覆盖率低，一般为 20%~25%。南北浅山区大面积山地已成为光山秃岭或疏林灌丛。太白县、周至县、佛坪县和

————————————
① 1 亩≈666.67m²。

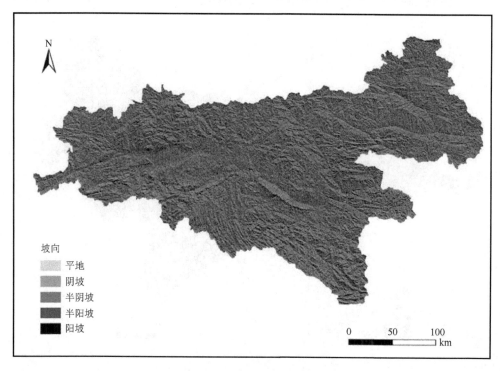

图 2.2　丹汉江区域坡向等级图

宁陕县等人口稀少，交通不便的高、中山地，还保留一些原始森林。秦岭山地森林垂直分带明显，北坡海拔 800m 以下，残存小面积侧柏林；南坡海拔 1000m 以下为北亚热带常绿、落叶阔叶混交林，主要树种有麻栎、马尾松及侧柏等，并有油桐、棕榈、杉木、油茶、枇杷及金桂等经济和观赏绿化树种。海拔 700～2200m 为松栎林带和针阔叶混交林，主要树种有栓皮栎、茅栗、橛栎、华山松、油松、山杨、锐齿栎、白桦、光皮桦、铁杉、漆树和白皮松等四十余种，其中华山松多分布在南坡西部山地，栓皮栎多分布在北坡山地；海拔 2100～2600m 为桦木林，主要树种有红桦和毛红桦，多系纯林，红桦多分布在下部，林相较为整齐，毛红桦分布在上部，林相较差；海拔 2400～3000m 为冷杉林，主要树种有陕西冷杉、甘肃冷杉和少量法氏冷杉，陕西冷杉多在中、下部，面积大，范围广，甘肃冷杉多在南坡中、下部，林相整齐；海拔 2900～3350m 为落叶松林带；由于高寒，林木生长缓慢，树形矮小，林相不整齐；海拔 3350m 以上为高山灌丛、草甸。

　　巴山林区位于汉江谷地以南的巴山山地，包括汉中市和安康市 18 个县（区）的部分和全部。森林面积为 1790 万亩，占全省林地面积的 17%，森林覆盖率为 26%，平均每亩林木蓄积量为 3.8m³，多为次生林，也有少量原始林。森林植被以华中植物区系为主，主要树种有麻栎、马尾松、山杨、红桦、白桦、槭、杉、油桐、樟树、棕榈、枫杨、油松、华山松和白皮松，并有少量冷杉、银杏和刺楸等。

林木生长快、经济数种多，但由于破坏严重，林相残败。只有南郑县的黎坪镇、碑坝镇，安康市岚皋县和镇坪县一带中山区林相较好。

巴山林区植被的垂直带谱较秦岭简单，海拔在1000m以下，主要有马尾松、栓皮栎、油桐、化香、杜仲和侧柏等，多中、幼龄林，呈斑块状分布；海拔1000～1800m，主要有栎类和白桦，以及漆树、油松，呈块状或带状分布，以黎坪最为集中；海拔1600～2300m，红桦为优势树种，其他树种有栎类、漆树、山杨、华山松等；海拔2300m以上的山地，主要为冷杉林，多沿山梁分布，林相整齐。

陕南地处森林地带，草地主要分布在低山丘陵地区，共有草地面积2520.99万亩，占全省草地总面积的30.87%。其中，人工草地1.77万亩，占全省人工草地总面积的0.49%。陕南草地的主要类型为灌丛草场，并以高草灌丛为主，主要牧草有芒、大油芒、拂子茅、黄背草、龙须草、狼尾草、野古草、黄茅、斑茅、金茅、羊胡子草、莨草和多种苔草等；灌丛有马桑、火棘、黄檀、胡枝子、黄卢、连翘、山胡椒、冬青和竹类等。灌丛草场覆盖率一般为60%～70%，草层高40～50cm，亩产鲜草500～600kg。

植被对水土流失具有负向驱动力。不同的植被类型有不同的负向驱动能，良好的植被可以更有效地降低水土流失的程度。确定植被类型级别分数，同样要根据植被类型的功能，按照其负向驱动能的相对强弱，负向驱动能最强的植被类型级别分数为10，负向驱动能最弱的植被类型级别分数为0，其他类型的级别分数按负向驱动能的强弱赋予0～10的数值。植被功能类型级别分数见表2.3。

表2.3　植被功能类型级别分数表

编码	二级土地利用类型	级别分数
21	有林地	1
22	灌木林地	0.8
23	疏林地	0.7
31	高覆盖度草地	0.6
32	中覆盖度草地	0.5
33	低覆盖度草地	0.4
41	河渠	0.9
43	水库坑塘	1
46	滩地	1
51	城镇用地	0.5
52	农村居民点	0.4
111	山地水田	0.4
112	丘陵水田	0.4

编码	二级土地利用类型	级别分数
113	平原水田	0.6
121	山地旱地	0.3
122	丘陵旱地	0.3
123	平原旱地	0.4
124	坡度大于 25°的旱地	0.2

3）土壤与土壤可蚀性

土壤是在气候、地形、水文、成土时间、生物和人为干扰等因素综合作用下形成的。其中，气候、地形因素起主导作用，气候直接影响土壤的水热状况，决定着土壤的物理、化学和生物过程；地形改变地表物质的分配和能量的循环，影响地表径流和地下水活动状况，从而形成不同类型的土壤。依据中国土壤区划，陕南土壤分为四个土类。

（1）亚高山草甸土，零星分布于海拔 2700m 以上的坡度缓和的亚高山地带。由于高寒风大，寒温性针叶林难以生存，植被以亚高山草甸为主。

（2）山地暗棕壤，分布于海拔 2200～2700m，植被是以冷杉为主的针叶林带，混生种主要有红桦和牛皮桦等阔叶树种。

（3）山地棕壤，分布于海拔 1300～2200m 的落叶阔叶与针叶混交林下，其上部多为松桦林亚带，下部普遍分布松栎林。

（4）山地黄棕壤，分布于海拔 1300m 以下地区，气候温暖湿润，植被为以壳斗科为主的落叶阔叶林，多在阴湿的沟谷地带可见常绿阔叶树种。

对土壤水土保持性能的分类，一般按照其颗粒组成、有机质含量和土壤透水性等特征进行。为了更好地揭示土壤的水土保持性能，本书采用土壤可蚀性这一指标进行分析。土壤可蚀性是衡量土壤自身抗侵蚀能力大小的重要因子之一，土壤可蚀性的大小表示了土壤被侵蚀的难易程度，反映土壤对侵蚀外营力剥蚀和搬运的易损性和敏感性，是影响土壤流失量的内在因素，也是定量研究土壤侵蚀的基础。K 因子定义为标准地块中单位侵蚀力所产生的土壤年流失量。K 值越大，土壤受侵蚀的敏感度越高，打分等级越低。利用 Sharpley 等（1990）在 EPIC（erosion-productivity impact calculator）模型中提出的计算公式（2.1）进行土壤可蚀性 K 值的计算，此公式参数易于测量，在国内应用较为广泛。

$$K = \left\{0.2 + 0.3\exp[-0.0256\text{SAN}(1-0.01\text{SIL})]\right\}\left(\frac{\text{SIL}}{\text{CLA}+\text{SIL}}\right)$$
$$\times\left(1.0 - \frac{0.25C}{C+\exp(3.72-2.95C)}\right)\left(1.0 - \frac{0.7\text{SN1}}{\text{SN1}+\exp(-5.51+22.9\text{SN1})}\right) \tag{2.1}$$

式中，SAN 为砂粒含量，%；SIL 为粉砂粒含量，%；CLA 为黏粒含量，%；C

为有机碳含量，%；SN1＝1－SAN/100。评价区土壤可蚀性 K 值分布在 0.0768～0.3395，其分级及打分标准如表 2.4 所示。

表 2.4　土壤可蚀性分级及打分标准

分级	< 0.1	0.1～0.15	0.15～0.2	0.2～0.25	0.25～0.30	> 0.30
打分	1	0.8	0.6	0.4	0.2	0.1

4）生态系统健康评价指标体系与权重

根据上述研究结果，影响土壤侵蚀的因素包括土壤可蚀性、植被、坡向和坡度等几个要素。对于水土流失来说，这几个要素对水土流失的贡献率有所差别。根据叠加生成的土壤可蚀性分布图、植被类型图、坡度和坡向等，按照专家经验对植被类型、土壤可蚀性、坡度和坡向 4 个指标权重赋值，不同因素的权重值如表 2.5 所示。

表 2.5　不同因素的权重值

项目	植被类型	土壤可蚀性	坡度	坡向
权重	0.5	0.3	0.1	0.1

2. 区域生态健康实现过程

首先，将数据统一转化为 ESRI GRID 格式，栅格分辨率为100m；其次，使用 GIS 的重分类功能进行权重赋值；最后，使用栅格计算器进行生态系统健康等级的计算，具体见图2.3。

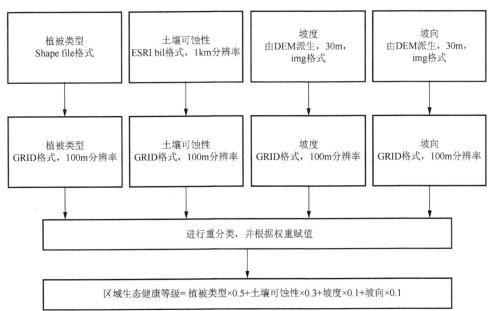

图 2.3　区域生态健康评价技术路线图

3. 区域生态健康评价结果

1) 陕南地区生态健康评价

根据区域生态环境特征及初步计算结果，确定陕南地区生态健康评价按照四级分类标准进行，如表2.6所示。

表2.6　陕南地区健康分级及其分值

健康等级	分值	状态
一级健康	1.0～0.75	良性循环
二级健康	0.75～0.5	良好
三级健康	0.5～0.25	相对稳定
四级健康	0.25～0	脆弱

陕南地区不同健康类型面积表和生态系统健康评价图分别如表2.7和图2.4

表2.7　陕南地区不同健康类型面积

健康等级	面积/km²	占总面积比例/%
一级健康	12126.58	17.37
二级健康	57028.62	81.67
三级健康	567.50	0.81
四级健康	106.85	0.15

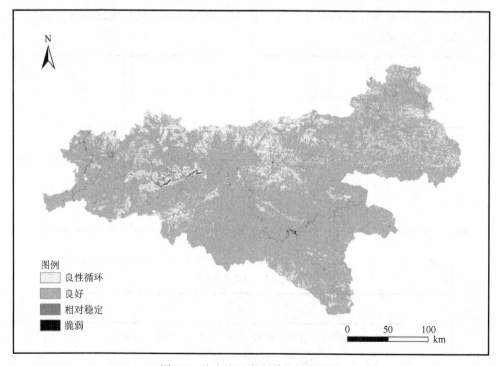

图2.4　陕南地区生态系统健康评价

所示。根据计算结果，分析表明陕南地区生态系统中一级健康面积为12126.58km²，占区域总面积的17.37%；二级健康面积为57028.62km²，占区域总面积的81.67%；三级健康面积为567.50km²，占区域总面积的0.81%；四级健康面积为106.85km²，占区域总面积的0.15%。其中一级健康与二级健康类型面积占区域面积的99.04%，表明在目前条件下，陕南地区整体没有出现生态系统退化的现象，生态系统健康状况良好。生态系统脆弱类型仅存在于局部地区，特别是盆地等人类活动集中的区域，需要注意加强监督和管理。

2）商洛市生态健康评价

商洛市县域生态健康等级面积分布、商洛市县域生态健康等级面积比例和区域生态系统健康评价分别见表2.8、表2.9和图2.5。由图表可知，整个商洛市生态系统中一级健康面积为4075.45km²，占区域总面积的20.89%；二级健康面积为15926.68km²，占区域总面积的78.41%；三级健康面积为119.11km²，占区域总面积的0.61%；四级健康面积为17.31km²，占区域总面积的0.09%。其中，一级健康与二级健康面积占区域面积的比例超过99%，表明商洛市生态健康状况良好。其中山阳、柞水和镇安三县中，不存在生态退化类型。与整个陕南地区相比，一级健康面积比例增加，四级健康面积比例减少，表明商洛市的生态健康状况整体优于整个水源区的健康状况。

表2.8　商洛市县域生态健康等级面积分布　　　　　（单位：km²）

健康等级	商南县	丹凤县	商州区	山阳县	柞水县	洛南县	镇安县	合计
一级健康	510.20	771.68	562.56	656.13	485.66	533.56	555.66	4075.45
二级健康	1779.00	1614.60	2043.13	2845.98	1842.75	2218.16	2953.06	15296.68
三级健康	6.03	15.23	26.66	17.68	4.85	35.88	12.78	119.11
四级健康	0.13	0.27	6.125	0.05	0.011	10.59	0.13	17.31

表2.9　商洛市县域生态健康等级面积比例　　　　　（单位：%）

健康等级	商南县	丹凤县	商州区	山阳县	柞水县	洛南县	镇安县	平均
一级健康	22.23	32.13	21.32	18.64	20.81	19.07	15.78	20.89
二级健康	77.50	67.23	77.44	80.86	78.98	79.27	83.85	78.41
三级健康	0.26	0.63	1.01	0.50	0.21	1.28	0.36	0.61
四级健康	0.01	0.01	0.23	0.00	0.00	0.38	0.00	0.09

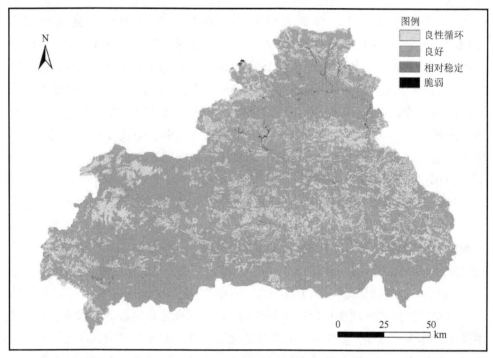

图例
　良性循环
　良好
　相对稳定
　脆弱

图 2.5　商洛市县域生态系统健康评价

2.2　陕南地区生态系统健康评价

2.2.1　区域主要污染物排放特征分析

废污水排放量一般指工业废水排放量和城镇生活污水排放量的总和。根据商洛市实测的入河排污统计情况，商洛市 2005 年废污水排放量及处理再利用情况见表 2.10。

由表 2.10 可知，商洛市现状年城镇生活总排污量为 818.75 万 m^3，人均废污水排放量为 28.57m^3，工业年废污水排放总量为 2299 万 m^3，其中，国有及规模以上工业的年废污水排放总量为 1204.5 万 m^3，单位万元产值废污水排放量为 109.86m^3，规模以下工业的年废污水排放总量为 1094 万 m^3，单位万元产值废污水排放量为 87m^3。全市现状年总废污水排放量为 3117 万 m^3。COD 年排放量为 2986t；BOD_5 年排放量为 60.07t；SS 年排放量为 735.18t；氨氮排放量为 65.2t。

商州区城市生活年人均废污水排放量为 36m^3，工业废污水排放量为 700 万 m^3，总废污水排放量为 1052 万 m^3，占全市废污水排放总量的 33.75%。COD 排放量为 405t；BOD_5 排放量为 1.665t；SS 的排放量为 32.1t；氨氮排放量为 0.001t。

表 2.10　商洛市 2005 年废污水排放量及处理再利用情况

县级行政区	年废污水排放量								主要污染物排放量/t				集中处理量/万 m³			再利用量/万 m³				
	城镇生活		工业			单位万元产值污水排放量/m³		总排污量合计/万 m³	COD	BOD₅	SS	氨氮	总量	一级处理量	二级处理量	总量			生态	生活
	排放量/万 m³	人均污水排放量/m³	国有及规模以上工业排放量/万 m³	规模以下工业排放量/万 m³	工业污水排放量合计/万 m³	国有及规模以上工业	规模以下工业									农业	工业			
																	国有及规模以上工业	规模以下工业		
商州区	352	36	384	316	700	182	195	1052	405	1.665	32.1	0.001	—	—	—	—	—	—	—	—
洛南县	121	19	373	95	468	339	31	589	—	—	—	—	—	—	—	—	283	—	—	—
丹凤县	35	11	10	65	75	20	32	110	0	—	0.001	—	—	—	—	—	—	—	—	—
商南县	81.75	27	23.5	132	156	24	57	237	611	—	0.017	65.17	—	—	—	—	—	—	—	—
山阳县	110	25	165	230	395	85	89	505	221	20.2	50.33	0.03	—	—	—	—	—	—	—	—
镇安县	84	45	82	164	246	59	166	330	1611	38.2	652.58	—	—	—	—	—	—	—	3	—
柞水县	35	37	167	92	259	60	39	294	138	—	0.15	—	—	—	—	—	—	—	—	—
全市合计	818.75	—	1204.5	1094	2299	—	—	3117	2986	60.07	735.18	65.20	—	—	—	—	—	—	—	—
全市平均	—	28.57	—	—	—	109.86	87	—	—	—	—	—	—	—	—	—	—	—	—	—

商洛市目前没有污水处理厂，在洛南县和镇安县，部分厂矿实行了废污水的处理和再利用，因此废污水的再利用部分仅限于这两个县。其中，洛南县国有及规模以上工业现状年废污水的再利用量为 283 万 m^3；镇安县规模以下现状年工业的废污水再利用量为 3 万 m^3。

2.2.2　生态安全评价研究进展

区域生态系统安全作为社会经济安全的基础，已成为目前研究的热点问题。土地利用的生态安全是区域土地持续利用的基础。土地利用的改变导致土壤质量降低、土地退化等生态环境的恶化，对土地生态安全构成了较大的威胁，也影响了区域生态环境的安全水平。分析和评价土地利用的生态安全水平，进而探讨区域土地的生态安全水平，是辨析区域土地中存在的生态问题、进行土地资源优化配置的依据。

1. 生态安全概念的提出

生态安全概念最早由 Brown（1986）提出。广义上，生态安全包括自然生态安全、经济生态安全和社会生态安全；狭义上，指自然和半自然生态系统的安全。近几十年来，生态环境剧变引起了不同程度和速度的全球变化，给人类的生存和发展带来了很大的压力，威胁着人类的安全。人类如何适应全球变化、调控自身的行为以维护生态的安全，成为科学关注的焦点。Falkenmark（2002）认为，人类安全和生态安全的目标不一致，人类安全的基本目标是将人居安全和生态安全结合起来。Costanza 等（1997）通过对比生态承载力需求和生态承载力供给来说明人类对自然生态系统的压力是否处于本地区所提供的生态承载力范围内，从而判断系统是否安全。Karr 等（1991）应用生物完整性指数对鱼类种群的组成与分布、种群多样性，以及敏感种、耐受种、固有种等多方面变化进行分析，并评价了水体生态系统安全状况。

以洪德元院士（2016）为首席科学家的国家重点基础研究发展规划项目"长江流域生物多样性变化、可持续利用与区域生态安全的研究"，旨在进行生物入侵及其生态安全评价，提出生物多样性保护的区域生态安全格局模式。曲格平（2013）在讨论了生态安全的概念后，介绍了影响我国一些生态安全问题的特点，并提出解决我国生态安全问题的战略重点和措施。不少学者对西部干旱区的生态安全问题及其对策做了不少有益的探讨。还有些学者借助于 RS 和 GIS 从空间格局方面对区域生态安全进行了评价。

2. 评价模型与方法

依靠概念模型建立指标体系的方法已得到广泛应用，概念模型的建立能够较清楚地反映社会活动、经济发展和生态变化各方面的关系。20 世纪 80 年代末，经济合作与发展组织（Organization for Economic Co-operation and Development，OECD）和联合国环境规划署（United Nations Environment Programme，UNEP）共同提出了环境指标的 PSR 概念模型，即压力（pressure）-状态（state）-响应（response）模型。在 PSR 模型框架内，某一类环境问题可由 3 个不同但又相互联系的指标类型来表达：压力指标反映人类活动给环境造成的负荷；状态指标表征环境质量、自然资源与生态系统的状况；响应指标表征人类面临环境问题所采取的对策与措施。PSR 概念模型从人类与环境系统的相互作用与影响出发，对环境指标进行组织分类，具有较强的系统性。有学者认为，PSR 模型比其他模型具有清晰的因果关系，它从人类和环境系统的相互作用出发，对环境指标进行组织分类，具有较强的系统性和可操作性（王奎峰等，2014）。但是此模型仅将人类活动作为压力，没有把自然压力列出，这样就缺少了自然因素。在此基础上，一些学者对 PSR 模型进行了修正和扩展。左伟等（2002）提出了 D-PSR 模型，即驱动力（driving force）-PSR 模型，该模型除了反映人类活动的压力之外，还添设了生态环境驱动力，从而添加了自然灾害压力，使压力类指标含义更广泛、中性化，而且首次引入了生态环境服务功能，取代了简单的生态支持作用。在吉林省的生态安全评价中，提出了 PFC 模型，即压力（pressure）（需求驱动）-反馈（feedback）（生态服务功能）-调控（control）（减压），对 PSR 模型进行扩展，此模型将自然压力归入生态环境，而且分析了 3 个成分的功能，基于生态服务功能和生态系统完整性提出评价指标体系（魏彬等，2009）。DSR 模型即驱动力（driving force）-状态（state）-响应（response）模型。驱动力是自然灾害及人类活动带给生态系统的压力，状态是生态系统的结构、功能状况，同时也是自然生态系统给人类提供服务功能和资源的反映，响应是处理生态环境问题、维护改善生态系统状态的保障和管理能力。在海岸带的生态安全评价中，将驱动力设置为人类对于资源的需求，这种行为带来了压力，以此为出发点建立评价指标体系。

DPSIR 模型即驱动力（driving forces）、压力（pressure）-状态（state）-影响（impact）-响应（responses）模型。该模型认为，驱动力产生压力，压力影响生态状态，生态状态影响人类自身系统，进而产生人为响应来调节驱动力、压力、生态状态。依靠此模型建立了深圳水资源的评价指标体系，用其进行各成分之间的动力学分析，有效地描述了环境问题的起因和结果的关系。结合以上模型的优点，左伟等（2002）在重庆市忠县的生态安全综合评价中，建立了 D-PSE-R 模型，以人类的需求驱动力为源泉，产生了压力，造成了污染，影响了生态状态，而响应反过来调节压力、污染与生态的状态。模型引入了风险评价中的暴露-响应模型，将污染暴露单列为一个部分，着重体现了对生态环境污染的压力。

以上评价模型均是以人类需求为驱动力而建立起来的，人类需求对生态系统产生压力，导致生态系统的服务功能受损，从而影响人类的发展。

　　3. 评价指标体系

　　指标体系是评价一个区域生态安全状况的基础，要能够综合反映一个区域社会经济与生态环境系统的协调与统一。指标的选取应遵循科学性、系统性、目的性、相对独立性和实用性等原则。生态评价的指标体系部分是依据各自评价对象的特色、咨询专家和层次分析法来制定的。一般情况下具有三个层次：目标层、准则层和指标层。目标层反映生态安全总态势；准则层由生态安全的主要因素组成，可以进一步划分，如城市生态安全评价中可以分为准则层和子准则层；指标层是体系中最基本的层面，由可以度量的指标组成。指标体系的内容涉及经济、社会、生态等内容，才能较全面地反映社会-经济-生态复合生态系统。例如，黄土丘陵区纸坊沟流域近 70 年的农业生态安全评价中，包括社会经济、生态环境、综合功能三个方面的内容。赵运林（2006）提出了增加观念意识响应指标的部分，包括资源安全意识、环境安全意识、应急安全意识，丰富了评价指标体系。上述指标体系较为宏观，除此之外，还可以遵循生态系统的一般规律，考虑评价对象的特色，结合科学性、综合性、主导性、可比性、针对性、层次性和可操作性原则设定不同的指标体系。

　　马利邦等（2009）根据 PSR 概念模型，在甘肃省生态安全评价和驱动因素分析中，构建了具有三个层次的区域生态安全评价指标体系。第一层次是目标层，也即评价目标，即生态安全综合指数（A）；第二层次是项目层，包括压力（B_1）、状态（B_2）和响应（B_3）；第三层次是指标层，即每一个评价因素由哪些具体指标来表达。具体评价指标见生态安全评价指标体系（表 2.11）和县域生态安全综合评价指标体系（表 2.12）。此外，研究人员注意到研究尺度对生态评价的影响。在不同尺度上，生态安全代表的含义不同，分别见县域尺度生态安全评价指标体系（图 2.6）和地市尺度生态安全评价指标体系（图 2.7），因此在多尺度评价时，所选择的指标也应有差异。

表 2.11　生态安全评价指标体系

目标层	项目层	指标层
生态安全综合 指数（A）	压力（B_1）	人口密度/（人/km²）（C_1） 人口自然增长率/‰（C_2） 人均水资源量/m³（C_3） 人均耕地面积/hm²（C_4） 人均居住面积/m²（C_5） 城市年生活用水量/（×10⁴t）（C_6） 城市单位工业产值生产用水量/（t/万元）（C_7） 城市化水平/%（C_8） 万元产值能源消费量/（t/万元）（C_9） 单位产值工业废水排放量/（t/万元）（C_{10}）

续表

目标层	项目层	指标层
生态安全综合指数（A）	压力（B_1）	单位产值工业废气排放量/（m³/元）（C_{11}）
		单位产值工业固体废弃物排放量/（t/万元）（C_{12}）
		工业 SO_2 排放量/（$\times 10^4$t）（C_{13}）
		化肥使用量/（kg/hm²）（C_{14}）
		农药使用量/（kg/hm²）（C_{15}）
		农膜使用量/（kg/hm²）（C_{16}）
	状态（B_2）	恩格尔系数/%（C_{17}）
		人均 GDP/元（C_{18}）
		森林覆盖率/%（C_{19}）
		草地面积占比/%（C_{20}）
		水土流失面积/（$\times 10^3$hm²）（C_{21}）
		沙漠化面积/（$\times 10^4$hm²）（C_{22}）
		耕地面积占比/%（C_{23}）
		农民人均纯收入/元（C_{24}）
		人均地方财政收入/元（C_{25}）
	响应（B_3）	工业废水排放达标率/%（C_{26}）
		工业固体废物综合利用率/%（C_{27}）
		环境保护投资占 GDP 占比/%（C_{28}）
		第三产业占比/%（C_{29}）
		工业 SO_2 处理率/%（C_{30}）
		平均每万人口中的大学生数/人（C_{31}）

表 2.12　县域生态安全综合评价指标体系

目标层	准则层	指标层
生态安全综合指数（A）	自然环境状态（B_1）	年降水量（C_1）
		年均风速（C_2）
		林地占比（C_3）
		牧草地占比（C_4）
		沙地占比（C_5）
	人文环境状态（B_2）	人口自然增长率（C_6）
		人均 GDP（C_7）

续表

目标层	准则层	指标层
生态安全综合指数（A）	人文环境状态（B_2）	恩格尔系数（C_8）
		财政收入（C_9）
		年末存栏牲畜数（C_{10}）
	环境污染压力（B_3）	化肥实物量（C_{11}）
		农用薄膜用量（C_{12}）
		农药使用量（C_{13}）
		工业废水排放量（C_{14}）
		工业废气排放量（C_{15}）
		工业固体废物排放量（C_{16}）
		农村劳动力受教育程度（C_{17}）
		废弃地利用面积（C_{18}）
	环境保护及建设能力（B_4）	退耕还林还草面积（C_{19}）
		工业废水达标量（C_{20}）
		当年造林面积（C_{21}）
		工业固体废物处置量（C_{22}）

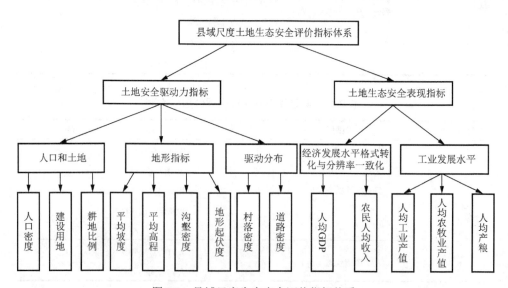

图 2.6 县域尺度生态安全评价指标体系

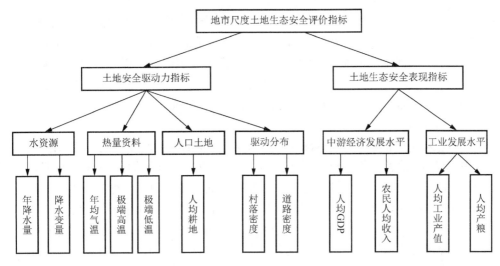

图 2.7 地市尺度生态安全评价指标体系

总之，目前生态安全评价已成为生态安全的核心问题，评价的理论与方法有了很好的发展，评价对象也很广泛，但是需要在指标体系建立、评价方法选择，特别是权重确定等方面进行深入研究。同时，为了各区域能够更好地协调发展，针对相似特征的评价主体时，要建立统一的评价等级标准、评价方法，并配以其他方法评价的结果校正。

2.3 区域水生态安全制约因素分析

2.3.1 水源区自然条件

1）地质、地貌

南水北调中线陕西水源区地属秦巴土石山区，大部分山体由海相岩层发育而来，以变质岩系和灰岩系为主，构造上经过强烈的带状褶皱、抬升和断裂运动，成为东西向褶皱带和起伏较大的岩质山地。由秦岭山地、汉江盆地和大巴山地构成"两山夹一川"地貌，称为"八山一水一分田"。

2）气候

水源区跨丹江、汉江两大流域，其北部为山地暖温带温和湿润气候区，南部为北亚热带温热湿润气候区，四季分明，气候温和，雨量充沛，无霜期长。地区年降水量为 600～1200mm，年平均温度为 15.24℃，相对湿度为 67.4%，日照时间为 1600～2000h，无霜期为 240～270d。

3）水资源

水源区境内河流密布，水力资源十分丰富。境内河流主要属长江流域汉江、丹江水系。汉江流域 10km² 以上的支流有 1320 条，主要有襄河、湑水河、子午河、牧马河、月河、旬河、金钱河和丹江等。整个水源区境内河流的平均年径流量为 292 亿 m³，地区水质清澈、无污染，是国家南水北调中线工程的重要水源地。汉江梯级开发、南水北调，以及丹汉江周边生态环境治理工程的实施，形成了集发电、供水、航运、养殖、旅游于一体的丹汉江沿岸经济开发带。

4）生物资源

整个区域植被较好，森林覆盖率达到 42%，拥有野生种子植物 3754 种，约占全国的 10%。珍稀植物 30 种，药用植物近 800 种。中华猕猴桃、沙棘、绞股蓝和富硒茶等资源极具开发价值。生漆产量和质量居全国之冠。红枣、核桃、桐油是传统的出口产品，药用植物天麻、杜仲、苦杏仁、甘草等在全国具有重要地位。产于镇坪县的珙桐（又称鸽子树）被称为 250 万年前的活化石，为世界罕见树种。

水源区野生珍贵动物众多，现有陆生脊椎动物 604 种，鸟类 380 种，两栖类 28 种，爬行类 49 种，哺乳类 147 种，均占全国的 30%左右；两栖爬行类动物 77 种，占全国的 13%。其中，珍稀动物 30 种，大熊猫、金丝猴和朱鹮等被列为国家一级保护动物。

5）矿产资源

水源区地质构造复杂，成矿条件优越，迄今为止已发现各类矿产 60 种。其中，铁、钒、锑、银、萤石、钾长石、白云母储量大，并有汞锑矿、铅锌矿、毒重石矿、瓦板岩和绿色花岗石等独特矿产资源。

2.3.2　水源区经济条件

水源区的汉中市、安康市、商洛市三地市地处国家经济欠发达地区，经济发展水平普遍较低，各项经济指标均低于全省平均水平，远远低于全国平均水平，长期以来主要靠"吃财政饭"维持，财力非常薄弱，主要依靠山里的木材、药材和矿产等资源来发展经济。

近年来，水源区内各县（区）国民经济取得了较快的发展，各项经济指标也都有了较大程度的提高。2016 年汉中市、安康市和商洛市的国内生产总值（GDP）分别为 1156.59 亿元、851.85 亿元和 699.30 亿元，较 2015 年同比分别增长 9.0%、11.3%和 10.0%，人均 GDP 分别为 33597 元、32109 元和 29574 元。汉中市生产总值中，第一、第二和第三产业增加值占比分别为 17.8%、42.8%和 39.4%，粮食播种面积 26.51 万 hm²。安康市生产总值中，第一、第二和第三产业增加值占比分别为 11.8%、54.8%和 33.4%，粮食播种面积 26.87 万 hm²。商洛市生产总值中，第一、第二和第三产业增加值占比分别为 13.8%、53.2%和 33.0%，粮食总产量为 61.88 万 t。

2.3.3　水源区环境条件

近年来，经过各级政府和广大群众的不懈努力，在南水北调中线工程陕西水源区投入了大量的财力、人力和物力，坚持以小流域为单元，积极开展了长江上游水土保持重点防治工程（简称"长治"工程）、丹江口库区及上游水保工程、世界银行贷款项目等国家重点水土保持建设项目，打坝淤地、植树种草、实施综合治理，项目区内的水土流失治理速度明显加快，水土流失程度有所缓解，水土保持效益显现，水污染得到了进一步控制，水质得到了净化，生态环境得到了明显改善。但是这些工程项目主要集中在项目区或典型小流域内实施，属于点上操作，还未在面上推广，大范围治理生态环境还需要进一步改善，距离南水北调中线工程Ⅱ类水质要求下的生态环境目标任重而道远。

1）水土流失状况

从整个南水北调中线陕西水源区来看，水土流失还比较严重，水土保持工作还需要进一步加强。经全国第三次水土流失遥感普查确认，汉江流域现有急需治理的水土流失面积 2.9878 万 km²，占流域总面积的 45%左右。汉江上游秦巴山区面积仅占长江流域的 4%，但年输入长江的泥沙达 1.2 亿 t，占长江总输沙量的 12%，且水土流失有进一步扩大的趋势。汉江中下游地区属于中低山和丘陵区，是水土流失的主要分布区，水土流失面积约为 1.2 万 km²，土壤侵蚀总量为 2500～4900t/a。

同时，水土流失还增加了河流泥沙，威胁防洪安全。目前，汉江流域安康地区石泉县等大部分水库淤积都很严重，如果不尽快遏制水土流失，势必会直接影响南水北调中线工程的水质安全。

2）水污染状况

首先，整个水源区内水污染状况比较严重，水源区内的城市工业、生活污水大部分未经处理就排入下游河道或汉江，造成水体严重污染。2004 年对长江流域排污口的调查结果显示，丹汉江水系共有排污口 345 个，其中，工业排污口 161个、生活废污水排污口 106 个、混合污水排污口 78 个。2004～2006 年丹江口库区及上游水污染防治和水土保持规划报告显示，丹汉江水系直接入河的排污口共51 个，废污水直接排入总量为 1.49 亿 t/a，其中，工业废污水总量为 0.24 亿 t/a，生活废污水总量为 0.37 亿 t/a，混合废污水总量为 0.88 亿 t/a。而主要污染物 COD排放量为 4.03 万 t/a，氨氮排放量为 0.26 万 t/a。

水源区内的非点源污染也越来越严重，主要体现在以下几个方面：①农业生产中大量不合理使用农药和化肥。水源区内各县均属于农业主产区，种植业占主导地位，在农业生产中需要投入大量的农用生产资料。这些农药多是杀虫剂、杀菌剂、除草剂等，它们难以分解，影响耕作，少部分分解物释放出的有害物质也污染土壤和地下水。②畜禽粪便及生活垃圾量逐年增大。近年来，随着农业生产结构调整步伐的加快，畜牧养殖业发展迅速，畜牧养殖业造成的非点源污染问题也越来越突出。畜禽的粪便随意排放性强、处理率低，N、P、COD 等大量污染物直接或间接排入库区，造成环境和水体水质的直接污染。③丹汉江流域总土地面积为 6.27 万 km^2，其中水土流失面积为 3.39 万 km^2，水土流失比较严重。大量的水土流失不但造成水库淤积，而且使水质变差，富营养化程度提高。④土壤性能差。水源区以黄褐土、黄黏土为主，质地较重，易干缩裂缝、通透性差、表土层稀松浅薄，既不耐旱，又不耐涝，并易受侵蚀，对降水冲击的抵抗力较弱，经雨水冲刷后极易形成水土流失。水土流失使泥沙及附着在土壤上的农药化肥残留得以汇入地表径流，流入库区，造成库区悬浮物和氮、磷超标，对库区水质影响较大。

自 2003 年起，陕西省水土保持局利用国家资金，在陕南丹汉江流域划出了 6 个水土保持的示范区，并进行了预防保护的工程建设，目前这些示范区共完成水土流失治理面积 8972.97km^2，修建水平梯田 48.27km^2，退耕还林 2134.7km^2，建设水土保持监测点 4 个，有效地改善了当地的生态环境。但是随着生产建设项目活动增多，特别是一些工业产业结构不尽合理，重污染的造纸、化工、制药、酿造行业在工业生产中所占比重较大，使得地表水体污染严重，人类活动及自然灾害对流域内的生态环境破坏呈抬头趋势，水源地的水质安全不容乐观。

2.4 南水北调陕西水源区生态安全评价指标体系

陕西省是南水北调中线工程的主要水源地，因此针对区域生态安全的制约因素，在水生态安全评价过程中需要综合考虑区域涉及生态安全的相关因素。

2.4.1 水源区生态安全评价指标体系选择的原则

水源区生态安全评价涉及的因素众多，评价指标体系的建立不仅要反映水资源开发、利用、配置、管理等方面的状态与水平，还要考虑与水资源相关的社会经济系统和生态环境系统的发展状况。在选择指标和构建指标体系时，需遵循以下原则。

（1）科学性原则。即在可持续发展理论框架下，采用科学性方法，构建能够全面反映水资源条件、社会经济发展状况、生态环境状态和水资源管理水平的指标体系。

（2）系统性原则。资源、经济、社会、生态、环境各要素都不是孤立存在的，构建指标体系应以水资源复杂巨系统理论为指导，统筹考虑，系统分析水资源的量、质、温、能属性及相应的服务功能。

（3）完备性原则。水是基础性的自然资源和战略性的经济资源，是生态环境的控制性要素。指标体系应体现水资源与饮水安全、粮食安全、经济安全、生态安全和环境安全等方面的关系, 全面反映水资源安全程度。

（4）动态性与静态性相结合原则。指标体系要求具有导向性, 应既能反映系统的发展状态, 又能反映系统的发展过程, 以达到水资源安全的评价、预测和预警作用。

（5）定性与定量相结合原则。指标体系应尽可能选择可量化指标, 难以量化的重要指标可定性描述。

（6）可比性原则。指标尽可能采用标准的名称、一致的内涵及同样的计算方法, 以便于区域之间对比分析, 另外也具有与同类研究成果的可比性。

（7）可操作性原则。应充分考虑各指标的现实可操作性, 指标含义直观明确, 易于理解和应用, 而且资料相对容易获得。

2.4.2 水源区生态安全评价指标构建

在指标选取与结构设计方面, 一般做法是通过总结相关研究成果, 在一定原则下对现有指标加以改进和综合, 使之适用于当前研究的需要, 从而得到合适的指标体系。目前, 已有不少专家学者根据实际问题建立了生态安全评价的指标体系。由于生态安全评价的对象和目标各不相同, 因此所选择的指标体系各出其门, 自成体系, 表达了不同研究系统的安全状况, 并且在具体指标选取上有非常大的差异。

水源区安全问题涉及面非常广阔, 既有自然性的指标又有社会性的指标, 既有动态的指标又有静态的指标, 既有定性的指标又有定量的指标, 而且各指标体系应该具有一定的层次结构。从大的方面来讲, 为了与海牙世界部长级会议宣言中提出的 21 世纪水安全所面临的挑战相吻合, 水安全评价应该包括水资源管理、饮用水安全、粮食安全、处理灾害、生态环境、水供需矛盾和水资源价值问题; 同时, 在建立评价指标体系时遵循完备性原则, 不同地区在应用上指标的选取应有区别; 此外, 需要考虑到资料获取的可行性, 在实际应用中应根据研究区的实际情况和资料的来源情况选取合适的指标。

2.4.3 水源区生态安全评价指标体系框架

本书在国内外已有的研究基础上, 基于 PSR 模型, 初步提出了一套针对丹汉江水源区的区域生态安全水平度量指标体系和综合评价方法。

通过以上分析, 考虑区域生态安全的制约因素, 建立区域水资源安全多层次综合评价指标体系, 将指标体系分为项目层、准则层和指标层 3 个层次。

1）项目层（*A*）

根据 PSR 模型的基本原理, 水生态安全评价需要考虑压力、状态、响应等方面的影响。因此, 本书将水生态安全的压力、状态、响应作为评价指标体系的项目层。

2）项目亚层（B）

由于影响水源区生态安全的因素很多，为了便于分析和理解，对压力层进行了分解。分别设置了社会经济建设与发展压力（B_1）、水资源压力（B_2）、污染负荷压力（B_3）和水土流失压力（B_4）、水生态与环境状态（B_5）和水生态与水环境保护整治及建设能力（B_6）等 6 个亚层。

3）指标层（C）

指标层由可直接度量的指标构成，它是水资源安全评价指标体系最基本的层面。评价指标体系的三层结构设置是与水资源复杂巨系统的"系统—子系统—要素"结构相对应的。

据此，得到由 3 个评价项目、22 个具体指标构成的水源区生态安全多层次综合评价指标体系，如表 2.13 所示。

表 2.13　水生态安全评价指标体系

项目层	项目亚层	指标层	单位
压力（A_1）	社会经济建设与发展压力（B_1）	人口密度（C_1）	人/km²
		年均降水量（C_2）	万 m³
		人均 GDP（C_3）	元
		人均耕地资源（C_4）	hm²
		人均粮食产量（C_5）	t
	水资源压力（B_2）	工业用水量（C_6）	万 t
		城镇生活用水量（C_7）	万 t
	污染负荷压力（B_3）	工业废水排放量（C_8）	万 t
		城镇生活污水排放量（C_9）	万 t
		化肥施用强度（C_{10}）	t/hm²
		农药施用强度（C_{11}）	kg/hm²
	水土流失压力（B_4）	水土流失面积率（C_{12}）	%
状态（A_2）	水生态与环境状态（B_5）	产水系数（C_{13}）	——
		人均水资源占有量（C_{14}）	m³
		水资源开发利用程度（C_{15}）	%
		地下水开采率（C_{16}）	%
		生态系统健康指数（C_{17}）	%
响应（A_3）	水生态与水环境保护整治及建设能力（B_6）	流域水土保持植被覆盖率（C_{18}）	%
		工业废污水达标排放率（C_{19}）	%
		城镇生活污水处理率（C_{20}）	%
		水土流失治理度（C_{21}）	%
		环境保护科技人员数量（C_{22}）	人

2.5　区域水环境安全特征演变——以商洛市为例

以商洛市为例，选择该地区评价因子中的 12 项作为评价指标，分别用三种方法进行分析计算，即理想解法（technique for order preference by similarity to ideal solution，TOPSIS）、综合指数（synthetic index）法和投影寻踪分类（projection pursuit clustering，PPC）法。

2.5.1　TOPSIS 法

1）原理与计算方法

本小节利用基于变异系数权重的 TOPSIS 法将这些指标综合成单一指标，为生产决策者进行最后的科学决策提供依据。

TOPSIS 法是系统工程有限方案多目标决策分析的一种常用方法，可用于效益评价、决策、管理多个领域。TOPSIS 法的基本思想是，基于归一化后的原始数据矩阵，找出有限方案中的最优方案和最劣方案（分别用最优向量和最劣向量表示），然后分别计算这些评价对象与最优方案和最劣方案的距离，获得各评价对象与最优方案的相对接近程度，以此作为评价优劣的依据。

方案优劣排序：将统计量 CI 由大到小依次排序，CI 大者为优。TOPSIS 法计算各个样本排序指标结果见表 2.14。

表 2.14　TOPSIS 法计算各个样本排序指标值

样本	D+	D−	统计量 CI	名次
N1	0.865	0.394	0.313	9
N2	0.782	0.508	0.394	6
N3	0.855	0.466	0.353	8
N4	0.745	0.586	0.440	3
N5	0.749	0.461	0.381	7
N6	0.703	0.489	0.411	4
N7	0.746	0.491	0.397	5
N8	0.578	0.613	0.515	2
N9	0.502	0.825	0.622	1

注：N1，N2，…，N9 分别表示 2001～2009 年的样本；D+表示最优方案，D−表示最差方案。

2）结果分析与评价

由 TOPSIS 法计算的结果可知，商洛市 2009 年的统计量 CI 最大，与最优方案最接近，即生态安全状况最好；其次是 2008 年，以此类推，而生态安全状况最差的为 2001 年。

结合商洛市 2001～2009 年各项指标的数据分析可知，相较于其他年份，2009

年水利、水产总投资最大，人均 GDP 最大，而城镇人均日用水量最少，这些因素都能够促进 2009 年该地区生态安全的健康发展。同时，2009 年工业用水量、城镇生活用水量、工业污水排放量和城镇生活年污水排放量这些不利因子量也较大。这些不利因素的存在，之所以没有影响到 2009 年的整体生态安全，是因为它们不仅能够反映水资源压力的状况，同时也间接反映了其他方面的情况，如工业产值、居民生活水平等，所以并不是越小越好，要进行综合考虑。2001 年的生态安全状况最差，由统计数据可知，2001 年的工业用水重复利用率和人均 GDP 较其他年份最低，特别是工业用水重复利用率，远远低于其他年份。另外，2001 年工业用水量和城镇生活用水量也较少，给水资源造成的压力较小。因此，综合来看，2001年商洛市各方面发展水平较低，对生态安全的治理也较弱，即生态安全状况差。

2.5.2　综合指数法

1）原理与计算方法

用来测定一个或一组变量对某个特定变量值大小的相对数，称为指数。例如，环境质量指数是以地形、地貌、水文、气象、生态、污染源、污染物等环境监测数据计算出的无量纲相对数，用以反映环境质量。反映某一事物或现象动态变化的指数，称为个体指数；综合反映多种事物或现象动态平均变化程度的指数，称为总指数。综合指数是编制总指数的基本计算形式，能定量地反映几个指标的综合平均变动程度。利用综合指数的计算形式，定量地对某现象进行综合评价的方法称为综合指数法。综合指数法可用于社会、环境评价及工作效率评价等。

高优指标的个体指数 p_1，用实测值 X 与标准值 M 的商计算，即 $p_1 = X/M$；低优指标的个体指数 p_2，可用标准值 M 与实测值 X 的商计算，即 $p_2 = M/X$；综合指数 I 较为复杂，没有统一的表达形式，可根据实际问题确定计算模式，可表示为各个指标的相加或相乘，如取相加，则有

$$I = \frac{1}{n}\sum_{1}^{m} y \ 或 \ I = \sum_{i=1}^{k}\prod_{j=1}^{l} y_{ij} \qquad (2.2)$$

式中，y 为个体指数；m 为指标数；n 为分组数；k 为指标类别数；l 为各类内的指标数。模型建立后，需用已知评价结果的历史资料计算总体指数，对比符合程度，其中，评价矩阵计算结果和评价结果与排序分别见表 2.15 和表 2.16。

表 2.15　评价矩阵计算结果

样本	样本								
	N1	N2	N3	N4	N5	N6	N7	N8	N9
N1	1.00	0.97	0.97	0.54	0.11	1.13	0.11	0.15	0.11
N2	0.33	1.00	0.99	0.47	0.11	0.92	0.82	0.20	0.15

样本	样本								
	N1	N2	N3	N4	N5	N6	N7	N8	N9
N3	0.22	1.01	1.00	0.47	0.11	0.60	0.29	0.20	0.15
N4	0.11	0.74	0.74	1.00	0.11	0.73	0.79	0.35	0.26
N5	0.11	0.31	0.30	0.53	1.00	0.86	0.86	0.44	0.32
N6	0.11	0.31	0.30	0.11	1.00	1.00	0.93	0.54	0.40
N7	0.11	0.11	0.11	0.57	1.00	0.13	1.00	0.70	0.51
N8	0.22	0.29	0.28	0.56	0.11	0.49	0.89	1.00	0.73
N9	0.33	0.34	0.34	0.53	0.11	0.77	0.77	1.37	1.00

注：N1，N2，…，N9 分别表示 2001～2009 年的样本。

评价矩阵诊断：

（1）最大特征根 λ=4.6875。

（2）评价矩阵的一致性指标 CI=0.5391。

（3）评价矩阵的随机一致性指标 RI=1.4506。

（4）评价矩阵的随机一致性比值 CR=0.3716。

表 2.16　评价结果与排序

样本	幂值	名次	行均值	名次	综合权重	名次
N1	89.16	2	91.28	2	90.82	2
N2	85.54	3	89.67	3	88.76	3
N3	69.63	9	72.72	9	72.04	9
N4	83.17	4	86.52	4	85.78	4
N5	82.62	5	84.99	5	84.47	5
N6	82.06	6	84.36	6	83.86	6
N7	74.73	8	76.06	8	75.77	8
N8	81.20	7	81.98	7	81.81	7
N9	100.00	1	100.00	1	100.00	1

注：N1，N2，…，N9 分别表示 2001～2009 年的样本。

2）结果分析与评价

综合指数法通过三种计算方法，分别计算出幂值、行均值和综合权重，对这 3 个值的计算结果分别进行排序，得到如表 2.16 的结果。对比可知，这三种方法的结果一致，都以 2009 年为最优情况，其次为 2001 年、2002 年，以此类推，最差为 2003 年。

根据以上结果，结合商洛市 2001～2009 年各项指标数据分析可知，相较于其他年份，2009 年水利、水产总投资和人均 GDP 最大，而城镇人均日用水量最少，这些因素都能够促进 2009 年该地区生态安全的健康发展。2003 年的生态安全状况最差，由统计数据可知，2003 年工业用水重复利用率和水利、水产总投资比其他年份低很多，这两个因子都是直接反映生态安全的重要指标，因此会严重影响其综合评价指数。2003 年的其他高优指标也没有比较突出的，因此该年生态安全状况最差。

2.5.3　投影寻踪分类法

1）原理与计算方法

投影寻踪分类法是 Friedman 等于 1974 年提出的一种既可做探索性分析，又可做确定性分析的聚类和分类分析方法。投影实质上就是从不同的角度去观察数据，寻找能够最大限度地反映数据特征和最能充分挖掘数据信息的最优投影方向。PPC 法是一种可用于高维数据分析的、有效的降维技术，适用于高维、非线性、非正态问题的分析和处理，评价结果与实际相符率高，已经广泛应用于水质评价、大气环境质量综合评价、灾情评估、工业经济和企业竞争力等方面。

PPC 法的特点是在未知权重系数的情况下，通过把高维数据投影到低维（1～3 维）子空间上，对于投影到的构形，采用投影指标函数来衡量投影暴露某种结构的可能性大小，寻找出使投影指标函数达到最优（即能反映高维数据结构或特征）的投影值，然后根据该投影值来分析高维数据的结构特征，或根据该投影值与研究系统的输出值之间的散点图构造数学模型以预测系统的输出。PPC 法避免了专家打分的人为干扰因素，省去了利用专家打分评定的步骤，更为准确和便捷，因此在定量评价指标数据的处理上更具有优势。

2）结果分析与评价

由表 2.17 可知，2009 年商洛市水环境安全指数最好，2008 年次之，最差的是 2004 年。根据以上结果，结合商洛市 2001～2009 年各项指标数据分析可知，相较于其他年份，2009 年水利、水产总投资和人均 GDP 最大，而城镇人均日用水量最少，这些因素都能够促进 2009 年该地区生态安全的健康发展。2004 年的生态安全状况最差，由统计数据可知，2004 年水利、水产总投资最低，且水土流失治理度也较其他年份很低，这两个因子都是直接反映生态安全的重要指标，因此会严重影响其生态安全评价指数。2004 年的其他高优指标也没有比较突出的，因此该年生态安全状况最差。

表 2.17　评价结果与排序

| 样本 | 高优 | | | | | 低优 | | | | | 高优 | | 投影值 | 名次 |
	x1	x2	x3	x4	x5	x6	x7	x8	x9	x10	x11	x12		
S1	0.01	0.06	0.32	98.69	2487.75	106.6	5054	1505	2492	1044.75	1.30	11498.20	11974.31	6
S2	0.01	0.06	0.30	67.47	2772.47	102.6	5139	1411	2655	1031.75	17.00	10144.10	10677.04	7
S3	0.01	0.05	0.26	69.04	2775.16	101.0	5168	1411	2914	1029.75	5.27	8369.00	8924.42	8

样本	高优					低优					高优		投影值	名次
	x1	x2	x3	x4	x5	x6	x7	x8	x9	x10	x11	x12		
S4	0.01	0.05	0.28	72.09	3616.18	111.6	4265	2179	2873	1074.55	16.30	7501.00	8178.77	9
S5	0.01	0.05	0.29	74.82	4139.19	108.6	2789	1494	2614	1092.00	18.00	12099.00	12715.63	5
S6	0.01	0.05	0.31	77.37	4702.97	113.6	2786	888	1759.5	1000.38	19.50	23604.52	24144.61	3
S7	0.01	0.05	0.21	79.09	5580.66	118.6	2126	1561	905	908.75	21.00	17527.96	18261.67	4
S8	0.01	0.05	0.25	80.86	7283.23	118.6	2716	1546	905	863.75	18.50	33978.14	34785.30	2
S9	0.01	0.06	0.28	82.30	9400.37	121.60	2905.00	1501.00	1138.00	818.75	16.00	51004.03	51920.69	1

注：S1，S2，…，S9 分别表示 2001~2009 年的样本；x1，x2，…，x12 分别表示各样本得分值。

通过 TOPSIS 法、综合指数法和投影寻踪分类法分别得出了不同的结果，但 TOPSIS 法与投影寻踪分类法结果比较接近。三种方法一致的结论都是 2009 年生态安全状况最好。

对于其他分歧较大的年份，主要是由于不同方法有各自的特点、侧重点和局限性。例如，综合指数法的优点是，只要选择并固定了合适的评价方法和评价指标，就可以对区域环境质量进行时空上的比较，而且这种比较是依据数值大小、结论明确的计算结果来进行的，并且可以依据各分指数超标的多少进行排序，以提供切实的污染控制建议，也可以根据动态分析结果评价污染控制措施的成效。而综合指数法也有明显的缺点，如它将环境质量硬性分级，没有考虑环境系统客观存在的模糊性；另外，由于各评价指标在综合评价结果中的地位和作用不一样，理应对每一个评价指标赋以一定的权重，而综合指数法则恰恰忽略了这一点，从而造成评价结果的片面性。

指标的选取，也会对评价结果造成一定影响，如指标工业用水量、城镇生活用水量、城镇人均日用水量等，这些指标看似越低越好，实则它们同时也反映了工业产值、经济发展状况、人民生活水平等，从这一角度看并非是越低越好，而生态安全又是一个各因素综合作用的概念，因此评价因子自身的复杂性对它具有较大的影响。

参 考 文 献

高启晨，陈利顶，吕一河，等，2005. 西气东输工程沿线陕西段区域生态安全格局设计研究[J]. 水土保持学报，19(4): 164-168,172.

洪德元，2016. 关于提高物种划分合理性的意见[J]. 生物多样性，24(3): 360-361.

马利邦，牛叔文，李永华，等，2009. 甘肃省生态安全评价及驱动因素分析[J]. 干旱区资源与环境，23(5): 30-36.

曲格平，2013. 曲格平在 2013《环境保护》年会上的讲话[J]. 环境保护，41(20):18.

王奎峰, 李娜, 于学峰, 等, 2014. 基于 P-S-R 概念模型的生态环境承载力评价指标体系研究——以山东半岛为例[J]. 环境科学学报, 34(8): 2133-2139.

王玉华, 方颖, 焦隽, 2008. 江苏农村"三格式"化粪池污水处理效果评价[J]. 生态与农村环境学报, 24(2): 80-83.

魏彬, 杨校生, 吴明, 等, 2009. 生态安全评价方法研究进展[J]. 湖南农业大学学报(自然科学版), 35(5): 572-579.

赵运林, 2006. 城市生态安全评价指标体系与结构功能分析[J]. 湖南城市学院学报(自然科学版), 15(3): 1-4.

左伟, 王桥, 王文杰, 等, 2002. 区域生态安全评价指标与标准研究[J]. 地理与地理信息科学, 18(1): 67-71.

BROWN L R, 1986. Redefining national security[J]. Challenge, 29(3):25-32.

COSTANZA R, CLEVELAND C, PERRINGS C, et al., 1997. The Development of Ecological Economics[M]. London: Edward Elgar Publishing Corporation.

FRIEDMAN J H, TUKEY J W, 2006. A projection pursuit algorithm for exploratory date analysis[J]. IEEE Transactions on Computers, 23(9): 881-890.

KARR J P, COFFEY D S, SMITH R G, et al., 1991. Molecular and Cellular Biology of Prostate Cancer[M]. New York: Plenum Press.

FALKENMARK M, 2002. Human livelihood security versus ecological security: An ecohydrological perspective[C]// Proceedings, SIWI Seminar, Balancing Human Security and Ecological Security Interests in a Catchment-Towards Upstream/Downstream Hydrosolidarity. Stockholm，Sweden：Stockholm International Water Institute: 29-36.

SHARPLEY A N, WILLIAMS J R, 1990, EPIC-erosion/productivity impact calculator: 2. User manual[J]. Technical Bulletin-United States Department of Agriculture, 4(4): 206-207.

第3章 丹汉江水源区非点源污染源分布与负荷

非点源污染在丹汉江水源区的污染中占较大比重，点源污染也不容忽视。非点源污染是指溶解的或固体的污染物从非特定的地点，在降水（或融雪）冲刷作用下，通过径流过程而汇入受纳水体（包括河流、湖泊、水库和海湾等），并引起水体的富营养化或其他形式的污染。点源污染主要包括工业废水和城市生活污水污染，通常有固定的排污口集中排放（张燕等，2009）。

丹汉江水源区的主要污染物为农业固体废弃物、农村生活垃圾、畜禽养殖业废弃物，以及农田土壤中氮、磷的流失。

3.1 水源区的污染物特征及危害

3.1.1 非点源污染发生的特征

1. 时空特征

非点源污染发生具有分散性，涉及多个污染物，分布面积广、范围大、时断时续，绝大多数与气象条件的发生有关。一般降水到达地面以后，形成地表径流，其携带污染物进入河流，少数情况例外。对于控制污染物最有效、最经济的方法是在农村地区施行土地管理和水土保持措施。

2. 区域特征

农业非点源污染的程度有一部分与不可控制的气象条件，以及地理、地质条件有关。因地点和时间不同，污染程度可能相差很大。

根据上述特征，农业非点源污染的主要类型如下。

（1）水土流失：因耕作农业土地或砍伐森林扰动土壤而造成水土流失是农业非点源污染最主要的类型。

（2）农田排水：农田排水一直是近年来人们关注的环境问题之一。农业排灌系统建立起来后，排水渠、汇水的河流和湖泊便形成了一个互相影响的生态系统。

（3）畜牧、养殖业排水：农村最大的环境特点是生产与生活两项活动在同一区域、同一时间交互进行，因此畜牧、养殖业废水排放导致的污染令人头痛。

（4）干、湿沉降：来自大气中的干沉（微粒和气体）、湿降（雨和雪）会携带一部分污染物，到达地面时，会污染地表水。美国和西欧的实践证明，大气中干沉、湿降的多氯联苯及环境中稳定的有机氯化物，是许多河流、湖泊非点源污染的主要来源，这种情况在我国也很严重。

（5）乡镇企业的污染：我国乡镇企业发展快，地域分布不均匀，产品种类多、产量小，污染治理措施少，污染物排放多。尽管从局部上看，乡镇企业属于点源污染，但从宏观上论，仍然可以将它视为非点源污染。

（6）其他农事活动造成的污染：农田灌溉渠道的渗漏、农村水域的沤麻污染、农田地膜的残留等都给农业环境带来了一定的影响，这些都具有农业非点源污染的特征。

3.1.2　非点源污染的危害

1. 对南水北调工程的威胁

水污染防治一直是国家重点关注的领域。尽管如此，当前水污染的整体形势仍未扭转，依然十分严峻，部分地区水质出现继续恶化的状况，且出现了新形势和新特点。由于缺乏权威数据，网络流传"癌症村"的数量并不统一，但绝大多数报道均将癌症等疾病高发的矛头指向受到污染的饮用水。陕西省商洛市商州区贺嘴头村位于南秦河与丹江交汇的三角地带，目前村里每天定时供水，有时断水。村民自家打的井约 6m 深，但水质浑浊。村支书贺智华介绍，"最严重的时候，贺嘴头村田地里的庄稼都成活不了，自家井里打出来的水，连牲口都不愿意喝。当时种菜什么的都种不成，都死了，根烂了。商洛市疾病预防控制中心、商州区环境保护局都来取过水样，但不知道结果是啥情况"。在农村地区，由于生活饮用水安全问题比较突出，村民普遍担心身体健康受到影响。

目前，污染正从城市向农村地区扩散。不少农户超量使用农药或使用禁止的剧毒农药，导致水体污染。部分高污染企业将工厂由大城市迁往农村地区，而农村地区污水处理能力薄弱，大量废水不经处理就排放，这些废水通过农业灌溉使得污染物再次进入食物链，造成二次污染。从污染空间看，水污染从地表水扩散到地下水，地下水污染形势已十分严峻。国土资源部原总工程师张洪涛说，近些年，随着我国城市化、工业化进程加快，部分地区地下水超采严重，水位持续下降，一些地区城市污水、生活垃圾和工业废弃污液及化肥、农药等渗漏渗透，造成地下水环境质量恶化、污染问题日益突出。国土资源部公布的《2012 中国国土资源公报》显示，我国 198 个地市级行政区的 4949 个监测点有近六成地下水水质为"差"，其中 16.8%的监测点水质呈"极差"级别。中国地质科学院水文地质环境地质研究所历经 5 年完成的《华北平原地下水污染调查评价》显示，华北平原浅层地下水综合质量整体较差，且污染较为严重，未受污染的地下水仅占采样点的 55.87%，遭受不同程度污染的地下水高达 44.13%（汪红梅，2014）。从污染物角度看，以砷、铅、镉、铬、汞等为主的重金属和多氯联苯、二噁英等持久性化合物已经成为水污染物的重要组成部分。相较于氨氮等传统污染物，这类污染物不易处理，难以降解，对自然环境和人体的危害大。此外，还有一些目前尚未被人们全面了解的新兴污染物。北京大学水资源研究中心教授郑春苗等（2012）说，大量药物通过人畜代谢后进入自然环境，也会造成污染。这种药物污染在全世界范围内处于初期研究阶段，如美国已经在本国的地下水中检测到了镇静剂的成分。我国是人畜药品使用量最大的国家，药物污染的规模可想而知。

2. 对陕南地区社会经济发展的威胁

非点源污染直接影响到人类生存的环境质量，污染饮用水源，引起水体的富营养化，破坏水生生物的生存环境，造成土壤生产潜力和水质下降（杨菁荟，2010）。水土流失造成大量沉积物堆积引起环境污染，同时农业区域地表径流迁移化学物质造成水源污染。农业非点源污染的主要来源及危害如表 3.1 所示。水体受污染后，产生物理性、化学性和生物性的危害。物理性危害是指恶化人体感官，减弱浮游植物的光合作用，以及热污染、放射性污染带来的一系列不良影响。化学性危害是指水中的化学物质降低水体自净能力，毒害动植物，破坏生态系统平衡，引起某些疾病和遗传变异，腐蚀工程设施等（苑希民等，2002）。生物性危害主要指病原微生物随水传播，造成疾病蔓延；水体富营养化使藻类猛长、水体缺氧、鱼类大量死亡。

表 3.1 农业非点源污染的主要来源和危害

污染物	来源	主要危害	备注
氮	化肥、动物排泄物、污水灌溉、豆科植物的分解	水质恶化、湖泊海域富营养化、湿地生态系统的破坏、地下水硝酸盐污染	主要包括吸附态的铵和溶解态的硝酸
磷	化肥、动物排泄物、污水灌溉	湖泊富营养化、湿地生态系统的破坏	—
沉积物	农事活动加剧了土体的流失，灌溉过程盐分增加降低了土壤的结合力	降低湖泊水库的容积、加剧河床的冲刷、水体浊度升高	泥沙是污染物的重要载体
盐分	土壤的风化过程、灌溉、蒸发	增加水体的盐度，影响水生生物的生态环境（特别是对淡水生态环境的影响），地下水总溶解性固体和硬度升高	—
农药	杀虫剂、除莠剂等	污染地下、地表水导致水生生物死亡、致畸、致突变，进入食物链	包括农药及其降解产物，农药潜伏期毒性大

耗氧有机物在微生物作用下氧化分解，不断消耗水中的溶解氧，当消耗溶解氧过多时，将造成水体缺氧，致使鱼类等水生生物窒息死亡。有机物分解释放出来的植物营养素 N、P 等，会引起湖泊、水库、河口等流速缓慢的水体富营养化，使藻类、水草等猛长，并形成泡沫、浮垢，覆盖水面，阻止水体富氧，引起水体浑浊且散发恶臭等。大量藻类、水草死亡后沉入水底，久而久之，将导致湖泊淤塞和沼泽化，破坏生态平衡。

受酸性物质污染的水，如酸雨，可直接损害各种植物的叶面蜡质层，使大范围的植物逐渐枯萎死亡；酸性物质可使土壤酸化，导致钙、镁、磷、钾等营养元素淋失，陆生生态遭到破坏；酸性物质使湖泊、水库酸化，当 pH 低于 4.5 时，将危及鱼类生存，腐蚀金属器具、文物和建筑物等。工厂排出的酸性废水使水体酸化，影响游泳、划船等娱乐性活动，并使水体失去灌溉、养殖价值。

水中的悬浮性固体主要来自垦荒、农田、采矿、建筑引起的水土流失，以及工业废水和生活污水等，它不仅淤塞河道，妨碍航运，造成洪水泛滥，而且妨碍水资源利用，污染水环境。悬浮物能够截断光线，妨碍水生植物的光合作用，并能伤害鱼鳃，浓度大时可使鱼类死亡。悬浮物沉积到水底，会将鱼的产卵场覆盖，妨碍鱼类繁衍。

3. 对人类生活的危害

农业非点源污染中具有较长半衰期的化学物质和沉积物经常会影响到距离污染源头很远的地方，致使水体富营养化，造成水的透明度降低，使得阳光难以穿透水层，从而影响水生植物的光合作用，可能造成溶解氧的过饱和状态。溶解氧的过饱和及水中溶解氧的减少，改变与破坏生态系统和生物种群结构，同时因为水体富营养化，水体表面蓝藻、绿藻疯长，形成"绿色浮渣"，降低水体的商业使用价值，增加饮用水处理和河道清理的成本，同时直接影响工业供水和人畜饮水安全，给人类健康、水产养殖和旅游产业带来威胁。

过量施用氮肥和磷肥，钾肥施用不足与区域间分配不平衡，易使土壤板结，土壤质地、结构和孔隙度发生变化，影响土壤的通透性、排水能力、蓄水能力、根部穿透的难易程度、植物养分的保存力等，从而导致耕作质量差，肥料利用率低，土壤和肥料养分易流失。我国每年使用的农药有 80% 直接进入土壤，导致现有耕地受到不同程度的污染，农药过量使用的农田约有 133 万 hm^2，可见农药已成为土壤主要的污染源之一。

酚污染的水有令人厌恶的药味，对人类神经系统危害大，高浓度酚可引起急性中毒，以至昏迷死亡；慢性中毒会引起头昏、头痛等。酚可在鱼体内富集，产生不良气味，并抑制鱼卵胚胎发育。苯胺是重要的化工原料，受苯胺污染的水和空气，对人类神经系统有刺激作用，长期接触可影响肝功能，并易患膀胱、前列腺和尿道等疾病。甲醛污染的水和空气对黏膜有强烈的刺激作用，它还是一种可疑的致癌物质。

碳酸盐类、硝酸盐类、磷酸盐类等可溶性物质，存在于大部分的工业废水和天然水中，能使水变硬，在输水管道内结成水垢，降低输水能力；尤其容易在锅炉内产生锅垢，降低热效率，甚至造成锅炉爆炸。硬水会影响纺织品的染色，影响啤酒酿造及罐头食品的质量。

　　重金属在人体内能和蛋白质及各种酶发生强烈的相互作用，使它们失去活性，也可能在人体的某些器官中富集，如果超过人体耐受的限度，会造成急性中毒、亚急性中毒、慢性中毒等，会对人体造成很大的危害，如日本发生的水俣病（汞污染）和骨痛病（镉污染）等公害病，都是由重金属污染引起的（高喆，2011）。

　　农药是非点源污染中最常遇到的一类有毒化学品。为防治农业病虫害，有些地方大量使用农药，许多农药的化学性能比较稳定，不易分解消失，可长期残留在土壤和作物上，或受雨水冲刷进入水体，危害水生生物的生长和生存，并以食物链的方式危害人类。由于灌溉过程中盐分增加降低了土壤的结合力，农业活动加剧了土体流失，流失的土壤随降雨径流进入水体，致使水体中含沙量增加，而且其携带的有害物质会进一步危害水体生物，破坏水生生物的生存环境，造成局部水生生态系统失衡，同时造成生物多样性减少，系统简单化，通过食物链会影响人类的身体健康。在农业生态环境中，由于食物链的关系，流失到农业生态系统的一些物质，如金属元素或有机物质，可在不同的生物体内经吸收后逐级传递，不断地集聚浓缩，或者某些物质在环境中的初始浓度不高，通过食物链的逐级传递使浓度逐步提高，最后形成生物富集或发生生物放大作用（付菊英等，2014）。

　　4. 潜在危害

　　来自肥料和农药的氮、磷、钾及其化合物和各种重金属元素，由于溶解度低、活动性差而在土壤和非饱和带中逐渐积累，成为地下水的潜在威胁。土壤中氮的淋失和下渗使地下水中硝氮含量严重超标。医学研究已经证实，饮用水中过量的硝酸盐会导致铁血蛋白症，罹患此病的婴儿死亡率可达 8%～52%，而且还有致癌危险。农田施氮也是大气中氮化合物的来源之一。N_2O 既是温室气体，又对破坏臭氧层负有责任，由于人为活动的影响，大气圈中 N_2O 的浓度以 0.2%～0.3%的年增长速率递增，这种发展趋势十分令人担忧。

3.2　水源区各县（区）污染物分布

3.2.1　污染源的总体分布情况

　　由表 3.2 可知，陕南各县（区）污染总排放量在 562.28～22073.20t/a。其中，略阳县、山阳县和宁陕县面积在陕南 28 个县（区）中排名分别为第 17 名、第 24 名和第 28 名，但其污染物总排放量排名分别为第 4 名、第 6 名和第 3 名。说明三县污染相对严重，应作为重点治理县域加强污染防治。佛坪县污染物总排放量最小，为 562.28t/a。

表 3.2 陕南各县（区）污染物排放情况表

县（区）名称	面积/km²	总排放量/（t/a）	COD/（t/a）	氨氮/（t/a）	总氮/（t/a）	总磷/（t/a）	农村生产污染物总量/t	农村生活污染物总量/t	工业生产污染物总量/t
白河县	1431.92	5513.04	4307.14	267.51	812.16	126.22	2128.92	3151.70	232.42
汉滨区	3611.19	22073.20	17499.15	1190.80	2950.77	432.48	9226.12	11429.22	1417.86
汉阴县	1337.43	7045.50	5508.39	385.06	994.02	158.03	2298.21	4485.10	262.19
岚皋县	1961.68	5341.81	4189.21	267.98	769.94	114.69	2564.71	2424.38	352.72
宁陕县	3642.99	1597.66	1199.39	72.72	277.31	48.24	377.37	1059.80	160.49
平利县	2643.40	7568.24	5566.61	409.67	1405.07	186.90	3978.96	3336.28	253.00
石泉县	1495.91	5179.98	3844.08	310.33	898.06	127.52	2409.16	2647.77	123.05
旬阳县	3555.28	15157.99	12013.43	803.88	2053.34	287.34	7339.68	6850.61	967.70
镇坪县	1500.00	3671.94	2766.67	223.54	602.34	79.40	2782.77	839.87	49.30
紫阳县	2219.40	8877.25	6789.77	458.45	1404.15	224.88	3476.99	5229.74	170.52
城固县	2192.93	14268.33	10885.61	1090.85	2003.05	288.82	5524.95	6648.58	2094.80
佛坪县	1269.02	562.28	457.59	22.94	69.49	12.26	81.12	476.22	4.94
汉台区	557.47	7792.38	6079.67	444.02	1095.21	173.49	3107.03	4365.90	319.45
留坝县	1990.04	797.05	635.30	36.91	106.09	18.75	144.32	640.73	12.00
略阳县	2814.79	3374.60	2768.34	144.87	382.21	79.18	528.36	2491.92	354.32
勉县	2373.42	13938.10	10858.42	875.88	1939.78	264.03	7476.56	5821.81	639.73
南郑县	2871.38	12975.70	9858.07	662.22	2169.54	285.87	4974.91	7861.95	138.84
宁强县	3286.12	7174.44	5777.60	326.00	910.42	160.42	1633.32	5506.81	34.31
西乡县	3241.85	20890.31	14844.25	1825.98	3670.03	550.05	13720.57	6164.85	1004.89
洋县	3213.93	15996.35	12189.22	1147.99	2337.82	321.32	7960.49	6403.83	1632.03
镇巴县	3390.25	5750.01	4100.70	249.55	1224.21	175.55	1445.67	4156.08	148.26
丹凤县	2406.84	12905.93	10410.39	774.76	1454.90	265.87	7275.25	4559.57	1071.11
洛南县	2846.95	21255.45	16707.31	1100.46	3069.83	377.85	13829.54	6838.49	587.42
山阳县	3528.14	13860.54	11389.39	838.66	1401.38	231.11	4679.04	6971.83	2209.67
商南县	2307.60	13656.82	10493.54	1107.66	1823.50	232.11	9446.88	3510.16	699.78
商州区	2662.04	12499.76	10186.05	579.67	1485.37	248.67	4098.60	7868.85	532.31
镇安县	3522.20	4851.67	3665.70	244.06	819.98	121.93	2098.00	2360.31	393.36
柞水县	2339.46	7309.70	6056.96	344.09	770.11	138.54	2560.61	4324.06	425.03

注：污染物总量是指 COD、氨氮、总氮和总磷的总量。

1. 不同类型污染物的排放情况

由表 3.2 可知，陕南各县（区）COD 排放量范围为 457.79（佛坪县）～17499.15t/a

（汉滨区），氨氮排放量范围为 22.94（佛坪县）～1825.98t/a（西乡县），总氮排放量为 69.49（佛坪县）～3670.03t/a（西乡县），总磷排放量为 12.26（佛坪县）～550.05t/a（西乡县），各县（区）排放差异较大，但除宁陕县以外，基本符合面积越大、污染物排放量越大的特点。宁陕县面积为 3642.99km^2，在陕南 28 个县中面积最大，但其污染物排名 26，说明其污染物治理效果良好。另外，汉台区和汉阴县面积较小，但其污染物排放量属于 28 县中等水平，说明两地污染相对严重，应加强污染防治措施的布设和管理。由表 3.3 可知，西乡县各类型污染物排放量均较大，自成一类，聚类排名为 5；汉滨区与洛南县聚类为 2；白河县、汉阴县、岚皋县、平利县、石泉县、镇坪县、紫阳县、汉台区、略阳县、宁强县、镇巴县、镇安县及柞水县各污染物排放量均属于中下等水平，聚类排名为 1；宁陕县、佛坪县及留坝县不同类型污染物排放量均较小，聚类排名为 3；其余县（区）各污染物排放量属于中上等水平，聚类排名为 4。

表 3.3　陕南各县（区）各类型污染物聚类分析表

县（区）名称	聚类排名	县（区）名称	聚类排名	县（区）名称	聚类排名
白河县	1	镇巴县	1	勉县	4
汉阴县	1	镇安县	1	南郑县	4
岚皋县	1	柞水县	1	洋县	4
平利县	1	汉滨区	2	丹凤县	4
石泉县	1	洛南县	2	山阳县	4
镇坪县	1	宁陕县	3	商南县	4
紫阳县	1	佛坪县	3	商州区	4
汉台区	1	留坝县	3	西乡县	5
略阳县	1	旬阳县	4		
宁强县	1	城固县	4		

2. 不同污染物来源分布情况

以农村生产为来源的污染物总量为 81.12（佛坪县）～13829.54t/a（洛南县），以农村生活为来源的污染物总量为 476.22（佛坪县）～11429.22t/a（汉滨区），以工业生产为来源的污染物总量为 4.94（佛坪县）～2209.67t/a（山阳县）。其中，山阳县、城固县及洋县以工业生产污染源居多，洛南县、西乡县及商南县以农业生产污染源居多，而汉滨区、商州区及南郑县以农业生活污染源居多，说明由于各县（区）经济侧重不同，导致其污染物来源差异较大。因此，在陕南污染防治治理过程中，应在全面防治的基础上有的放矢，抓住污染物来源有效地采取措施。

由表 3.4 可知，宁强县、西乡县及洛南县因主要以农业生产为污染源，因此聚类排名为 5；汉滨区及商南县的工业和农业生产所导致的污染排放比例较大，自成一类（聚类排名为 2）；宁陕县、佛坪县及留坝县不同类型来源所产生的污染物均较少，因此在聚类分析中被归为一类（聚类排名为 3）；旬阳县、城固县、勉县、南郑县、洋县、丹凤县、山阳县及商州区各类型来源的污染物排放量均属于中上等水平，因此其聚类排名为 4；其余县（区）不同来源的污染物排放量属于中下等水平，聚类排名为 1。

表 3.4　陕南各县（区）各类型污染源总聚类分析表

县（区）名称	聚类排名	县（区）名称	聚类排名	县（区）名称	聚类排名
白河县	1	镇安县	1	南郑县	4
汉阴县	1	柞水县	1	洋县	4
岚皋县	1	汉滨区	2	丹凤县	4
平利县	1	商南县	2	山阳县	4
石泉县	1	宁陕县	3	商州区	4
镇坪县	1	佛坪县	3	宁强县	5
紫阳县	1	留坝县	3	西乡县	5
汉台区	1	旬阳县	4	洛南县	5
略阳县	1	城固县	4		
镇巴县	1	勉县	4		

3.2.2　污染物类型与来源的县域分布特征

陕南各县（区）工业生产及种植业污染物排放情况见表 3.5。可以看出，陕南各县（区）工业氨氮排放量最多的是商南县，其氨氮排放量为 496.19t；排放量最少的是佛坪县，为 0.04t。氨氮排放量大于 100t 的有 9 个县（区），分别是汉滨区、城固县、汉台区、勉县、西乡县、洋县、丹凤县、山阳县和商南县。工业 COD 排放量最多的是山阳县，其 COD 排放量为 1885.76t；排放量最少的是佛坪县，为 4.90t。COD 排放量小于 500t 的有 19 个县（区），排放量大于 1000t 的有汉滨区、城固县、洋县及山阳县 4 个县（区）。

陕南各县（区）种植业氨氮排放量最多的是汉滨区，其排放量为 126.26t；排放量最少的是佛坪县，为 3.54t。氨氮排放量大于 100t 的有 4 个县（区），分别是汉滨区、城固县、洋县和商州区；排放量小于 10t 的仅有镇坪县、佛坪县、留坝县 3 个县（区）。种植业总氮排放量最多的是汉滨区，其总氮排放量为 933.81t；总氮排放量最少的是佛坪县，为 35.66t。总氮排放量大于 500t 的有 11 个县（区）；总氮排放量小于 100t 的仅有镇坪县、佛坪县、留坝县 3 个县（区）。种植业总磷排放量最多的是镇巴县，其排放量为 87.00t；总磷排放量最少的是佛坪县，为 2.88t。总磷排放量大于 50t 的有 7 个县（区）；排放量小于 10t 的仅有佛坪县、留坝县两个县（区）。

表 3.5 陕南各县（区）工业生产及种植业污染物排放情况表 （单位：t）

县（区）名称	工业生产污染物排放量		种植业污染物排放量		
	COD	氨氮	氨氮	总氮	总磷
白河县	230.08	2.34	39.09	342.07	39.23
汉滨区	1300.23	117.63	126.26	933.81	81.74
汉阴县	235.79	26.40	80.64	436.51	38.81
岚皋县	346.68	6.04	24.42	257.07	31.59
宁陕县	155.70	4.79	25.11	197.60	26.94
平利县	234.88	18.12	64.82	688.25	75.75
石泉县	113.75	9.30	59.25	410.96	41.61
旬阳县	942.72	24.98	84.49	528.81	47.60
镇坪县	46.30	3.00	8.48	58.78	11.32
紫阳县	167.83	2.69	83.41	649.79	82.93
城固县	1733.23	361.57	104.44	784.28	68.32
佛坪县	4.90	0.04	3.54	35.66	2.88
汉台区	416.16	154.94	44.78	374.85	23.11
留坝县	10.00	2.00	6.27	56.65	5.29
略阳县	347.02	7.30	35.58	194.77	28.04
勉县	462.82	176.91	62.19	470.70	36.88
南郑县	134.77	4.07	65.36	548.53	36.61
宁强县	31.95	2.36	55.66	405.55	37.97
西乡县	783.88	221.01	66.22	589.50	53.32
洋县	1381.83	250.20	106.20	615.33	45.41
镇巴县	141.07	7.19	61.06	903.44	87.00
丹凤县	779.83	291.28	49.22	282.70	22.09
洛南县	516.50	70.92	60.69	684.27	56.52
山阳县	1885.76	323.91	72.04	413.29	34.87
商南县	203.59	496.19	65.67	338.83	24.91
商州区	507.76	24.55	104.56	534.03	37.21
镇安县	381.02	12.34	70.08	478.75	46.30
柞水县	409.81	15.22	52.51	213.61	17.13

1. 水产养殖业污染源分布情况

陕南各县（区）水产养殖产生的污染物量见表 3.6，由表可以看出，COD、总氮、总磷年排放量最大的县分别为汉阴县、南郑县和南郑县。陕南各县（区）COD、总氮、总磷年排放总量分别为 579.85 t/a、719.31t/a、63.59t/a。

表3.6　陕南各县（区）水产养殖产生的污染物量　　　　（单位：t/a）

县（区）名称	水产养殖业污染物量			
	COD	氨氮	总氮	总磷
白河县	0.23	0.01	0.02	0.00
汉滨区	15.88	4.17	13.12	2.52
汉阴县	349.96	23.35	68.69	7.11
岚皋县	31.87	1.39	3.78	0.67
宁陕县	0.00	0.00	0.00	0.00
平利县	0.06	0.00	0.00	0.00
石泉县	0.02	0.00	0.00	0.00
旬阳县	3.56	0.64	2.04	0.39
镇坪县	0.00	8.48	58.78	11.32
紫阳县	0.31	0.02	0.05	0.01
城固县	28.59	0.61	1.72	0.47
佛坪县	0.00	0.00	0.00	0.00
汉台区	83.27	3.90	12.50	2.48
留坝县	0.00	0.00	0.00	0.00
略阳县	0.00	0.00	0.00	0.00
勉县	3.21	0.16	0.51	0.10
南郑县	0.00	65.36	548.53	36.61
宁强县	0.00	0.00	0.00	0.00
西乡县	42.62	2.12	6.80	1.33
洋县	7.43	0.29	0.90	0.18
镇巴县	0.00	0.00	0.00	0.00
丹凤县	0.39	0.02	0.07	0.01
洛南县	5.36	0.40	1.24	0.26
山阳县	1.03	0.04	0.12	0.02
商南县	1.73	0.08	0.22	0.04
商州区	3.74	0.05	0.16	0.06
镇安县	0.53	0.02	0.04	0.01
柞水县	0.06	0.00	0.02	0.00

2. 畜禽养殖业污染源分布情况

畜禽养殖业造成的污染也是农村居民点非点源污染的重要来源之一。近年来，随着丹汉江流域畜禽养殖规模化的发展，畜禽养殖的污染问题随之产生，给环境带来了严重影响，制约了畜禽业的可持续发展（龙天渝等，2008）。养猪产生的粪尿等排泄物和冲洗圈舍的污水一般都处于直排或半直排状态，而固态排放物则长期堆积，造成了很大的环境污染。畜禽养殖污染已经严重危害到农村的生态环境。农村资源利用不合理，畜禽养殖区域划分不明确，控制管理不到位，畜禽养殖方式与养殖结构不健全，流域主要是畜禽散养行为，畜禽养殖废物综合利用程度差，畜禽养殖业可持续发展与循环产业经济理念差（吴磊等，2008）。总之，畜禽粪便的任意堆积，污水不经处理的直接排放，影响了农业与农村生态经济的循环可持续发展。大量的有机污染物和氮、磷等元素排入汉江河网，恶化水体水质，其输入丹江口库区后对库区水环境安全造成威胁。根据陕西省统计年鉴资料，采用 1 头猪=30 只蛋鸡=60 只肉鸡=1/10 头奶牛=1/5 头肉牛=3 只羊的畜禽折算系数，将其他畜禽数量统一折算为猪的数量，将陕南各县（区）畜禽养殖污染物排放量折算为猪粪当量，结果见表 3.7。由表 3.7 计算结果，陕南地区畜禽养殖业猪粪当量的总氮、总磷、COD 年排放量分别为 9649.80t、5560.90t 和 85049.02t。其中，猪粪当量的总氮、总磷、COD 年排放量最大的县均为旬阳县，排放量最小的县均为佛坪县。

表 3.7　陕南各县（区）畜禽养殖业污染物排放表　　　（单位：t）

县（区）名称	猪粪当量总氮	猪粪当量总磷	猪粪当量COD	县（区）名称	猪粪当量总氮	猪粪当量总磷	猪粪当量COD
商州区	240.88	138.81	2123.03	镇坪县	150.53	86.75	1326.71
洛南县	492.21	283.64	4338.09	旬阳县	912.36	525.77	8041.13
丹凤县	233.87	134.77	2061.25	白河县	200.65	115.63	1768.47
商南县	203.77	117.42	1795.90	汉台区	166.21	95.80	1464.87
山阳县	200.56	115.58	1767.64	南郑县	463.51	267.11	4085.17
镇安县	191.00	110.07	1683.42	城固县	488.31	281.40	4303.71
柞水县	94.72	54.59	834.87	洋县	779.20	449.03	6867.54
汉滨区	760.78	438.41	6705.15	西乡县	581.52	335.11	5125.29
汉阴县	418.19	240.99	3685.74	勉县	491.47	283.22	4331.61
石泉县	344.98	198.80	3040.52	宁强县	503.36	290.07	4436.41
宁陕县	67.37	38.82	593.77	略阳县	234.25	134.99	2064.56
紫阳县	342.90	197.60	3022.14	镇巴县	505.30	291.19	4453.47
岚皋县	226.53	130.54	1996.5	留坝县	54.66	31.50	481.73
平利县	282.14	162.59	2486.67	佛坪县	18.57	10.70	163.66

3. 农村生活污染源分布情况

陕南各县（区）农村生活与非点源污染物的产生量有着密切关系，生活污水排放、垃圾堆放、畜禽养殖、水产养殖等都是农村生活污染的主要来源。陕南各县（区）属于土石山区，农村生产中过量施用化肥及农家肥，降雨后可能会产生大量的氮、磷等非点源污染物，具体情况分别见表 3.8 和表 3.9。由表可知，陕南各县（区）畜禽养殖专业户和畜禽养殖业 COD、氨氮、总氮和总磷年排放量最大的县分别为洛南县和西乡县；COD、氨氮、总氮和总磷年排放量最少的县均为佛坪县。

表 3.8　陕南各县（区）畜禽养殖专业户与畜禽养殖业产生的污染物量（单位：t）

县（区）名称	畜禽养殖专业户产生的污染物量				畜禽养殖业产生的污染物量			
	COD	氨氮	总氮	总磷	COD	氨氮	总氮	总磷
白河县	614.42	53.22	134.50	12.61	660.90	61.81	154.55	16.26
汉滨区	2828.12	233.44	604.19	57.84	3195.60	306.62	743.19	79.62
汉阴县	349.96	23.35	68.69	7.11	585.92	73.30	162.52	22.29
岚皋县	785.52	66.78	169.69	16.41	870.13	83.93	200.15	21.31
宁陕县	50.82	2.74	9.42	0.88	50.82	2.74	9.42	0.88
平利县	1168.82	100.06	254.99	23.63	1201.80	106.80	268.34	25.64
石泉县	561.41	48.39	123.17	11.36	815.32	100.10	211.85	25.72
旬阳县	2365.36	199.36	511.34	48.05	2612.35	253.05	617.67	64.97
镇坪县	969.39	83.68	212.23	19.68	1004.42	90.31	224.31	21.59
紫阳县	921.51	79.95	201.79	18.77	1051.46	108.12	252.14	26.73
城固县	1328.96	111.29	286.63	27.12	1925.85	257.81	531.73	67.13
佛坪县	14.69	1.29	3.24	0.30	14.69	1.29	3.24	0.30
汉台区	654.47	34.80	109.99	14.59	1211.78	149.73	336.06	50.72
留坝县	21.20	1.61	4.20	0.45	34.56	4.46	8.44	1.19
略阳县	84.30	4.08	15.29	1.39	121.98	10.11	29.02	3.80
勉县	2440.64	183.45	500.54	49.47	2784.72	244.00	630.38	69.61
南郑县	1184.14	92.60	246.94	23.97	1561.45	152.37	369.57	42.87
宁强县	379.26	28.25	76.34	7.73	471.44	45.71	112.24	13.17
西乡县	1636.95	125.92	342.67	31.54	6900.92	1193.51	2376.97	350.18
洋县	1916.28	161.69	414.78	38.61	3191.38	403.99	938.99	119.03
镇巴县	80.53	6.87	17.45	1.69	184.80	28.00	64.61	10.22
丹凤县	2491.35	123.58	405.50	68.44	3085.87	150.02	504.74	91.25
洛南县	4744.93	343.23	957.44	91.49	5361.86	384.28	1034.10	103.47
山阳县	1565.46	93.19	280.58	31.33	1739.95	103.85	306.95	36.32
商南县	3275.11	193.06	597.04	62.63	3892.97	228.77	685.80	79.80
商州区	1009.31	69.09	194.57	21.20	1670.70	104.18	304.65	45.09
镇安县	220.37	13.89	42.14	4.07	965.73	64.57	163.48	28.02
柞水县	652.62	44.95	123.01	15.35	1150.86	79.06	185.11	26.32

表 3.9　陕南各县（区）农村生活污水与生活垃圾污染物排放量　　（单位：t）

县（区）名称	农村生活污水污染物排放量				农村生活垃圾污染物排放量			
	COD	氨氮	总氮	总磷	COD	氨氮	总氮	总磷
白河县	1090.18	79.62	101.92	29.12	1711.33	31.42	79.10	29.00
汉滨区	3953.40	288.72	369.60	105.60	6205.92	113.96	286.86	105.16
汉阴县	1551.41	113.30	145.04	41.44	2435.35	44.72	112.57	41.27

续表

县（区）名称	农村生活污水污染物排放量				农村生活垃圾污染物排放量			
	COD	氨氮	总氮	总磷	COD	氨氮	总氮	总磷
岚皋县	838.60	61.24	78.40	22.40	1316.41	24.17	60.85	22.31
宁陕县	366.59	26.77	34.27	9.79	575.46	10.57	26.60	9.75
平利县	1198.00	87.49	112.00	32.00	1763.05	32.37	81.49	29.88
石泉县	915.87	66.89	85.62	24.46	1437.71	26.40	66.46	24.36
旬阳县	2369.64	173.06	221.54	63.30	3719.79	68.30	171.94	63.03
镇坪县	290.52	21.22	27.16	7.76	456.04	8.37	21.08	7.73
紫阳县	1808.98	132.11	169.12	48.32	2839.68	52.14	131.26	48.12
城固县	2695.50	196.86	252.00	72.00	3173.48	58.27	146.69	53.78
佛坪县	164.73	12.03	15.40	4.40	258.58	4.75	11.95	4.38
汉台区	1770.05	129.27	165.48	47.28	2083.92	38.27	96.33	35.31
留坝县	221.63	16.19	20.72	5.92	347.91	6.39	16.08	5.90
略阳县	861.96	62.95	80.58	23.02	1353.08	24.85	62.54	22.93
勉县	2090.51	152.67	195.44	55.84	3076.52	56.49	142.21	52.13
南郑县	2823.09	206.18	263.93	75.41	4154.62	76.29	192.04	70.40
宁强县	1904.82	139.11	178.08	50.88	2990.13	54.91	138.21	50.67
西乡县	2132.44	155.74	199.36	56.96	3347.44	61.47	154.73	56.72
洋县	2215.10	161.77	207.09	59.17	3477.20	63.85	160.73	58.92
镇巴县	1437.60	104.99	134.40	38.40	2256.70	41.44	104.31	38.24
丹凤县	1577.17	115.18	147.45	42.13	2475.79	45.46	114.44	41.95
洛南县	2365.45	172.75	221.14	63.18	3713.21	68.18	171.64	62.92
山阳县	2411.57	176.12	225.46	64.42	3785.61	69.51	174.98	64.15
商南县	1214.17	88.67	113.51	32.43	1905.97	35.00	88.10	32.30
商州区	2721.86	198.78	254.46	72.70	4272.68	78.46	197.50	72.40
镇安县	816.44	59.63	76.33	21.81	1281.62	23.53	59.24	21.72
柞水县	1495.70	109.23	139.83	39.95	2347.91	43.11	108.53	39.79

3.3　非点源污染负荷与农村生产的关系

3.3.1　非点源污染与种植业的关系

化肥施用量采用实际调查的折纯量。化肥流失量计算公式为

$$氨氮=(氮肥+复合肥×0.3+磷肥×0.185)×20\%×10\% \tag{3.1}$$
$$总氮=(氮肥+复合肥×0.3+磷肥×0.185)×20\%×20\% \tag{3.2}$$
$$总磷=(磷肥+复合肥×0.3)×15\% \tag{3.3}$$

一般入河量占流失量的 60%。2006 年陕南各县（区）的氮肥、磷肥、复合肥等农用化肥使用量（折纯量）分别为 128878t、28041t 和 3673t。2010 年各县（区）的氮肥、磷肥、复合肥等农用化肥使用量（折纯量）分别为 129631t、26586t 和 83439t。

3.3.2　非点源污染与畜禽养殖的关系

畜禽养殖污染物排放调查根据《畜禽养殖业污染物排放标准》（GB 18596—2001），以排污系数法进行计算，计算采用的标准及结果详见表 3.10～表 3.12。2006 年各县（区）大牲畜（牛、马、驴、骡）、猪、羊、兔、家禽的存栏量分别为 75.99 万头（只）、511.78 万头（只）、151.64 万头（只）、9.94 万头（只）、2114.69 万头（只）。2010 年各县（区）大牲畜（牛、马、驴、骡）、猪、羊、兔、家禽的存栏量分别为 63.35 万头（只）、607.21 万头（只）、147.50 万头（只）、26.33 万头（只）、2299.34 万头（只）。生长周期按 365d 计算。水产养殖的非点源污染排放系数参照精养鱼塘；COD、总氮、总磷的年排放系数分别为 74.5 kg/（$hm^2 \cdot a$）、101.0kg/（$hm^2 \cdot a$）、11.0kg/（$hm^2 \cdot a$）。2006 年各县（区）水产养殖面积合计为 7401hm^2。2010 年各县（区）水产养殖面积合计为 15945hm^2。

表 3.10　畜禽粪便排泄标准　　　　　　　　（单位：kg/d）

畜禽种类	大牲畜（牛、马、驴、骡）	猪	羊	兔	家禽
排泄量	25	3.5	2	0.1	0.1

表 3.11　畜禽粪便的非点源污染含量占比　　　　　（单位：%）

污染物	大牲畜（牛、马、驴、骡）	猪	羊	兔	家禽
COD	3.1	5.2	0.46	4.5	4.5
氨氮	0.17	0.31	0.08	0.28	0.28
总氮	0.44	0.59	0.75	0.99	0.99
总磷	0.12	0.34	0.26	0.58	0.58

表 3.12　畜禽粪便污染物进入水体流失率　　　　　（单位：%）

污染物	大牲畜（牛、马、驴、骡）	猪	羊	兔	家禽
COD	6.16	5.58	5.50	8.59	8.59
氨氮	2.22	3.04	4.10	4.15	4.15
总氮	5.68	5.25	5.30	8.47	8.47
总磷	5.50	5.25	5.20	8.42	8.42

3.4　非点源污染与农村生活的关系

3.4.1　生活污水量及人粪尿排放

农村生活污染主要包括生活污水和人粪尿，其生活污水及人粪尿排放标准见表 3.13。农村居民的生活污水和人粪尿按 10%进入水体计算，城市和乡镇居民的生活污水和人粪尿按 90%进入水体计算。2006 年陕南各县（区）的农村人口、城市和乡镇人口分别为 160.82 万人、757.24 万人。2010 年陕南各县（区）的农村人口、城市和乡镇人口分别为 175.35 万人、775.36 万人。

表 3.13　生活污水及人粪尿排放标准　　　［单位：kg/（a·人）］

污染源	COD	总氮	总磷
农村生活污水	5.84	0.584	0.146
城市和乡镇生活污水	7.30	0.730	0.183
人粪尿	1.98	0.306	0.0524

3.4.2　固体废弃物量

固体废弃物主要由生活垃圾和作物秸秆组成，产生的污染物主要有氨氮、总氮和总磷，排放系数分别为 0.021%、0.21%和 0.22%，入河量按 7%估算。农村生活垃圾按人均 0.7kg/d 估算。

2006 年陕南各县（区）农村人口为 160.82 万人，生活垃圾量为 41.09 万 t，农作物秸秆折算比例和陕南各县（区）农产品的产量详见表 3.14。经计算，每年秸秆产量为 219.8 万 t，生活垃圾量和秸秆产量合计为 261 万 t。

2010 年陕南各县（区）农村人口为 175.35 万人，生活垃圾量为 44.80 万 t，农作物秸秆折算比例和陕南各县（区）农产品的产量详见表 3.14。经计算，2010 年秸秆总量为 282.2 万 t，生活垃圾量和秸秆量合计为 327 万 t。

表 3.14　农作物籽粒产量和秸秆产量

农作物	籽粒质量∶秸秆质量	2006 年		2010 年	
		籽粒总产量/万 t	秸秆量/万 t	籽粒总产量/万 t	秸秆量/万 t
小麦	1∶1.1	88.83	97.71	48.91	53.80
水稻	1∶0.9	78.91	71.02	78.60	70.74
玉米	1∶1.2	87.19	104.63	84.27	101.12
高粱	1∶1.3	0.02	0.026	0.03	0.04
大豆	1∶1.6	10.04	16.06	8.93	14.29
油菜籽	1∶1.5	19.92	29.88	23.62	35.43
花生	1∶0.8	2.43	1.94	3.53	2.82
烤烟	1∶1.0	3.12	3.12	3.95	3.95

注：籽粒与秸秆质量比为叶片与秸秆质量比。

3.4.3　化肥施用及流失

化肥施用量采用实际调查的折纯量。化肥流失量计算公式见式（3.1）～式（3.3）。一般入河量占流失量的60%，根据2008年《陕西省统计年鉴》，2008年陕南各县(区)的氮肥、磷肥、复合肥等农用化肥使用量(折纯量)分别为136659t、13215t和3262t。

3.4.4　农村生活对区域非点源污染的贡献

以2008年的统计资料为基础，研究区非点源污染物入河量估算见表3.15。COD入河量为103053t，以农村生活污水及人粪尿的来源最多，其次为城镇地表径流。氨氮、总氮、总磷的入河量分别为19851t、213453t和39838t，它们都是以水土流失的来源最多，且占绝大部分，有少部分来源于生活污水及人粪尿、农用化肥及分散式畜禽养殖和水产养殖，而固体废弃物和城镇地表径流的入河量极少。

表3.15　研究区非点源污染物入河量估算

污染源	COD		氨氮		总氮		总磷	
	入河量/t	比例/%	入河量/t	比例/%	入河量/t	比例/%	入河量/t	比例/%
农村生活污水及人粪尿	40682	39.48	—	—	19106	8.95	2653	6.66
固体废弃物	—	—	43	0.22	426	0.20	447	1.12
农用化肥	—	—	1681	8.47	16810	7.87	1277	3.21
分散式畜禽养殖和水产养殖	29347	28.48	842	4.24	4262	2.00	1848	4.63
水土流失	—	—	17172	86.50	171717	80.45	33415	83.88
城镇地表径流	33024	32.04	113	0.57	1132	0.53	198	0.50
合计	103053	100	19851	100	213453	100	39838	100

水土流失产生的氨氮、总氮和总磷的污染物入河量比例最大，为80.45%～86.5%，占绝大部分。由于陕西省丹汉江流域水土流失极为严重，现有水土流失面积3.40万km²，占流域总土地面积的54.1%，土壤中的养分随泥沙进入河道，不仅造成丹江口水库的淤积，而且导致水质的富营养化。农用化肥的流失虽然是氮、磷污染的主要来源，但由于陕南地区农业生产水平不发达，2008年汉中市、安康市、商洛市三市的农作物播种面积为11853.1km²，平均化肥使用折纯量仅为235.35kg/hm²，化肥使用量少，再加上山大沟深、地形破碎，化肥流失的入河量十分有限。

由于陕南地区主要为山区，农民居住分散，大多数居民沿河道而居，生活污水和人粪尿随意流淌入河，许多厕所甚至直接修建在沟道旁边。畜禽基本为分散养殖，粪便随地表径流进入河道。陕南地区是陕西省经济较为落后的地区，城市化水平低，污水的收集和处理能力十分有限。因此，农村生活污水及人粪尿、城镇地表径流、分散式畜禽养殖和水产养殖对 COD 的贡献率较大，COD 污染不仅量大，而且难以治理（王星，2013）。

　　虽然城镇地表径流和固体废弃物总量大，但由于其中氮、磷含量低，产生的非点源污染量十分有限。因此，城镇地表径流和固体废弃物对氮、磷污染的贡献率较低。但是近年来随着陕南城镇化水平的提高和交通的建设，城镇地表和路域（公路沿线）的非点源污染应引起重视。虽然生活垃圾中氮、磷的含量低，但随意堆放也会产生视觉污染。

参 考 文 献

付菊英, 高懋芳, 王晓燕, 2014. 生态工程技术在农业非点源污染控制中的应用[J]. 环境科学与技术, 37(5): 169-175.

高喆, 2011. 锑(III)离子印迹聚合物的制备、表征及性能研究[D]. 沈阳: 东北大学.

龙天渝, 李继承, 刘腊美, 2008. 嘉陵江流域吸附态非点源污染负荷研究[J]. 环境科学, 29(7): 1811-1817.

汪红梅, 2014. 基于 GWR 模型的浅层地下水水质与地表要素耦合分析[D]. 济南: 山东科技大学.

王星, 2013. 陕西省丹汉江流域水土保持环境效应与生态安全评价[D]. 西安: 西安理工大学.

吴磊, 龙天渝, 刘腊美, 等, 2008. 三峡库区小江流域溶解态非点源污染负荷研究[C]//全国环境与生态水力学学术研讨会. 北京: 中国水利学会: 221-227.

杨菁荟, 2010. 基于 SWAT 模型的沂河流域水环境分布式模拟研究[D]. 南京: 南京大学.

苑希民, 李鸿雁, 2002. 人工神经网络与遗传算法在河道洪水预报中的应用[J]. 水利发展研究, 2(12): 50-55.

张燕, 张志强, 张俊卿, 等, 2009. 密云水库土门西沟流域非点源污染负荷估算[J]. 农业工程学报, 25(5): 183-191.

郑春苗, 齐永强, 2012. 地下水污染防治的国际经验——以美国为例[J]. 环境保护, 4:30-32.

第4章 非点源污染经济损失价值

本章采用统计调查、参数计算和对比分析的方法，以陕西省丹汉江流域的主要地区汉中市、安康市、商洛市三市为研究对象，对丹江口库区及上游水土保持工程（简称"丹治"工程）治理前（2006年）和治理后（2010年）非点源污染的总量进行估算，分析污染的来源和组成，计算非点源污染的经济损失。

4.1 非点源污染物入河量比较

以2006年和2010年的统计资料为基础，各种非点源污染物年入河量估算结果见表4.1。

表4.1 各种非点源污染物年入河量

年份	污染源	COD		氨氮		总氮		总磷	
		入河量/t	比例/%	入河量/t	比例/%	入河量/t	比例/%	入河量/t	比例/%
2006	农村生活污水及人粪尿	64502	49.88	—	—	7204	11.35	1636	7.79
	固体废弃物	—	—	39	1.13	383	0.60	402	1.92
	农用化肥	—	—	1622	47.12	16220	25.55	2623	12.50
	分散式畜禽养殖和水产养殖	36041	27.87	1004	29.17	5596	8.82	2234	10.64
	泥沙流失	—	—	678	19.7	33090	52.13	13923	66.33
	城镇地表径流	28761	22.25	99	2.88	986	1.55	173	0.82
	合计	129304	100	3442	100	63479	100	20991	100
2010	农村生活污水及人粪尿	66129	45.65	—	—	7385	14.02	1678	9.72
	固体废弃物	—	—	48	1.35	481	0.91	504	2.92
	农用化肥	—	—	1 915	53.7	19150	36.36	4646	26.90
	分散式畜禽养殖和水产养殖	37652	25.99	1083	30.37	5735	10.89	2407	13.93
	泥沙流失	—	—	379	10.63	18513	35.15	7790	45.10
	城镇地表径流	41094	28.36	141	3.95	1409	2.67	247	1.43
	合计	144875	100	3566	100	52673	100	17272	100

1. COD污染的来源分析

COD的主要来源是农村生活污水及人粪尿，其次为分散式畜禽养殖和水产养殖及城镇地表径流。由于陕南地区主要为山区，农民居住分散，大多数居民沿河道而居，农村生活污水及人粪尿随意流淌入河，甚至许多厕所直接修建在沟道旁边。畜禽养殖方式基本为分散养殖，粪便随地表径流进入河道。陕南地区是陕西省经济较为落后的地区，城市化水平低，污水的收集和处理能力十分有限。因此，COD 污染不仅量大，而且难以治理。

2. 氮、磷污染的来源分析

氨氮的主要来源是农用化肥和分散式畜禽养殖，分别占 50% 和 30% 左右，其次为泥沙流失。总氮和总磷的主要来源是泥沙流失和农用化肥。

农用化肥的流失是氮、磷污染的主要来源，由于陕南地区农业生产水平不发达，广种薄收，2006 年和 2010 年平均化肥使用折纯量为 485kg/hm² 和 547kg/hm²，再加上山大沟深、地形破碎，化肥随水土流失大量进入水体。

泥沙流失产生的总氮和总磷的污染物入河量较大。由于陕西省丹汉江流域水土流失极为严重，土壤中的养分随泥沙进入河道，不仅造成丹江口水库淤积，而且导致水质富营养化。

3. 2006 年和 2010 年非点源污染的入河量比较

2006 年和 2010 年 COD 入河量分别为 129304t 和 144875t。2010 年与 2006 年相比，由于人口、化肥施用、养殖、建成区面积等的增加，COD 入河量增加了12.0%。

2006 年氨氮、总氮和总磷的入河量分别为 3442t、63479t 和 20991t。2010 年氨氮、总氮和总磷的入河量分别为 3566t、52673t 和 17272t，氨氮的入河量增加了3.6%，而总氮和总磷的入河量分别减少了 17.0% 和 17.7%。主要原因是，泥沙入河量减少，泥沙流失产生的非点源污染明显减少；而其他非点源污染的来源有不同程度的增加，但增加的数量不及水土流失产生的总氮、总磷的入河量。

4.2　水土流失的经济损失价值

本节利用环境经济学的原理和方法，借鉴其他学者的研究成果，完善了计算方法，对陕西省"丹治"工程治理前（2006 年）和治理后（2010 年）丹汉江流域水土流失经济损失价值进行估算，并对不同损失来源的贡献率和影响因素等进行初步分析。

4.2.1　计算思路与方法

在分析水土流失经济损失来源的基础上，构建研究区土壤侵蚀经济损失价值估算流程。水土流失经济损失包括土壤侵蚀和径流两个方面。目前，关于土壤侵蚀经济损失的分类主要有以下四类：第一类可分为直接经济损失（养分流失、水分流失和泥沙流失）和间接经济损失（土壤肥力和作物产量降低、水库蓄水和灌溉能力下降、弃耕等）两部分（杨子生等，1994）；第二类可分为直接经济损失（泥沙损失、养分损失、水分损失）、间接经济损失（水资源破坏、持水力下降、生产力下降及对生态环境的破坏和其他影响等）和被破坏生态资源的恢复费用（治理水土流失和采取必要的水土保持措施的费用）三部分（赵善伦等，2002）；第三类可分为内部损失（土地资源生产力下降、土地资源破坏和废弃、土壤养分流失）和外部损失（淤积水利设施、淤积江河、洪涝）两部分（任勇等，1997）；第四类可分为场内损失和场外损失两部分。土壤侵蚀发生的场所是土地，因此土壤侵蚀的危害首先是场内损失，其次流失的水、土发生再分配，就会淤积江河、水库，造成场外损失（许月卿等，2006；杨志新等，2004）。场内损失包括土壤质量下降，土地生产力下降，生物多样性减少，土地资源破坏，农田基础设施破坏，土壤养分、泥沙和水分流失等。场外损失包括缩短水库等水利设施使用寿命，淤积江河湖泊，增加防洪费用，污染水源，危害人体健康，以及影响渔业和旅游业发展，恶化生态系统等。径流的损失主要为非点源污染物造成的经济损失，水土保持在增加蓄水能力的同时，也减少了径流非点源污染物损失。

　　本小节估算的损失主要包括土地废弃损失、泥沙损失、水分损失、养分损失、泥沙滞留损失、泥沙淤积损失和径流非点源污染物损失。损失估算程序为，首先计算出水土流失造成的实物量损失，然后分别利用市场价值法、机会成本法和影子工程法等将实物量损失换算成经济价值的计算，详见水土流失经济损失价值计算流程（侯元兆等，1995）（图4.1）。

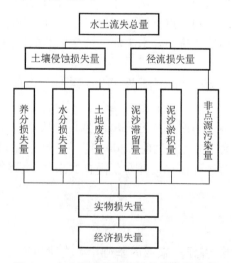

图 4.1　水土流失经济损失价值计算流程

1. 土壤养分损失价值

利用市场价值法计算土壤养分损失价值。土壤侵蚀中 N、P、K 的损失价值计算公式为

$$\begin{cases} M_i = Z \times C_i \\ E_i = M_i \times S_i \times P_i \end{cases} \tag{4.1}$$

式中，M_i 为 N、P、K 养分流失量，t；Z 为土壤年度侵蚀量，t/a，C_i 为 N、P、K 在土壤中的含量，%；E_i 为土壤养分经济损失价值，元。根据水利部长江水利委员会 2007 年的遥感调查数据，陕西省丹汉江流域总土地面积为 62731km²，水土流失面积为 26267.55km²，年土壤侵蚀总量为 10618.79 万 t。按照水利部制定的《土壤侵蚀分类分级标准》（SL 190—2007），陕西省丹汉江流域为西南土石山区，土壤容许流失量为 500t/(km²·a)。扣除土壤容许流失量，陕西省丹汉江流域每年实际造成损失的土壤侵蚀总量为 7482.24 万 t；根据陕西省水土保持生态环境监测中心对"丹治"工程监测的结果，工程建成后年均保土能力达到 1322.35 万 t，2010 年陕西省丹汉江流域实际土壤侵蚀总量为 6159.89 万 t。根据陕西省土壤普查结果，陕南各市土壤的养分含量及土地面积见表 4.2，TN、TP、TK、有机质在土壤中的加权平均含量分别为 1.12g/kg、1.32g/kg、21.31g/kg、17.24g/kg；S_i 为 N、P、K 折算成化肥的系数；P_i 为碳酸氢氨、过磷酸钙和硫酸钾的市场价格。本书将 N、P、K 折算成碳酸氢氨、过磷酸钙和硫酸钾，氮在碳酸氢铵中的比例为 14：79，磷在过磷酸钙中的比例为 62：506，钾在硫酸钾中的比例为 78：174。化肥价格统一采用 2010 年水平。2010 年碳酸氢铵、过磷酸钙、硫酸钾 3 种化肥的市场平均价格分别为 660 元/t、540 元/t 和 2850 元/t。

表4.2 陕南各市土壤的养分含量及土地面积

市名	TN /（g/kg）	TP /（g/kg）	TK /（g/kg）	有机质含量 /（g/kg）	土地总面积 /km²	面积比例 /%
汉中市	1.28	1.26	20.3	20.89	19607.39	32.77
安康市	1.21	1.48	22.8	17.26	23374.80	39.07
商洛市	0.87	1.12	20.3	13.95	16848.25	28.16
加权平均值	1.12	1.29	21.13	17.37	19943.48	—

土壤流失中有机质的经济损失计算公式为

$$\begin{cases} M_0 = Z \times C_0 \\ E_0 = M_0 \times P \times S \end{cases} \tag{4.2}$$

式中，M_0 为有机质流失量，t；Z 为土壤年度侵蚀量，t/a；C_0 为有机质在土壤中的平均含量，%；E_0 为有机质损失价值，元；P 为薪材的机会成本价格，元/t，陕南

地区薪材的平均价格为 200 元/t；S 为薪材转化为土壤有机质的系数。土壤有机质主要来源于植被枯枝落叶，有机质的缺乏可通过增加秸秆还田或增施人畜粪给予补充，这意味着增加了农村薪材负担，因此土壤流失有机质的价值损失可先折算成相当量的薪材，然后再按薪材的市场价格进行估算。薪材转换成有机质的比例为 2 : 1。

2. 土壤水分损失价值

由土壤侵蚀造成的土壤水分流失带来的经济损失可以利用影子工程法计算。应用影子工程法来计算土壤水分流失的经济损失，就是要计算出能替代被流失的土壤水分的补偿工程所需的费用，可用农用水库工程作为替代物。土壤水分流失的经济损失也就是该地所流失的土壤水量与修建每立方米农用水库所需投资费用的乘积，其计算公式为

$$\begin{cases} V = Z \times W / \rho \\ E_{\mathrm{w}} = V \times P \end{cases} \tag{4.3}$$

式中，V 为水分流失量，m^3；Z 为土壤年度侵蚀量，t/a；W 为土壤水分平均含量，%，根据 2008 年陕西省水土保持生态环境监测中心对研究区表土采样化验测定，土壤水分的平均含量为 20.83%；ρ 为土壤容重，g/cm^3，取 1.41g/cm^3；E_{w} 为土壤水分流失价值，元；P 为修建 $1m^3$ 农用水库所需的投资费用，元/m^3，根据 2003 年《陕西省水资源保护规划》所采用的单价，单位库容造价为 6.02 元/m^3。

3. 土地废弃损失价值

利用机会成本法估算因土地废弃而丧失的经济损失价值。其计算公式为

$$\begin{cases} S = Z / (h \times \rho \times 10000) \\ E_{\mathrm{S}} = S \times B \end{cases} \tag{4.4}$$

式中，S 为土地废弃面积，hm^2；Z 为土壤年度侵蚀量，t/a；h 为土层厚度，m，陕南土石山区土层较薄，平均厚度取 0.3m；ρ 为土壤容重，g/cm^3，取值同样为 1.41g/cm^3；E_{S} 为土壤废弃的经济损失价值，元；B 为土地损失的机会成本，元/hm^2。全国农业土地扣除成本后年平均收益为 9753.6 元/hm^2。

4. 泥沙滞留、淤积损失价值

根据国内已有的研究成果，我国土壤侵蚀总量中滞留泥沙、淤积泥沙和入海泥沙量各占约 33%、24% 和 37%。利用影子工程法来计算滞留和淤积的经济损失，其计算公式为

滞留损失价值　　　　　　$V_z = Z \times 33\% / \rho$；　$E_z = V_z \times P_z$ 　　　　　　(4.5)

淤积损失价值　　　　　　$V_y = Z \times 24\% / \rho V$；　$E_y = V_y \times P_y$ 　　　　　　(4.6)

式中，V_z 和 V_y 分别为滞留泥沙体积及淤积泥沙体积，m^3；Z 为土壤年度侵蚀量，t/a；ρ 为泥沙容重，g/cm^3，取 $1.28g/cm^3$；P_z 为挖取泥沙的费用，元/m^3，挖取 $1m^3$ 泥沙费用大约为 6.5 元；P_y 为修建 $1m^3$ 农用水库的投资费用，元/m^3；E_z 为泥沙滞留经济损失价值；E_y 为泥沙淤积经济损失价值，元。

5. 径流非点源污染损失价值

径流非点源污染物的经济损失可以采用价格代替法计算，其计算公式为

$$G_i = V_j \times P_j \tag{4.7}$$

式中，i 为氮或磷元素；G_i 为径流中第 i 种养分流失总量，t；V_j 为径流量，m^3；P_j 为径流中氮、磷非点源污染物浓度，mg/L。

$$E_j = G_i \times C_P / K_i \tag{4.8}$$

式中，K_i 为第 i 种养分折算为碳酸氢铵或过磷酸钙的系数；C_P 为碳酸氢铵或过磷酸钙的价格，元；E_j 为第 j 种养分流失所损失的经济价值，元。氮在碳酸氢铵中的比例为 14：79，磷在过磷酸钙中的比例为 62：506。2006 年碳酸氢铵和过磷酸钙的市场平均价格分别为 540 元/t 和 400 元/t。2010 年碳酸氢铵和过磷酸钙的市场平均价格分别为 660 元/t 和 540 元/t。

根据《2006 年陕西省水土保持公报》，2000～2005 年陕西省丹汉江流域年均径流量为 216.68 亿 m^3。根据《2010 年陕西省水土保持公报》，2000～2009 年陕西省丹汉江流域年均径流量为 214.08 亿 m^3。2006 年径流量取 216.68 亿 m^3，2010 年径流量取 214.08 亿 m^3。根据石泉县小区的监测结果，径流中氨氮平均值为 0.320mg/L，总氮平均值为 8.395mg/L，总磷平均值为 0.154mg/L。

4.2.2　水土流失经济损失价值的总量和构成

通过估算，陕西省丹汉江流域 2006 年和 2010 年水土流失经济损失价值分别为 191.537 亿元和 161.196 亿元，远大于贾忠华等（2009）的估算结果（每年 36.29 亿元）。本小节的估算框架、计算公式与贾忠华的基本相同，而计量范围及参数略有不同。由于本研究包括了有机质流失损失、水分流失损失和径流非点源污染损失价值，因此目前采用的肥料价格高于贾忠华所用的价格水平，估算数值较高。2006 年和 2010 年陕西省丹汉江流域农业总产值分别为 81.12 亿元和 145.86 亿元，水土流失经济损失价值超过农业总产值，说明水土流失所造成的经济损失价值极大。2010 年与 2006 年相比，由于土壤侵蚀总量和年均径流量的减少，水土流失所造成的经济损失价值降低了 15.8%。

2006 年土壤养分流失损失、土壤水分流失损失、土地废弃损失、泥沙滞留和淤积损失、径流非点源污染损失分别占 94.60%、0.35%、0.90%、1.09% 和 3.06%。

说明水土流失最直接、最严重的经济损失是造成土壤肥力降低，这与贾忠华等（2009）的估算结果基本一致。由于钾肥的市场价格较高，其损失的比例高达52.90%，这与许月卿等（2006）计算的结果基本一致，详见水土流失经济损失价值表（表4.3）。

表4.3　水土流失经济损失价值表

经济损失构成		2006 年		2010 年	
		数量/亿元	比例/%	数量/亿元	比例/%
土壤养分损失	氮	31.19	16.29	25.89	16.06
	磷	43.51	22.72	36.11	22.40
	钾	101.33	52.9	84.10	52.17
	有机质	5.16	2.69	4.28	2.66
土壤水分损失		0.67	0.35	0.55	0.34
土地废弃损失		1.73	0.90	1.43	0.89
泥沙滞留和淤积损失	泥沙滞留	1.25	0.65	1.04	0.65
	泥沙淤积	0.84	0.44	0.70	0.43
径流非点源污染物损失	氨氮	0.21	0.11	0.26	0.16
	总氮	5.54	2.89	6.69	4.15
	总磷	0.11	0.06	0.15	0.09
合计		191.54	100	161.20	100

2006 年丹汉江流域年单位面积水土流失损失价值平均为 70.69 万元/km^2，占全国农业土地扣除成本后年平均收益的 72.5%，与同为西南土石山区的贵州省计算结果较为接近。2010 年丹汉江流域单位面积水土流失损失价值平均为 58.67 万元/km^2。

参 考 文 献

侯元兆, 王琦, 1995. 中国森林资源核算研究[J]. 世界林业研究, 3: 51-56.

贾忠华, 赵恩辉, 2009. 南水北调中线陕西水源区土壤侵蚀损失估算[J]. 西北大学学报(自然科学版), 39(4): 673-676.

任勇, 孟晓棠, 毕华兴, 1997. 水土流失经济损失估算及环境经济学思考[J].中国水土保持, 8:48-50.

许月卿, 蔡运龙, 2006. 土壤侵蚀经济损失分析及价值估算——以贵州省猫跳河流域为例[J]. 长江流域资源与环境, 15(4): 470-474.

杨志新, 郑大玮, 李永贵, 2004. 北京市土壤侵蚀经济损失分析及价值估算[J]. 水土保持学报, 18(3): 175-178.

杨子生, 谢应齐, 1994. 云南省水土流失直接经济损失的计算方法与区域特征[J]. 云南大学学报(自然科学版), S1: 99-106.

赵善伦, 尹民, 孙希华, 2002. 山东省水土流失经济损失与生态价值损失评估[J]. 经济地理, 22(5): 616-619.

第5章 水土流失与非点源污染敏感区识别与分区

土壤流失严重的地区通常也是农业非点源污染发生的关键区域。明确丹汉江流域非点源污染的组成和来源，识别非点源污染敏感区及其分区，能够将有限的资源有针对性地投入到水土流失与非点源污染控制中，极大地提高治理效率。

5.1 非点源污染分区基本方法

农业非点源污染类型是指根据农业非点源污染各污染来源（化肥施用、作物秸秆遗弃、畜禽养殖、水产养殖、农村生活等）的污染物排放量占总污染物的主要比例来源确定的区域农业非点源污染类型。通过农业非点源污染类型的划分，可以明确区域非点源污染的主要污染类型；明确污染类型的区域分异规律，明晰各污染类型分布的地区范围（段华平等，2010）。

5.2 污染源敏感性分析

由于汉中市、安康市、商洛市的 COD、氨氮、总氮和总磷的排放浓度基本都超过了《地表水环境质量标准》（GB 3838—2002）中的Ⅱ类标准，且部分指标超过了Ⅲ类标准，因此陕南地区农业非点源污染均达到了较敏感级别，按照污染物排放浓度和排放量划分敏感程度，具体敏感程度分区分别见表 5.1 和表 5.2。

表 5.1 农业非点源污染物 COD、氨氮、总氮和总磷排放浓度的敏感程度分区

污染物指标	敏感区级别		
	Ⅰ类	Ⅱ类	Ⅲ类
COD	洋县、勉县、留坝县、宁强县、镇巴县、佛坪县、城固县、西乡县、南郑县、略阳县、汉滨区、汉阴县、平利县、旬阳县、石泉县、岚皋县、紫阳县、宁陕县、白河县、镇坪县、商州区、山阳县、柞水县、镇安县、丹凤县、商南县	洛南县	汉台区
氨氮	洋县、勉县、留坝县、宁强县、镇巴县、佛坪县、城固县、西乡县、南郑县、略阳县、汉滨区、汉阴县、平利县、旬阳县、石泉县、岚皋县、紫阳县、宁陕县、白河县、镇坪县、商州区、山阳县、柞水县、镇安县、丹凤县	商南县、洛南县	汉台区

污染物指标	敏感区级别		
	I 类	II 类	III 类
总氮	洋县、勉县、留坝县、宁强县、镇巴县、佛坪县、城固县、西乡县、南郑县、略阳县、汉滨区、汉阴县、平利县、旬阳县、石泉县、岚皋县、紫阳县、宁陕县、白河县、镇坪县、商州区、山阳县、柞水县、镇安县、丹凤县、商南县	洛南县	汉台区
总磷	洋县、勉县、留坝县、宁强县、镇巴县、佛坪县、城固县、西乡县、南郑县、略阳县、汉滨区、汉阴县、平利县、旬阳县、石泉县、岚皋县、紫阳县、宁陕县、白河县、镇坪县、商州区、山阳县、柞水县、镇安县、丹凤县、商南县	洛南县	汉台区

表 5.2　农业非点源污染物 COD、氨氮、总氮和总磷排放量的敏感程度分区

污染物指标	敏感区级别		
	I 类	II 类	III 类
COD	汉台区、留坝县、宁强县、镇巴县、佛坪县、略阳县、汉阴县、平利县、旬阳县、石泉县、岚皋县、紫阳县、宁陕县、白河县、镇坪县、柞水县、镇安县	洋县、勉县、城固县、南郑县、旬阳县、商州区、山阳县、丹凤县、商南县	西乡县、汉滨区、洛南县
氨氮	汉台区、勉县、留坝县、宁强县、镇巴县、佛坪县、南郑县、略阳县、汉阴县、平利县、旬阳县、石泉县、岚皋县、紫阳县、宁陕县、白河县、镇坪县、商州区、山阳县、柞水县、镇安县、丹凤县、商南县、洛南县	洋县、城固县、汉滨区、商南县、洛南县	西乡县
总氮	汉台区、洋县、勉县、留坝县、宁强县、镇巴县、佛坪县、城固县、西乡县、南郑县、略阳县、汉阴县、平利县、旬阳县、石泉县、岚皋县、紫阳县、宁陕县、白河县、镇坪县、商州区、山阳县、柞水县、镇安县、丹凤县、商南县	汉滨区、洛南县	西乡县
总磷	汉台区、洋县、勉县、留坝县、宁强县、镇巴县、佛坪县、城固县、西乡县、南郑县、略阳县、汉阴县、平利县、旬阳县、石泉县、岚皋县、紫阳县、宁陕县、白河县、镇坪县、商州区、山阳县、柞水县、镇安县、丹凤县、商南县	汉滨区、洛南县	西乡县

采用单项水质指数法进行农业非点源污染敏感性分析，首先分别计算出各研究单元污染物 COD、总氮、总磷、氨氮的水质指数，考虑到丹汉江水源区的情况，本小节按照 II 类水、III 类水的水质标准（表 5.3）分析丹汉江水源区的情况，得到丹汉江水源区各县（区）农业非点源污染物水质指数（表 5.4）。然后通过聚类分析，得出丹汉江水源区农业非点源污染敏感性的分类情况，见图 5.1 和表 5.5。

表 5.3　地表水环境质量标准　　　　　　　　（单位：mg/L）

地表水环境质量标准	污染物指标			
	COD	氨氮	总氮	总磷
II 类	15.00	0.50	0.50	0.10
III 类	20.00	1.00	1.00	0.20

表 5.4　丹汉江水源区各县（区）农业非点源污染物水质指数

县（区）名称	II 类地表水质量标准				III 类地表水质量标准			
	COD	氨氮	总氮	总磷	COD	氨氮	总氮	总磷
白河县	0.71	1.32	4.00	3.11	0.53	0.66	2.00	1.55
汉滨区	0.93	1.89	4.68	3.43	0.69	0.95	2.34	1.72
汉阴县	0.83	1.74	4.49	3.57	0.62	0.87	2.25	1.79
岚皋县	0.24	0.45	1.30	0.97	0.18	0.23	0.65	0.49
宁陕县	0.06	0.10	0.38	0.33	0.04	0.05	0.19	0.17
平利县	0.28	0.61	2.09	1.39	0.21	0.30	1.04	0.69
石泉县	0.48	1.15	3.34	2.37	0.36	0.58	1.67	1.18
旬阳县	0.69	1.39	3.55	2.48	0.52	0.69	1.77	1.24
镇坪县	0.17	0.41	1.11	0.73	0.13	0.21	0.56	0.37
紫阳县	0.28	0.56	1.73	1.39	0.21	0.28	0.86	0.69
城固县	0.84	2.52	4.62	3.33	0.63	1.26	2.31	1.67
佛坪县	0.05	0.08	0.23	0.21	0.04	0.04	0.12	0.10
汉台区	3.62	7.93	19.56	15.49	2.71	3.96	9.78	7.75
留坝县	0.06	0.11	0.31	0.28	0.05	0.05	0.16	0.14
略阳县	0.20	0.31	0.83	0.86	0.15	0.16	0.41	0.43
勉县	0.72	1.74	3.85	2.62	0.54	0.87	1.93	1.31
南郑县	0.28	0.56	1.84	1.22	0.21	0.28	0.92	0.61
宁强县	0.22	0.38	1.05	0.92	0.17	0.19	0.52	0.46
西乡县	0.45	1.65	3.32	2.49	0.34	0.83	1.66	1.24
洋县	0.59	1.66	3.39	2.33	0.44	0.83	1.69	1.16
镇巴县	0.11	0.20	0.96	0.69	0.08	0.10	0.48	0.34
丹凤县	1.33	2.96	5.56	5.08	1.00	1.48	2.78	2.54
洛南县	1.88	3.72	10.37	6.38	1.41	1.86	5.18	3.19
山阳县	0.85	1.88	3.15	2.60	0.64	0.94	1.57	1.30
商南县	1.33	4.21	6.93	4.41	1.00	2.10	3.46	2.20
商州区	1.10	1.89	4.83	4.05	0.83	0.94	2.42	2.02
镇安县	0.22	0.43	1.45	1.08	0.16	0.22	0.72	0.54
柞水县	0.55	0.94	2.09	1.88	0.41	0.47	1.05	0.94

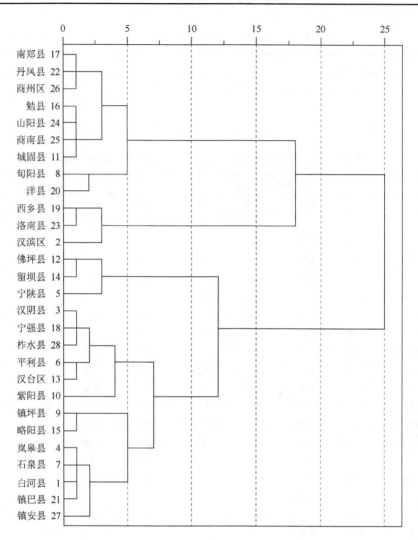

图 5.1 陕南各县（区）污染物聚类分析结果

表 5.5 陕南各县（区）污染源敏感性分区表

县（区）名称	聚类结果	敏感类型
1：白河县	1	
3：汉阴县	1	
9：镇坪县	1	
11：城固县	1	中度敏感区Ⅲ
15：略阳县	1	
16：勉县	1	

续表

县（区）名称	聚类结果	敏感类型
18：宁强县	1	
19：西乡县	1	
20：洋县	1	中度敏感区Ⅲ
25：商南县	1	
26：商州区	1	
2：汉滨区	2	
8：旬阳县	2	
14：留坝县	2	高度敏感区Ⅳ
23：洛南县	2	
4：岚皋县	3	
5：宁陕县	3	
6：平利县	3	
7：石泉县	3	
10：紫阳县	3	
17：南郑县	3	轻度敏感区Ⅱ
21：镇巴县	3	
22：丹凤县	3	
24：山阳县	3	
27：镇安县	3	
28：柞水县	3	
12：佛坪县	4	不敏感区Ⅰ
13：汉台区	5	极度敏感区Ⅴ

汉台区为极度敏感区，佛坪县为不敏感区；白河县、汉阴县、镇坪县、城固县、略阳县、勉县、宁强县、西乡县、洋县、商南县、商州区为中度敏感区；汉滨区、旬阳县、留坝县、洛南县为高度敏感区；岚皋县、宁陕县、平利县、石泉县、紫阳县、南郑县、镇巴县、丹凤县、山阳县、镇安县、柞水县为轻度敏感区。

5.3 水源区农业非点源污染类型的划分

5.3.1 研究单元等标排放量和等标排放比例

为了确定各县（区）农业非点源污染控制方向，必须首先明确各县（区）的农业非点源污染类型，可以通过在确定各研究单元的等标排放量的基础上，计算等标负荷比的方法得到。陕南各县（区）各类污染源情况分别见表 5.6 和表 5.7，总体而言，陕南工业污染源所占比例较小，因此在本书中不再涉及。

表 5.6　污染物等标排放量　　　　　　　　　　（单位：t）

县（区）名称	种植业污染物等标排放量	水产养殖业污染物等标排放量	畜禽养殖业污染物等标排放量	农村生活污水污染物等标排放量	农村生活垃圾污染物等标排放量	总排放量
白河县	577.31	0.04	330.71	381.65	341.09	1630.80
汉滨区	1468.77	30.68	1607.69	1383.99	1236.92	5728.05
汉阴县	711.20	145.09	376.57	543.11	485.40	2261.37
岚皋县	439.44	10.11	434.14	293.57	262.38	1439.64
宁陕县	357.41	0.00	19.10	128.33	114.70	619.54
平利县	1131.82	0.00	563.43	419.39	351.40	2466.04
石泉县	678.26	0.00	481.32	320.63	286.55	1766.76
旬阳县	851.30	4.81	1326.19	829.56	741.40	3753.26
镇坪县	123.86	123.86	472.79	101.70	90.90	913.11
紫阳县	1147.85	0.14	546.48	633.28	565.99	2893.74
城固县	1230.32	6.11	1221.48	943.63	632.52	4034.06
佛坪县	53.60	0.00	6.76	57.67	51.54	169.57
汉台区	535.18	32.96	799.98	619.65	415.35	2403.12
留坝县	89.37	0.00	20.58	77.59	69.34	256.88
略阳县	370.55	0.00	64.23	301.75	269.69	1006.22
勉县	717.29	1.33	1361.67	731.84	613.19	3425.32
南郑县	796.94	796.94	814.36	988.30	828.07	4224.61
宁强县	651.06	0.00	247.37	666.83	595.97	2161.23
西乡县	922.32	17.70	5666.43	746.52	667.19	8020.16
洋县	948.58	2.46	2097.70	775.46	693.05	4517.25
镇巴县	1399.50	0.00	152.95	503.27	449.79	2505.51
丹凤县	442.37	0.16	1265.30	552.13	493.46	2753.42
洛南县	1027.56	3.21	2203.82	828.09	740.09	4802.77
山阳县	659.68	0.31	679.40	844.24	754.52	2938.15
商南县	529.05	0.59	1508.22	425.05	379.88	2842.79
商州区	824.64	0.70	717.82	952.86	851.60	3347.62
镇安县	780.33	0.14	416.44	285.82	255.44	1738.17
柞水县	351.77	0.02	453.31	523.61	467.97	1796.68

表 5.7　污染物的等标排放比例　　　　　　　　（单位：%）

县（区）名称	种植业污染物等标排放比例	水产养殖业污染物等标排放比例	畜禽养殖污染物等标排放比例	农村生活污水污染物等标排放比例	农村生活垃圾污染物等标排放比例
白河县	35.40	0.00	20.28	23.40	20.92
汉滨区	25.64	0.54	28.07	24.16	21.59
汉阴县	31.45	6.42	16.65	24.02	21.46

县（区）名称	种植业污染物等标排放比例	水产养殖业污染物等标排放比例	畜禽养殖业污染物等标排放比例	农村生活污水污染物等标排放比例	农村生活垃圾污染物等标排放比例
岚皋县	30.52	0.70	30.16	20.39	18.23
宁陕县	57.69	0.00	3.08	20.71	18.51
平利县	45.90	0.00	22.85	17.01	14.25
石泉县	38.39	0.00	27.24	18.15	16.22
旬阳县	22.68	0.13	35.33	22.10	19.75
镇坪县	13.56	13.56	51.78	11.14	9.95
紫阳县	39.67	0.00	18.89	21.88	19.56
城固县	30.50	0.15	30.28	23.39	15.68
佛坪县	31.61	0.00	3.99	34.01	30.39
汉台区	22.27	1.37	33.29	25.79	17.28
留坝县	34.79	0.00	8.01	30.20	26.99
略阳县	36.83	0.00	6.38	29.99	26.80
勉县	20.94	0.04	39.75	21.37	17.90
南郑县	18.86	18.86	19.28	23.39	19.60
宁强县	30.12	0.00	11.45	30.85	27.58
西乡县	11.50	0.22	70.65	9.31	8.32
洋县	21.00	0.05	46.44	17.17	15.34
镇巴县	55.86	0.00	6.10	20.09	17.95
丹凤县	16.07	0.01	45.95	20.05	17.92
洛南县	21.40	0.07	45.89	17.24	15.41
山阳县	22.45	0.01	23.12	28.73	25.68
商南县	18.61	0.02	53.05	14.95	13.36
商州区	24.63	0.02	21.44	28.46	25.44
镇安县	44.89	0.01	23.96	16.44	14.70
柞水县	19.58	0.00	25.23	29.14	26.05

由表 5.6 可知，从等标排放量来看，佛坪县的等标排放量最小，西乡县的等标排放量最大。就陕南各县（区）而言，安康市的等标排放量最小，汉中市与商洛市的等标排放量接近，其中商洛市稍高些。

由表 5.7 可知，从等标排放比例来看，陕南各县（区）的种植业、水产养殖业、畜禽养殖业、农村生活污水和农村生活垃圾的平均比例分别是 29.39%、1.51%、27.45%、22.27%和 19.39%。可以看出，陕南各县（区）的等标污染物排放比例中，种植业最高，其余依次是畜禽养殖、农村生活污水、农村生活垃圾和水产养殖业。

陕南三市的情况各有差异，其中，安康市种植业等标排放比例最高，为

34.09%，畜禽养殖次之，为 25.43%，其余依次是农村生活污水 20.30%，农村生活垃圾 18.04%。汉中市污染物的等标排放情况与其类似，种植业、畜禽养殖业、农村生活污水和农村生活垃圾从高到低所占比例依次是 28.57%、25.06%、24.14% 和 20.35%。商洛市情况与两者略有差异，其中畜禽养殖业最高，占 34.09%，种植业、农村生活污水和农村生活垃圾所占比例由高到低依次是 23.95%、22.15% 和 19.79%。

5.3.2　农业非点源污染类型的划分

在核算了等标排放比例后，按照各基本研究单元区域内污染源的等标排放比例从大到小排序，分别计算累计百分比，将累计百分比大于 80% 的污染源列为主要污染源。另外，考虑到部分县（区）污染源的等标排放比例分布比较集中的实际情况，如果研究的某污染源占等标排放比例在 60% 以上，且其余各污染源占比比较分散，则把该数值以上的此污染源作为该区域内的主要污染源。

按照前述等污染负荷比划分的原则，可以将陕南 28 个县（区）农业非点源污染类型分为农业种植型（化肥农药）、畜禽养殖型、生活排放型 3 个基本类型。

根据陕南各县（区）的实际情况，当某一种污染源所占比例大于 60% 时，则以该污染物进行定义；当污染物相对集中，且两种污染物的比例超过 80% 时，则以这两种污染物为主进行定义；当三种污染物较为分散时，则将该县（区）定义为复合型。陕南各县（区）农业非点源污染类型见表 5.8。

表 5.8　陕南各县（区）农业非点源污染类型划分　　　　　（单位：%）

县（区）名称	农业种植型占比	畜禽养殖型占比	生活排放型占比	非点源污染类型
白河县	35.40	20.28	44.32	复合型
汉滨区	25.64	28.60	45.76	复合型
汉阴县	31.45	23.07	45.48	复合型
岚皋县	30.52	30.86	38.62	复合型
宁陕县	57.69	3.08	39.23	种植-生活型
平利县	45.90	22.85	31.26	复合型
石泉县	38.39	27.24	34.37	复合型
旬阳县	22.68	35.46	41.86	复合型
镇坪县	13.56	65.34	21.09	养殖-生活型
紫阳县	39.67	18.89	41.44	种植-生活型
城固县	30.50	30.43	39.07	复合型
佛坪县	31.61	3.99	64.40	生活型
汉台区	22.27	34.66	43.07	复合型
留坝县	34.79	8.01	57.20	种植-生活型

县（区）名称	农业种植型占比	畜禽养殖型占比	生活排放型占比	非点源污染类型
略阳县	36.83	6.38	56.79	种植-生活型
勉县	20.94	39.79	39.27	复合型
南郑县	18.86	38.14	42.99	养殖-生活型
宁强县	30.12	11.45	58.43	种植-生活型
西乡县	11.50	70.87	17.63	养殖型
洋县	21.00	46.49	32.51	复合型
镇巴县	55.86	6.10	38.04	种植-生活型
丹凤县	16.07	45.96	37.97	养殖-生活型
洛南县	21.40	45.95	32.65	复合型
山阳县	22.45	23.13	54.41	复合型
商南县	18.61	53.07	28.32	养殖-生活型
商州区	24.63	21.46	53.90	复合型
镇安县	44.89	23.97	31.14	复合型
柞水县	19.58	25.23	55.19	养殖-生活型

5.4　农业非点源污染控制分区

本节研究的目标是实现农业非点源污染的分级管理和分类控制，要达到此目标，农业非点源污染控制区划必须进行二级分区。一级区划以农业非点源污染敏感性评价等级为依据，实现农业非点源污染的分级管理；二级区划以农业非点源污染类型为依据，实现分类控制。由于农业非点源污染的敏感性和农业非点源污染类型的属性复杂多样，不符合农业非点源污染控制区划区域共辖原则的要求，分区结果需要进行调整和归并，调整和归并必须遵循农业非点源污染控制区划的原则。

根据丹汉江水源区农业非点源污染敏感性分析和污染类型的划分结果，按照前述的分区原则和分区方法，自上而下和自下而上相结合，得到陕南各县（区）农业非点源污染控制区划成果。陕南各县（区）农业非点源污染控制区共划分为5个一级区（污染敏感性，图5.2）和9个二级区（污染类型、污染控制方向，图5.3和表5.9）。根据一级区划结果可以实现陕南地区农业非点源污染分级管理，二级区划结果可以实现陕南地区农业非点源污染分类控制，区划结果可以为丹汉江水源区的农业非点源污染控制提供决策依据。

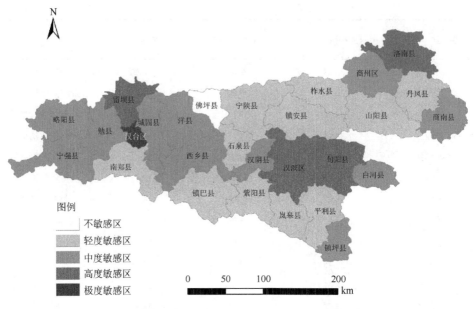

图 5.2　陕南各县（区）污染源类型敏度程度分布图

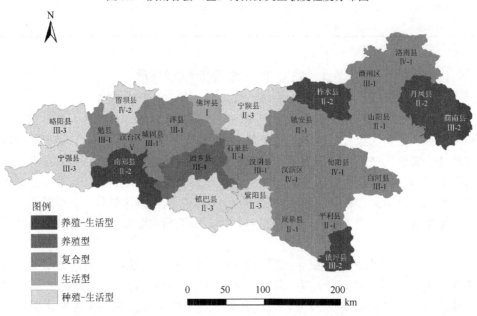

图 5.3　陕南各县（区）污染源控制分区图

表 5.9　陕南地区农业非点源污染控制分区

县（区）名称	聚类结果	污染类型	敏感区名称	分区代码
白河县	1	复合型		III-1
汉阴县	1	复合型		III-1
镇坪县	1	养殖-生活型		III-2
城固县	1	复合型		III-1
略阳县	1	种植-生活型		III-3
勉县	1	复合型	中度敏感区III	III-1
宁强县	1	种植-生活型		III-3
西乡县	1	养殖型		III-4
洋县	1	复合型		III-1
商南县	1	养殖-生活型		III-2
商州区	1	复合型		III-1
汉滨区	2	复合型		IV-1
旬阳县	2	复合型	高度敏感区IV	IV-1
留坝县	2	种植-生活型		IV-2
洛南县	2	复合型		IV-1
岚皋县	3	复合型		II-1
宁陕县	3	种植-生活型		II-3
平利县	3	复合型		II-1
石泉县	3	复合型		II-1
紫阳县	3	种植-生活型		II-3
南郑县	3	养殖-生活型	轻度敏感区II	II-2
镇巴县	3	种植-生活型		II-3
丹凤县	3	养殖-生活型		II-2
山阳县	3	复合型		II-1
镇安县	3	复合型		II-1
柞水县	3	养殖-生活型		II-2
佛坪县	4	生活型	不敏感区I	I
汉台区	5	复合型	极度敏感区V	V

　　在此研究的基础上，结合各个县（区）非点源污染负荷情况及污染物的重点类型，确定了各县（区）污染源的分布特征（表 5.10）。从表 5.10 中可以看出，在陕南大部分地区，农村生活垃圾是 COD 污染的主要来源，也是治理重点，畜禽养殖业多为氨氮污染物，而种植业的污染物主要以总氮和总磷为主。

表 5.10　陕南各县（区）污染源的分布特征

县（区）名称	治理重点
白河县	农村生活垃圾是 COD 治理重点，畜禽养殖业是氨氮治理重点，种植业是总氮和总磷治理重点
汉滨区	农村生活垃圾是 COD 治理重点，畜禽养殖业是氨氮、总氮和总磷治理重点
汉阴县	农村生活垃圾是 COD 治理重点，农村生活污水是氨氮治理重点，种植业是总氮治理重点，农村生活污水和农村生活垃圾是总磷治理重点

续表

县（区）名称	治理重点
岚皋县	畜禽养殖业是 COD、氨氮、总氮、总磷的治理重点
宁陕县	农村生活垃圾是 COD 治理重点，农村生活污水是氨氮治理重点，种植业是总氮和总磷治理重点
平利县	畜禽养殖业是 COD 和氨氮治理重点，种植业是总氮和总磷治理重点
石泉县	农村生活垃圾是 COD 治理重点，畜禽养殖业是氨氮治理重点，种植业是总氮和总磷治理重点
旬阳县	畜禽养殖业是 COD、氨氮、总氮、总磷治理重点
镇坪县	畜禽养殖业是 COD、氨氮、总氮、总磷治理重点
紫阳县	农村生活垃圾是 COD 治理重点，畜禽养殖业是氨氮治理重点，种植业是总氮和总磷治理重点
城固县	农村生活垃圾和畜禽养殖业是 COD 治理重点，畜禽业养殖业是氨氮、总氮、总磷的治理重点
佛坪县	农村生活垃圾是 COD 治理重点，农村生活污水是氨氮治理重点，种植业是总氮污染重点，农村生活污水和农村生活垃圾是总磷治理重点
汉台区	农村生活垃圾是 COD 治理重点，畜禽业养殖业是氨氮、总氮、总磷治理重点
留坝县	农村生活垃圾是 COD 治理重点，农村生活污水是氨氮治理重点，种植业是总氮治理重点，农村生活污水是总磷治理重点
略阳县	农村生活垃圾是 COD 治理重点，农村生活污水是氨氮治理重点，种植业是总氮和总磷治理重点
勉县	畜禽养殖业是 COD、氨氮、总氮、总磷治理重点
南郑县	农村生活垃圾是 COD 治理重点，畜禽养殖业是氨氮和总氮治理重点，农村生活污水是总磷治理重点
宁强县	农村生活垃圾是 COD 治理重点，农村生活污水是氨氮治理重点，种植业是总氮治理重点，农村生活垃圾和农村生活污水是总磷治理重点
西乡县	畜禽养殖业是 COD、氨氮、总氮、总磷治理重点
洋县	畜禽养殖业是 COD、氨氮、总氮、总磷治理重点
镇巴县	农村生活垃圾是 COD 治理重点，农村生活污水是氨氮治理重点，种植业是总氮和总磷治理重点
丹凤县	畜禽养殖业是 COD、氨氮、总氮、总磷治理重点
洛南县	畜禽养殖业是 COD、氨氮、总氮、总磷治理重点
山阳县	农村生活垃圾是 COD 治理重点，畜禽养殖业是氨氮、总氮和总磷治理重点
商南县	畜禽养殖业是 COD、氨氮、总氮、总磷治理重点
商州区	农村生活垃圾是 COD 治理重点，农村生活污水是氨氮治理重点，种植业是总氮治理重点，农村生活污水和农村生活垃圾是总磷治理重点
镇安县	农村生活垃圾是 COD 治理重点，畜禽养殖业是氨氮治理重点，种植业是总氮和总磷治理重点
柞水县	农村生活垃圾是 COD 治理重点，畜禽养殖业是氨氮、总氮和总磷治理重点

参 考 文 献

段华平, 孙勤芳, 王梁, 等, 2010. 常熟市农业和农村污染的优先控制区域识别[J]. 环境科学, 31(4): 911-917.

第6章　典型水土保持措施非点源污染调控作用

6.1　水土保持工程措施对非点源污染的作用

6.1.1　典型小流域坡改梯对土壤养分再分布的调控作用

1. 梯田的基本情况

研究区主要集中在丹江口水库上游的黑龙口镇闵家河小流域，流域上游地区地形复杂，坡度陡，梯田多是在坡面上修建而成的，地坎修得高，地块较小，田面较窄；下游地区平地和缓坡居多，一般沿河修建坡度较为平缓的梯田，地坎修得低，地块较大，田面较宽。闵家河清洁小流域梯田样地规格见表6.1。

表6.1　闵家河清洁小流域梯田样地规格　　　　　（单位：m）

田埂阶梯序号	上游			中游			下游		
	田面长度	田面宽度	地坎高度	田面长度	田面宽度	地坎高度	田面长度	田面宽度	地坎高度
1	88.0	5.8	2.0	—	4.5	1.5	41.0	21.8	1.0
2	69.0	6.3	1.5	—	4.0	1.0	40.9	20.8	0.6
3	68.8	5.9	1.4	—	5.1	1.2	37.1	13.2	0.3
4	63.8	7.9	1.7	—	3.0	0.9	28.1	12.6	0.3
5	69.8	10.5	1.4	—	4.1	0.95	20.7	11.4	0.1
6	67.8	5.8	0.8	—	9.0	2.5	11.4	11.7	0.0
7	—	—	—	—	42.0	1.5	—	—	—
8	—	—	—	39.8	—	22.0	—	—	—

2. 流域内梯田的土壤养分空间分布特征

流域内梯田土壤全氮含量分布和流域内梯田土壤全磷含量分布分别如图 6.1 和图 6.2 所示，通过对流域上游、中游、下游三块梯田的全氮和全磷养分含量进行分析可知，全氮养分含量在土层 0~10cm、10~20cm 和 20~40cm 处分布大致都呈现出：上游>中游>下游，其中，在土层 20~40cm 处，上游和中游全氮含量差别不大。而全磷养分含量在土层 0~10cm、10~20cm 和 20~40cm 处分布呈相反规律：上游<中游<下游，其中，在土层 0~10cm 处，上游和中游全磷含量相近。

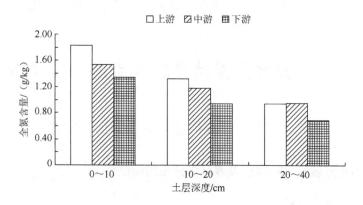

图 6.1 流域内梯田土壤全氮含量分布

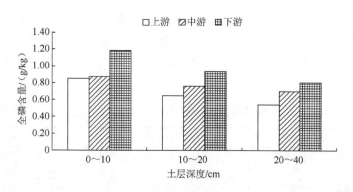

图 6.2 流域内梯田土壤全磷含量分布

坡面氮、磷流失是在降雨和径流驱动下，坡面土壤侵蚀及土壤氮、磷随径流迁移的过程（吴电明等，2009）。已有研究表明，土壤中的全氮溶解于地表径流，随径流而损失。上游修建的梯田田面较下游梯田的田面窄，同时上游梯田地块小，在坡面上汇集的径流量小，减少了全氮随径流的流失量，全氮在土壤中的含量比下游梯田高（朱清科，1996）。地形因素也会影响养分的流失量，土壤侵蚀量和养分流失量随坡度的增大而增加。磷的输出主要是以泥沙结合态为主，泥沙是磷的主要载体。相比较而言，下游梯田比上游梯田更为平缓，土壤侵蚀量小，全磷随泥沙流失量少，田面宽地块大，田间固着的泥沙含量多，全磷蓄积在下游梯田中的养分含量就更高。因此，上、中、下游地形和梯田自身修建规模特点的不同，造成了全氮和全磷在流域内空间分布特征的结果差异。

3. 梯田土壤养分的垂直分布特征

梯田土壤全氮含量垂直分布和梯田土壤全磷含量垂直分布如图 6.3 和图 6.4 所示，可以看出全氮和全磷的养分含量变化明显，均随着土壤深度的增加而逐渐降低。土壤中的氮磷养分主要靠外界供给，农业种植过程中，表层土壤通过耕作时施加的氮肥和磷肥得到补给，再通过土壤的淋溶作用，由天然下渗雨水或人工灌溉，将养分溶解下移至土壤下方不同深度处，因此耕作层养分含量高于土壤20~40cm 处（李堃等，2012）。

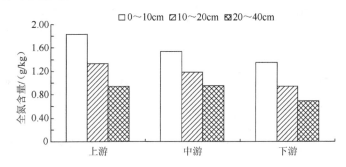

图 6.3　梯田土壤全氮含量垂直分布

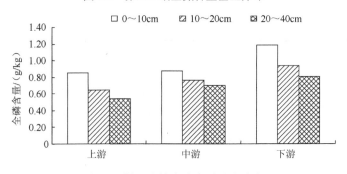

图 6.4　梯田土壤全磷含量垂直分布

4. 不同治理年限坡改梯土壤养分垂直分布特征

丹江流域商南县南坡不同治理年限坡改梯和对比坡耕地土壤剖面的采样地点分布如表 6.2 所示。不同治理年限坡改梯土壤的理化性质见图 6.5。在坡改梯的初期（2009 年和 2008 年修筑），梯田的平均土壤容重高于坡耕地，随着治理时间的延长（2007 年、1999 年和 1996 年修筑），梯田的平均土壤容重逐渐小于坡耕地。无论是梯田还是坡耕地，从表层到底层，土壤容重呈现降低趋势。

表 6.2　土壤剖面的采样地点分布

剖面名称	采样地点	小流域名称	土壤类型	坡度/(°)	主要作物	郁闭度/%	备注
2009 年新修梯田	过风楼镇柳树湾村	水利沟	黄棕壤	5	花生，已收获，仅有少量杂草	5	"丹治"工程
2009 年对比坡耕地	过风楼镇柳树湾村	水利沟	黄棕壤	12	玉米，已收获，仅有少量杂草	5	

续表

剖面名称	采样地点	小流域名称	土壤类型	坡度/(°)	主要作物	郁闭度/%	备注
2008年新修梯田	金丝峡镇白玉河口村	朱利沟	黄棕壤	8	花生，已收获，仅有少量杂草	2	"丹治"工程
2008年对比坡耕地	金丝峡镇白玉河口村	朱利沟	黄棕壤	17	花生，已收获，仅有少量杂草	2	
2007年新修梯田	富水镇沐河村	富水河	黏壤土	2	玉米，未收获	80	"丹治"工程
2007年对比坡耕地	富水镇沐河村	富水河	沙壤土	18	玉米，未收获	80	
1999年新修梯田	城关镇党马店村	索峪河	沙壤土	2	玉米，未收获	60	"长治"工程
1999年对比坡耕地	城关镇党马店村	索峪河	沙壤土	20	玉米，未收获	80	
1996年新修梯田	试马镇八龙村	清泉	黄棕壤	4	玉米，未收获	90	"长治"工程
1996年对比坡耕地	试马镇八龙村	清泉	黄泥土	15	玉米，未收获	70	

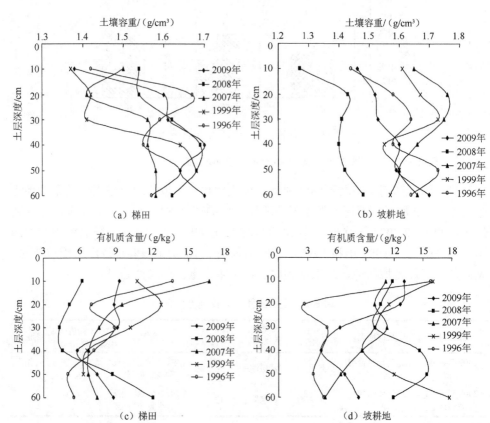

（a）梯田   （b）坡耕地

（c）梯田   （d）坡耕地

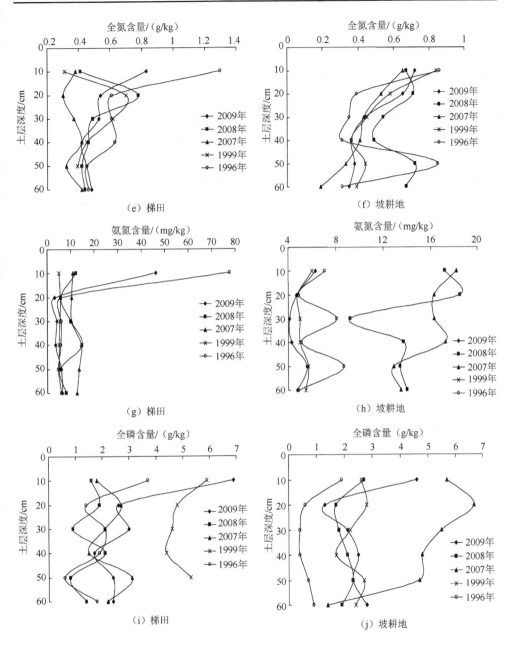

图 6.5　不同治理年限坡改梯土壤的理化性质

在坡改梯的初期（2009 年修筑），从表层到底层，有机质的含量差异较小；全氮、氨氮和全磷除 0～10cm 土层明显较高以外，其他层次差异较小。随着治理时间的延长（2008 年、2007 年和 1999 年），各层次的养分含量呈现波动变化。治理 15 年后（1996 年修筑），梯田从表层到底层，养分呈现降低趋势。而从表层到底层，坡耕地的养分含量一直呈现降低趋势。

不同治理年限坡改梯的土壤养分总量见表 6.3。在治理初期（2009 年），梯田的有机质总量与坡耕地的总量接近，而全氮、氨氮和全磷的总量比坡耕地略高；随着治理时间的延长，3～4 年后（2008～2007 年），梯田的土壤养分总量比坡耕地低；治理 12 年后（1999 年），梯田的全磷总量已高于坡耕地；治理 15 年后（1996年），梯田的有机质、全氮、氨氮和全磷的总量均高于坡耕地。

表 6.3　不同治理年限坡改梯的土壤养分总量　　　　　（单位：t/hm²）

治理年份	土地利用类型	有机质	全氮	氨氮	全磷
2009	梯田	78.63	5.13	0.101	29.42
	坡耕地	79.90	4.49	0.047	24.32
2008	梯田	66.38	4.82	0.091	14.01
	坡耕地	104.20	5.33	0.120	17.42
2007	梯田	83.16	3.39	0.111	20.50
	坡耕地	88.02	4.28	0.160	48.63
1999	梯田	68.53	3.69	0.039	37.51
	坡耕地	122.63	4.97	0.052	23.39
1996	梯田	73.19	6.27	0.155	17.69
	坡耕地	56.09	4.90	0.062	7.66

在坡改梯的初期，由于土层发生扰动而变得疏松，在壤中流的作用下养分被淋溶和流失。随着治理时间的增加，坡改梯的土壤结构逐渐稳定，养分得以固定，养分总量高于坡耕地，显示出其保存养分的作用。

不同治理年限梯田和坡耕地的土壤养分总量的 t 值检验结果见表 6.4，结果显示梯田和坡耕地的各项土壤养分总量均没有达到显著水平。

表 6.4　不同治理年限梯田和坡耕地的土壤养分总量的 t 值检验

养分名称	t	P	显著水平
有机质	1.248	0.280	
全氮	0.271	0.800	t_8（0.05）=2.306,
氨氮	0.418	0.697	t_8（0.01）=3.355
全磷	0.061	0.954	

5. 梯田土壤养分随田埂阶梯级的变化

梯田各土层深度下土壤全氮、全磷随田埂阶梯级变化见图 6.6，从图中可以看出，全氮、全磷含量自上而下略有波动，但总体呈现上升趋势，即梯田全氮和全磷养分含量表现为底部＞中部＞上部，这一规律大致在各个土层都有体现。上部田埂中的养分随径流泥沙沿坡面高处向低处流失和迁移，最终汇集于底部田埂。

而在 0～10cm 土层，中游梯田全氮含量和下游梯田全磷含量表现为底部＜上部 [图 6.7（a）和（d）]，可能与中游和下游两个梯田的自身形状规格特点有关。中游梯田是上部窄底部宽的正梯形，底部田埂较上部汇水面积大，径流量大，氮流失较多，因此中游梯田全氮含量底部低于上部；而下游梯田为上部宽底部窄的倒梯形，底部田埂较上部的泥沙含量少，因此吸附在泥沙上的全磷含量也低，使得底部全磷含量低于上部，也可能是由于表层作为耕作层，受外界或其他因素影响较下层土壤大。

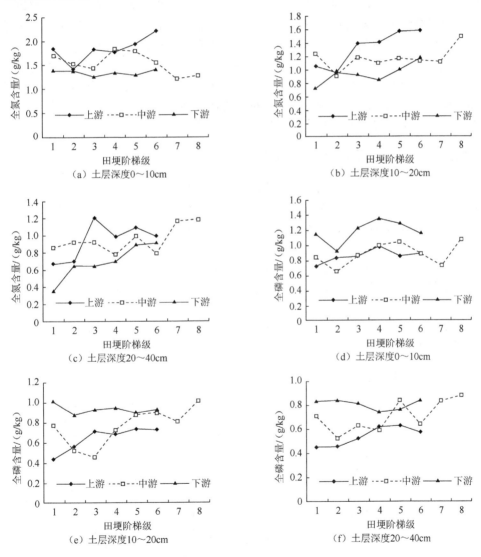

图 6.6 梯田各土层深度下土壤全氮、全磷随田埂阶梯级变化

上游梯田全氮和全磷含量在各土层随田埂阶梯级增加总体呈上升趋势明显，上游梯田修建在坡度较大的坡面，坡度较陡，地坎较高，使得梯田水土流失强度较中下游的梯田严重，养分在各个田埂阶梯上流失和迁移过程强烈。同时，选取位于上游的这块梯田各田埂修建较规整，宽度和长度差别不大，使得每个田埂在流失和拦蓄养分过程中不会造成忽高忽低的含量差异。

中游梯田全氮和全磷养分含量在各土层随田埂阶梯的变化波动较剧烈，这是由于选取的梯田每个阶梯修建的田面长度宽度和地坎高度规格不一，时而长时而宽，田面不够水平，弯曲起伏，造成每个阶梯的水土流失强度不同，并且整块梯田按阶梯分配至多家农户进行种植，每户的施肥习惯略有差别，从而引起中游梯田养分变化较为波动。但梯田底部养分含量仍高于上部，说明梯田修建质量和人为施肥对整个梯田养分含量由上部流失到下部过程略有影响，但作用结果较小。

下游梯田全氮和全磷养分含量在各土层随田埂阶梯级上升趋势较平缓，底部养分略高于上部，这与下游梯田本身每个阶梯规格大小较为统一，并且坡度较缓有关，水土流失强度小，养分流失和迁移得不强烈。

6.1.2　谷坊对非点源污染的调控作用

谷坊是该地区沟道治理中常见的水土保持工程措施，多采用干砌石谷坊和浆砌石谷坊等形式。本小节采取定期同时从谷坊坝体前后采集水样，以及相距一定距离（200～300m）采集水样相结合的方法，分析径流经过谷坊前后的水质变化，以便进一步揭示谷坊对非点源污染的作用。

由谷坊进出水硝氮浓度对比（图 6.7）和谷坊进出水氨氮浓度对比（图 6.8）可以看出，在径流经过谷坊后，水质并没有发生明显的向好趋势。在部分谷坊中，其出水的硝氮、氨氮水平反而高于进水的含量，表明现有条件下的谷坊措施没有有效发挥削减非点源污染的作用，应进一步研究谷坊的结构、设计条件及施工管理环节的内容，提出新的谷坊模式。

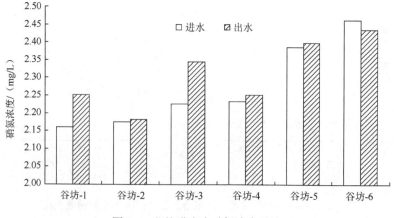

图 6.7　谷坊进出水硝氮浓度对比

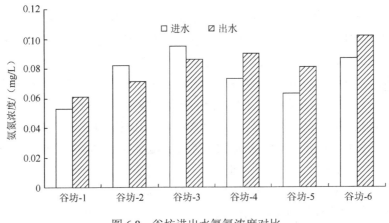

图 6.8　谷坊进出水氨氮浓度对比

6.1.3　水土保持工程措施存在的问题及调整建议

　　水土保持工程措施是指通过坡面治理工程、沟道治理工程的实施，改变地形状态；应用工程原理，为防治水土流失，保护、改良与合理利用山区、丘陵区和风沙区水土资源而修筑的各项设施。水土保持工程措施是小流域综合治理措施体系的组成部分，它与水土保持农业措施及水土保持生物措施同等重要，不能互相代替（高照良等，2012）。

　　梯田是基本的水土保持工程措施，是指在坡地上沿等高线修建的、断面呈阶梯状的田块，一般以梯面为水平，或向内，或向外倾斜而分为水平、内斜、外斜 3 种梯田形式。梯田对于改变地形、减沙、改良土壤、增加生土熟化、改善生产条件和生态环境等都有很大作用（苏正安等，2016）。目前，常见的梯田的田坎一般为土坎，而这些土坎梯田中，许多梯田的梯壁由于未采取必要的水土保持措施，水土流失相当严重，不仅影响了梯田的稳定性，也成了坡地梯田水土流失及非点源污染的主要来源地（蔡强国等，1997）。为了解决这一问题，各地学者纷纷进行研究和验证，总结出各种不同的方法，其中包括在梯壁上种植植物，利用植物根系的固土能力进行护坡的方法（曹世雄等，2005）；利用透水砖修建梯田田坎，通过其较好的透水性和稳定性增强梯田土壤的保水、保肥的性能；利用聚丙烯织物袋修建梯田田坎，聚丙烯织物袋具有抗老化、不降解、无毒、保水保土、耐酸碱、抗紫外线和便于绿化等特点（李光录等，2015），适宜在坡改梯工程中广泛使用，很好地解决了陕南秦巴山区黄褐土梯田垮坎的现象。

　　谷坊是水土流失地区沟道治理的一种主要工程措施，是一种小型的拦沙蓄水工程，一般多建于冲沟和支沟上游。目前，在我国水土保持沟道治理工程中，谷坊得到了广泛的应用，特别是在小流域沟道治理中取得了显著的成果（况文军等，2007），主要作用是防止沟床下切冲刷。因此，在考虑沟段是否应该修建谷坊时首先应当研究该段沟道是否会发生下切冲刷作用。根据所采用建筑材料的不同可将谷坊分为土谷坊、石谷坊、植柳谷坊、木料谷坊、竹笼装石谷坊、混凝土谷坊和钢筋混凝土谷坊等。长期实践证明，土谷坊不够坚固，常被洪水冲毁。若修石谷坊，块石需从外地采运，造价过高，运输困难，很不经济。为解决这一问题，不少学者提出生物谷坊的概念，就是利用生物措施在沟道中横向栽植的生物阻水工程（刘文耀等，1995）。生物谷坊能减缓水流，改善沟底比降，达到减轻冲刷、稳定沟道的目的，具有投资小、效益大、见效快、施工简单方便等优点。除此之外，尼龙编织袋作为建筑材料也可以应用到谷坊中，其具有造价低、用工少、施工简单、坝体牢固、防冲能力强等优点，在治理沟壑和控制冲沟的发展方面具有显著作用。

目前，生态沟渠是国内外在灌区普遍采用的较为简单实用的水污染修复技术。生态拦截型沟渠系统由植物部分和工程部分组成，能减缓水速、促进颗粒物质的沉淀，对污染物氮磷的削减率达 40%以上（杨林章等，2005）。生态沟渠系统能很好地降解、去除排水中的营养成分，控制农田排水径流的氮磷进入河网水体（Moore，2010；Kroger et al.，2008，2007）。生态沟渠能截短坡长，阻截径流，减免径流冲刷，将分散的坡面径流集中起来，输送到蓄水工程里或直接输送到农田、草地或林地。生态沟渠与等高耕作、梯田、涝池、沟头防护及引洪浇地等措施相配合，对保护其下部的农田，防止沟头前进，防治滑坡，维护村庄及其公路、铁路的安全有重要作用（朱固军，2010）。生态沟渠和传统渠对总氮、总磷、COD 的平均浓度削减率分别为 48.3%、60.6%、58.0%和30.1%、23.8%、18.4%、因其污水净化效果显著且不另占用土地而得到广泛推广应用（殷小锋等，2008）。但在生态沟渠建设中也遇到了各种各样的问题，其中最为突出的就是生态沟道"渠道化"问题，主要表现在平面布置上的河流形态直线化、河道横断面的几何规则化、河床材料的硬质化等方面。"渠道化"不仅降低了生态沟在防治非点源污染方面的作用，还大大破坏了生态沟的生态效益。近年来，各地在进行河流整治工程中，已经采取了一些新技术和新材料加强河流的生态建设（孙东亚等，2005），如生态型护坡技术、堤防绿化措施等，但是这些技术经验都比较零散，缺乏系统的总结。同时，这些局部建议都属于试验性质，还没有进行大规模的应用，各地方政府及有关部门对其重视程度不同，因此应加强对沟道"渠道化"治理的宣传及投资工作，从而进一步加大生态沟的防治作用。

6.2　水土保持农业措施对非点源污染的作用

6.2.1　水土保持农业措施控制非点源污染的作用

1. 径流小区的基本情况

商南县鹦鹉沟小流域水土流失非点源污染监测径流场位于商南县东南2km处的城关镇五里铺村,是商南县二期"长治"工程东北山流域的一条支沟,地处流域下游,土地总面积为 2.04km^2。流域大部分面积为低山丘陵地貌,河谷开阔,最高海拔 824m,最低海拔 464m。该流域处于北亚热带和暖温带过渡区,具有气候温和、日照充足、雨量充沛、四季分明的特点。降水年内分配不均,主要集中在 7~9 月,占年降水量的50%左右,且多以暴雨形式出现,年径流深 261.3mm,径流总量为 53.4 万 m^3。流域内以黄棕壤、风化沙壤土为主,有机质、微量元素较为缺乏。

根据鹦鹉沟小流域坡地地形、面积和监测要求,建设不同坡度和坡长的径流小区 28 个,其中,砖砌小区 17 个,两个 10m×4m 乔木林小区,3 个 10m×2m 和 3 个 5m×2m 草地径流小区,1 个 20m×5m 杏子林小区,并根据地形建设了两个梯田小区。

2. 水土保持农业措施控制非点源污染进展

我国山区、丘陵区面积约占国土面积的 70%以上,山区及丘陵区农业生产存在的主要问题是水土流失。在坡耕地上,土壤遭受侵蚀的原因虽然很多,但侵蚀主要是由径流引起的。为了防止径流产生,在地面坡度较大的情况下,兴修梯田是很有效的水土保持工程措施;但在坡度较缓的坡耕地上,如果能及时、正确地采用水土保持耕作法,同样可以增加降水入渗、制止径流产生、减少土壤冲蚀,收到保水、保土、保肥和稳产增产的效果,而且要比兴修梯田简单易行,且投入较少(刘昌红,2009)。

辛树帜等(1982)在《中国水土保持概论》中首先将水土保持农业技术措施概括为"耕作措施"。耕作措施是以保土、保肥、保水为主要目的的提高农业生产的耕作方法,辛树帜等(1982)在此基础上将其分为改变小地形的水土保持耕作措施、增加地面覆被和改良土壤的耕作措施两大类。第一大类又进一步细划为改顺坡耕作为横坡耕作、沟垄种植、区田、甽田和水平犁沟 5 个二级类;第二大类进一步划分为间作套种、草田轮作、草田带状间作和宽行密植等。实践证明,水土保持耕作法是迅速减少坡耕地土壤侵蚀、有效利用自然资源、提高坡耕地生产力、实现大面积治理的经济有效的措施。在现有生产条件下，天然降水是否充分地被土壤所蓄纳并有效地利用于农业生产，是农业生产成功与否的关键。简而言之，水土保持耕作措施的中心任务就是蓄水保土，提高天然降水的生产效率，给作物生产创造一个良好的土壤环境。

　　不同农田耕作方式对土壤侵蚀和地表径流有重要作用，同时明显地影响土壤氮磷流失。与轮作及混作模式相比，传统的农作模式养分流失量最大（杨红薇等，2008）。由于免耕法撒播到土壤表面的磷肥不能立即与土壤混合，因此地表径流中磷肥的流失量较大。袁东海等（2002）等研究了 6 种不同农作方式土壤氮素的流失特征发现，以顺坡农作方式作为对照，其他农作方式均具有明显控制土壤氮素流失的作用，等高耕种、等高土埂、休闲等农作方式控制土壤氮素流失优于水平沟和水平草带的农作方式。Wagger 等（1995）认为，免耕和少耕农田产生了相对较少的地表径流，氮磷等养分的地表流失量也较少，短期试验（≤10 年）表明，降低耕作强度和增加农作物多样性可以有效地提高氮储量。Drury 等（1993）的研究表明，采用传统耕作法的田块中硝氮淋溶量较少耕法或免耕法大，而地表径流中的氮素含量则是少耕法或免耕法田块高于传统耕作法田块，说明免耕、少耕和作物残茬覆盖等水土保持耕作法不能减少土壤中溶解态养分的流失。Fu 等（2004）的研究认为，在黄土高原北部长期种植紫苜蓿和自然休耕可以增加土壤全氮含量，主要是其在减少了土壤侵蚀的同时减少了土壤全氮流失，翻耕农田地表径流量是免耕农田的 1.85 倍。在等高耕作的流域，地表径流中硝氮和氨氮的浓度有时超过水质标准。与传统耕作相比，水平沟每年可减少 6.57kg/km^2 矿质氮素流失。免耕比其他耕作方式能更有效地降低硝氮淋溶（Tan et al.，2002；Tapia-Vargas et al.，1999）。在不同耕作方式与秸秆覆盖措施的对比方面，林超文等（2010）对四川紫色丘陵区坡耕地不同耕作和覆盖方式对玉米生育期中的坡面水土流失及养分流失影响的研究表明，与顺坡垄作相比，无论是秸秆还是地膜覆盖，横坡垄作均能减少地表径流、地下径流、土壤侵蚀量及氮、磷、钾总流失量；紫色丘陵区坡耕地最适宜的种植方式为平作+秸秆覆盖。

6.2.2　不同种植类型下养分流失量分析

　　本小节在农耕地径流小区选择了两种不同的种植类型，分别为普通结构及套种结构。分别选取两种不同种植类型的径流小区进行模拟降雨试验（降雨强度设计分别为 1.0mm/min、1.5mm/min、2.0mm/min）。在降雨过程中按照收集地表径流和泥沙样，送回实验室进行养分分析，不同种植类型下径流及泥沙携带养分流失量见表 6.5。

表 6.5　不同种植类型下径流及泥沙携带养分流失量　（单位：g）

坡耕地 种植类型	径流		泥沙	
	氮素流失量	磷素流失量	氮素流失量	磷素流失量
传统结构	415.34	3.18	0.38	0.47
套种结构	299.10	1.85	0.41	0.48

套种模式可以有效地削减氮素及磷素流失，其中，对于径流中的氮素及磷素削减率分别为28%及42%，对于泥沙中的氮素及磷素的削减作用不明显。说明套种模式可以更有效地拦截径流所携带的养分。

计算不同种植类型下径流及泥沙携带的养分流失总量，结果见表6.6。

表 6.6　不同种植类型下径流及泥沙携带的养分流失总量

坡耕地 种植类型	养分流失总量			
	氮素流失量 /g	氮素单位面积流失量 /（kg/hm²）	磷素流失量 /g	磷素单位面积流失量 /（kg/hm²）
传统结构	415.75	207.88	3.66	1.83
套种结构	299.48	149.74	2.32	1.16

套种模式可以有效地削减养分流失，其中，氮素及磷素削减率分别为28%及37%。说明套种模式可以有效地削减养分流失。同时，计算氮素及磷素单位面积上的流失量可以得出，传统种植结构下氮素的单位面积流失量为207.88kg/hm²，套种模式下削减到72%；磷素的单位面积流失量为1.83kg/hm²，套种模式下削减到63%。

6.2.3　不同种植覆盖度下养分流失量分析

不同种植覆盖度下径流小区地表径流养分流失总量见表6.7，对比不同种植覆盖度下的径流小区，随着种植覆盖度从50%增加到90%，养分的流失量也大幅度减小，氮素及磷素的削减率分别为92%及88%。从流失总量上来看，氮素相差数十倍，而磷素相差不大，进一步说明氮素主要随着径流流失。

表 6.7　不同种植覆盖度下径流小区地表径流养分流失总量

种植类型	覆盖度	养分流失总量/g			
		总氮	氮素	总磷	磷素
S17-1（玉米）	50%	232.82	415.34	2.35	3.18
S06（花生）	90%	20.66	33.06	0.24	0.38

模拟降雨条件下农耕地径流小区泥沙养分流失总量见表6.8，说明泥沙携带养分的流失量变化趋势与地表径流相一致，对比农耕地径流小区泥沙氮素、磷素的

流失总量可以得知，随着覆盖度从 50%增加到 90%，养分的流失量大幅度减小，氮素及磷素的削减率分别为 73%及 77%，相对来说，覆盖度对磷素流失的削减作用更为明显。

表 6.8　模拟降雨条件下农耕地径流小区泥沙养分流失总量

种植类型	覆盖度	养分流失总量/g			
		总氮	氮素	总磷	磷素
S17-1（玉米）	50%	18.10	0.38	0.39	0.47
S06（花生）	90%	1.17	0.10	0.11	0.11

6.2.4　农业措施对氮、磷输出的作用机制

坡面径流是导致表层土壤发生位移和搬运的主要动力，因此控制水土流失的关键为控制坡面径流，如果能够合理地调配坡面径流，就能控制水土流失或将水土流失减小到最低限度。选取减水效益（runoff reduction benefit，RRB，%）、减沙效益（sediment reduction benefit，SRB，%）、减少径流中总氮的效益（total nitrogen reduction benefit，TNRB，%）、减少径流中硝氮的效益（nitrate nitrogen reduction benefit，NNRB，%）、减少径流中氨氮的效益（ammonium nitrogen reduction benefit，ANRB，%）、减少径流中总磷的效益（total phosphorus reduction benefit，TPRB，%）、减少径流中溶解态磷的效益（available phosphorus reduction benefit，APRB，%）说明不同植被条件与耕作措施下径流、产沙对氮、磷流失的作用（Sun et al.，2016；Zhao et al.，2014）。各项指标的公式如下

$$RRB = \frac{R_b - R_v}{R_v} \times 100\% \tag{6.1}$$

$$SRB = \frac{S_b - S_v}{S_b} \times 100\% \tag{6.2}$$

$$TNRB = \frac{TN_b - TN_v}{TN_b} \times 100\% \tag{6.3}$$

$$NNRB = \frac{NN_b - NN_v}{NN_b} \times 100\% \tag{6.4}$$

$$ANRB = \frac{AN_b - AN_v}{AN_b} \times 100\% \tag{6.5}$$

$$TPRB = \frac{TP_b - TP_v}{TP_b} \times 100\% \tag{6.6}$$

$$APRB = \frac{AP_b - AP_v}{AP_b} \times 100\% \tag{6.7}$$

式中，R_b 为裸地的径流量，L；R_v 为有植被覆盖或耕作措施的径流量，L；S_b 为裸地的产沙量，g；S_v 为有植被覆盖或耕作措施的产沙量，g；TN_b 为裸地的总氮负荷量；TN_v 为有植被覆盖或耕作措施的总氮负荷；NN_b 为裸地的硝氮总负荷量；NN_v 为有植被覆盖或耕作措施的硝氮总负荷量；AN_b 为裸地的氨氮总负荷量；AN_v 为有植被覆盖或耕作措施的氨氮总负荷量；TP_b 为裸地的总磷总负荷量；TP_v 为有植被覆盖或耕作措施的总磷总负荷量；AP_b 为裸地的溶解态磷总负荷量；AP_v 为有植被覆盖或耕作措施的溶解态磷总负荷量。同理，将硝氮、氨氮、总磷、溶解态磷对应的量代入，可计算其减氮量和减磷量。

表 6.9 为不同植被条件及秸秆覆盖下减水、减沙、氮磷削减率计算成果。从表中可以看出，与裸地相比，玉米和花生套种（TCP）减水率、减沙率及氮、磷的削减率最高，均达到 92%以上。花生单作（PL）的减水、减沙及氮、磷的削减率次之。玉米单作（CL）的减水、减沙以及氮、磷消减率最低。玉米和大豆套种模式（TCS），其减水效益为 49.6%，但减沙效益为 73.8%，说明其减沙效益比减水效益明显，氮和磷的削减率也在 78.0%～93.7%。坡上裸地+坡下花生（BP）格局下的减水、减沙效益分别为 72.4%和 93.8%，减沙效果也比减水效果好，说明植被对于坡面上部为裸地的减沙效果较为明显，其削减氮、磷的效果也较好，均在 65%以上。秸秆覆盖（SC）条件下的减水效益为 25%，说明其减水效益并不明显，但是其减沙效益可达 90.7%，说明高覆盖度的秸秆明显减少了泥沙产生。裸地顺坡（BS）条件下的减水效益为 60.8%，减沙效益为 12.6%，氮、磷削减率为 36%～56%。为了区别减水、减沙及氮、磷削减作用，计算了减水减沙效益（runoff sediment reduction benefit，RSRB，%）。另外，对所有的减水、减沙及氮、磷削减的百分率取平均值得到具体的植被覆盖或耕作措施的减水、减沙及氮、磷削减效益。

表6.9　不同植被条件及秸秆覆盖下减水、减沙、氮磷削减率计算成果

（单位：%）

各处理的效益	TCP	PL	TCS	BP	BS	SC	CL
RRB	93.9	88.0	49.6	72.4	60.8	25.0	6.9
SRB	99.6	98.0	73.8	93.8	12.6	90.7	16.8
TNRB	93.9	86.2	83.3	67.8	56.9	23.4	10.3
NNRB	92.7	83.5	78.0	65.9	47.1	13.7	−30.0
ANRB	96.8	94.9	85.8	85.0	37.8	12.3	−136.0
TPRB	96.6	86.5	85.6	67.5	45.2	58.8	54.3
APRB	93.7	87.5	93.7	68.9	43.0	70.7	79.3
RSRB	96.8	93.0	61.7	83.1	36.7	57.9	11.9
平均值	95.3	89.2	78.5	74.5	43.3	42.1	0.2

植被在坡面的空间位置不同对坡面保持水土效益是不同的。在坡面尺度的治

理单元内，采取各项坡面径流的调配措施可以形成一个比较紧密的综合防御体系（唐佐芯等，2012）。综合以上分析结果可知，与裸地相比，植被覆盖和耕作措施对于径流、泥沙及伴随的氮磷流失具有不同的调控效果。植被覆盖能够有效地减少径流产生和地表径流携带的氮、磷等污染物。这与游珍等（2006）通过野外人工模拟降雨试验比较了相同面积条件下植被分别分布在坡面上部、中部和下部时坡面降雨产沙量的差异的结果相一致，对于保土作用，坡下植被＞坡中植被＞坡上植被，且这种差异在降雨强度较小条件下更加显著。在不影响有限的坡耕地条件下，作物套种模式是土石山区水土流失和非点源污染防治的最重要的坡面措施之一，对坡耕地作物的种类及坡面格局进行合理布局可以有效地减少氮、磷等养分流失，从源头净化径流的水质；秸秆覆盖能够有效地减少坡面产沙量，同时能够调节地表径流，可作为土石山区作物收获以后减少侵蚀产沙及氮、磷流失量的主要措施。

参 考 文 献

蔡强国, 张光远, 吴淑安, 等, 1997. 长江三峡库区梯田稳定性分析与对策——以鄂西秭归县为例[J]. 地理研究, 16(1): 45-52.

曹世雄, 陈莉, 高旺盛, 2005. 黄土丘陵区软埝梯田复式配置技术[J]. 应用生态学报, 16(8): 1443-1449.

高照良, 田红卫, 王冬, 等, 2012. 水土保持工程措施生态服务功能的物质量化分析[J]. 生态环境, 11: 149-153.

况文军, 孟天友, 杨秀才, 2007. 拦沙坝、谷坊在赫章县水土保持防护体系中的作用[J]. 中国水土保持, 8: 44-45.

李光录, 刘利年, 张腾, 等, 2015. PP织物袋梯田效益研究[J]. 中国水土保持, 8:70-73.

李堃, 司马小峰, 丁仕奇, 等, 2012. 控释肥对农田氮磷流失的影响研究[J]. 安徽农业科学, 40(25): 12466-12470.

林超文, 罗春燕, 庞良玉, 等, 2010. 不同耕作和覆盖方式对紫色丘陵区坡耕地水土及养分流失的影响[J]. 生态学报, 22:6091-6101.

刘昌红, 2009. 水土保持耕作措施在小流域综合治理中的作用[J]. 中国水土保持, 9:29-30, 38.

刘文耀, 刘伦辉, 邱学忠, 等, 1995. 云南南涧干热退化山地水分调蓄与植被恢复途径的试验研究[J]. 自然资源学报, 10(1): 35-42.

苏正安, 李艳, 熊东红, 等, 2016. 龙门山地震带坡耕地土壤侵蚀对有机碳迁移的影响[J]. 农业工程学报, 32(3): 118-124.

孙东亚, 赵进勇, 董哲仁, 2005. 流域尺度的河流生态修复[J]. 水利水电技术, 36(5): 11-14.

唐佐芯, 王克勤, 2012. 草带措施对坡耕地产流产沙和氮磷迁移的控制作用[J]. 水土保持学报, 26(4): 17-22.

吴电明, 夏立忠, 俞元春, 等, 2009. 坡耕地氮磷流失及其控制技术研究进展[J].土壤, 41(6):857-861.

辛树帜, 蒋德麒, 1982. 中国水土保持概论[M]. 北京: 农业出版社.

杨红薇, 张建强, 唐家良, 等, 2008. 紫色土坡地不同种植模式下水土和养分流失动态特征[J]. 中国生态农业学报, 16(3):615-619.

杨林章, 周小平, 王建国, 等, 2005. 用于农田非点源污染控制的生态拦截型沟渠系统及其效果[J]. 生态学杂志, 24(11): 1371-1374.

殷小锋, 胡正义, 周立祥, 等, 2008. 滇池北岸城郊农田生态沟渠构建及净化效果研究[J]. 安徽农业科学, 36(22): 9676-9769. 9689.

游珍, 李占斌, 蒋庆丰, 2006. 植被在坡面的不同位置对降雨产沙量影响[J]. 水土保持通报, 26(6):28-31.

袁东海, 王兆骞, 陈欣, 等, 2002. 不同农作方式红壤坡耕地土壤氮素流失特征[J]. 应用生态学报, 13(7): 863-866.

朱固军, 2010. 对原州区水土保持工程类型的分析[J]. 科学与财富, 11: 236.

朱清科, 1996. 黄土高原梯田坎边附近土壤库水养分特征及影响因素分析[J]. 西北林学院学报, 4:35-39.

DRURY C F, FINDLAY W I, GAYNOR J D, et al., 1993. Influence of tillage on nitrate loss in surface runoff and tile drainage[J]. Soil Science Society of America Journal, 57(3): 797-802.

FU B J, MENG Q H, QIU Y, et al., 2004. Effects of land use on soil erosion and nitrogen loss in the hilly area of the Loess Plateau, China[J]. Land Degradation & Development, 15(1):87-96.

KROGER R, HOLLAND M M, 2007. Hydrological variability and agricultural drainage ditch inorganic nitrogen reduction capacity[J]. Journal of Environmental Quality, 36:1646-1652.

KROGER R, HOLLAND M M, 2008. Agricultural drainage ditches mitigate phosphorus loads as a function of hydrological variability[J]. Journal of Environmental Quality, 37:107-110.

MOORE M T, 2010. Nutrient mitigation capacity in Mississippi Delta, USA drainage ditches[J]. Environmental Pollution, 158: 175-184.

MYERS J L, WAGGER M G, LEIDY R B, 1995. Chemical movement in relation to tillage system and simulated rainfall intensity[J]. Journal of Environmental Quality, 24(6): 1183-1192.

SUN J, YU X, LI H, et al., 2016. Simulated erosion using soils from vegetated slopes in the Jiufeng Mountains, China[J]. Catena, 136:128-134.

TAN C S, DRURY C F, GAYNOR J D, et al., 2002. Effect of tillage and water table control on evapotranspiration, surface runoff, tile drainage and soil water content under maize on a clay loam soil[J]. Agricultural Water Management, 54(3):173-188.

TAPIAVARGAS M, TISCARENOLOPEZ M, STONE J J, et al., 2001. Tillage system effects on runoff and sediment yield in hillslope agriculture[J]. Field Crops Research, 69(2): 173-182.

ZHAO X N, HUANG J, GAO X D, et al., 2014. Runoff features of pasture and crop slopes at different rainfall intensities, antecedent moisture contents and gradients on the Chinese Loess Plateau: A solution of rainfall simulation experiments[J]. Catena, 119(1): 90-96.

第7章　植被覆盖及其格局对水土养分流失的调控机理

7.1　试验材料及方法

7.1.1　试验材料

模拟降雨试验在西安理工大学西北旱区生态水利国家重点实验室雨洪侵蚀大厅内进行。

1. 模拟降雨装置

模拟降雨装置采用西安理工大学水资源研究所设计研制的变压力针管式降雨器。该降雨器由针管式降雨器、恒压供水箱、供水管路和控制阀等部分组成；水箱位于四楼，一直充满水以保证稳定的水压；水表用于控制流量；控制阀用于稳定水流，使水流均匀，其试验装置结构示意图如图7.1所示。

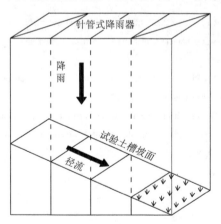

图7.1　试验装置结构示意图

利用模拟降雨装置，可以对降雨进行有效控制，模拟不同类型、各种强度的降雨，研究降雨的各种特性（如降雨总量、降雨强度、雨滴大小、雨滴落速及降雨动能等）；通过不同的试验小区，可以模拟不同的下垫面边界条件（如坡度、坡长、植被、盖度和格局等）和径流侵蚀过程。

降雨器由有机玻璃制成，底板尺寸为26cm×102cm，底板上装有333个6.5#

医用不锈钢注射针头，针距为 2.6cm，并按棋盘形布置。针头插在橡皮瓶塞上，再将此橡皮瓶塞嵌入底板预留孔内，其主要作用是当针头堵塞或损坏时便于更换；另外是为了便于降雨器应用于不同断面尺寸的土槽。在此范围以外的底板预留孔均换上不带针头的橡皮瓶塞，这样可以保证在规定的范围内由针头形成均匀降雨。与其他类型的降雨器（如侧喷式、对喷式等类型降雨器）相比，其具有下列优点：第一，降雨雨强容易控制，定高度恒压供水箱使箱内水压在降雨过程中保持稳定；第二，降雨均匀性能好；第三，野外使用方便，适应性强。

降水范围的水平投影面积为 1m×4m，降雨器距离土槽面的高度为 13m。该降雨器的雨强容易控制，降雨过程中水压恒定，且降雨均匀性好，使用方便。针管式降雨器由有机玻璃制成，结构示意图如图 7.2 所示。

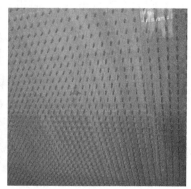

（a）模拟降雨器照片

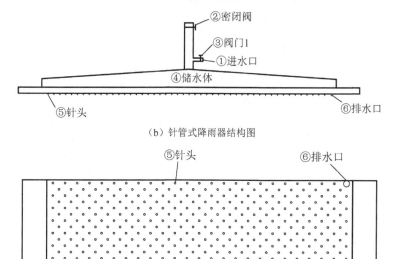

（b）针管式降雨器结构图

（c）针头布设示意图

图 7.2　针管式降雨器结构示意图

2. 试验用土

模拟降雨试验用土采自西安郊区的黄土，土壤质地为轻壤土，试验土壤颗粒组成见表 7.1。试验前将土壤风干，除去植物根系和块石等杂物后过筛（ϕ2mm）。

表 7.1　试验土壤颗粒组成

粒径/mm	< 0.001	0.001~0.002	0.002~0.005	0.005~0.01	0.01~0.02	0.02~0.05	0.05~0.1	0.1~0.2	0.2~0.25	0.25~0.5	0.5~2
比例/%	5.27	7.00	13.19	15.06	22.34	29.84	5.01	0.49	0.13	0.20	1.48

3. 试验用肥

试验用氮肥为有效成分为 12%的碳酸氢铵，磷肥为有效成分为 18%的磷酸二氢钾。试验前分别取氮肥、磷肥 300g，与试验用土混合均匀，作为肥料土备用。

4. 试验草带

试验草带取自西安市东郊的一个长势良好的草坡上。根据植被覆盖率的不同，选用草带在坡面各部位布设不同面积，并夯实周围土层与草带的衔接处，使之形成整体。

5. 试验坡面

模拟降雨坡面采用 4.0m×1.0m 变坡式试验土槽，坡度变化范围为 0°～30°，降雨试验土槽如图 7.3 所示。试验采用 21°和 28°两种坡度。

　　　　（a）裸土坡面　　　　　　　　　（b）试验现场图

图 7.3　降雨试验土槽

土槽内分层装土夯实，控制土壤容重为 1.3g/cm^3。将备用肥料土铺设在 0～10cm 的坡面表层。土槽填装完毕后，在其表面铺上纱布均匀洒水，使其充分渗透，土壤表层含水量接近饱和，24h 后开始降雨试验。

7.1.2　试验设计

1. 模拟降雨试验

模拟降雨试验率定雨强为 2mm/min。降雨试验前，在变坡式土槽上方，均匀放置 3 个雨量器，秒表计时降雨 5min，根据 3 个雨量器中的雨量取平均值，判断与 2mm/min 的关系，调节针式降雨器的入流量，以保证降雨雨强为 2mm/min，之后将针式降雨器移动至试验坡面上方，降雨试验开始。次模拟降雨时间设定为 60min，从坡面出口可以收集到径流开始计时，同时在出口处开始收集坡面的径流泥沙流失量，每隔 2min 更换一次采样桶。利用构建的水深和采样桶的体积关系，量取水深后，即可得流失的径流量；流失泥沙量利用液体容量瓶称重测定。并从采样桶中取水沙混合样品置于锥形瓶中，过滤，取其清液作为径流样品，分析其氮、磷含量；将采样桶中的泥沙样品静置过夜后，倒掉上层清液，取沉淀的泥沙风干后，分析泥沙中的氮、磷含量。

2. 植被及其格局设计

坡面植被的铺设用 15cm 厚的草皮植入坡面的方法布设坡面的植被空间格局。在植被与坡面土壤的衔接处填充土壤，以保证坡面的连续性，并且在土壤与植被衔接处水流顺直，不发生非正常下渗。植被格局的布设主要利用 1m×1m 的草皮进行布设，分别以 1m、2m 和 3m 宽的草被过滤带在坡面的不同位置进行布置，得到草被带的不同空间组合。草被过滤带布设格局如图 7.4 所示。

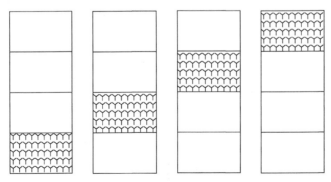

（a）1m 草被过滤带

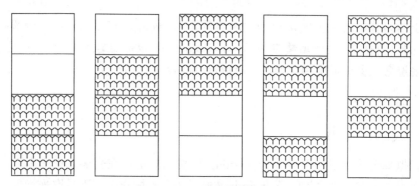

（b）2m 草被过滤带

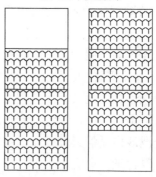

（c）3m 草被过滤带

图 7.4　草被过滤带布设格局

3. 试验设计及测定方法

模拟降雨试验统计表见表 7.2。

表 7.2　模拟降雨试验统计表

试验编号	坡度/（°）	降雨历时/min	植被空间格局	植被覆盖宽度/m	试验编号	坡度/（°）	降雨历时/min	植被空间格局	植被覆盖宽度/m
1	28	60	0	0	13	21	60	4	1
2	21	60	0	0	14	28	60	4	1
3	28	60	1	1	15	28	60	3+4	2
4	21	60	1	1	16	21	60	3+4	2
5	21	60	1+2	2	17	21	60	2+3+4	3
6	28	60	1+2	2	18	28	60	2+3+4	3
7	28	60	1+2+3	3	19	28	60	2+4	2
8	21	60	1+2+3	3	20	21	60	2+4	2
9	21	60	2+3	2	21	21	60	2	1
10	28	60	2+3	2	22	28	60	2	1
11	28	60	3	1	23	28	60	1+3	2
12	21	60	3	1	24	21	60	1+3	2

注：空间位置以最下端为 1，最上端为 4，无覆盖为 0。

1）径流样品测定

通过室内分析试验，测定径流中的总磷、总氮、氨氮和硝氮的含量。其中，总磷采用《水质总磷的测定 钼酸铵分光光度法》（GB/T 11893—1989），总氮利用总有机碳（total organic carbon，TOC）分析仪进行测定，氨氮和硝氮含量采用瑞典造 FI515 流动注射分析仪测定。

2）泥沙样品测定

测定流失泥沙样品速效磷、全氮、氨氮和硝氮的含量。其中，全磷采用 $HClO_4$-H_2SO_4 法测定，速效磷采用 0.5mol/L $NaHCO_3$ 法进行测定，全氮采用开氏法测定，对泥沙样制备 KCl 浸提液，采用瑞典造 FI515 流动注射分析仪测定氨氮和硝氮。

7.2　不同坡面条件下水土流失过程试验研究

降雨及径流引起侵蚀产沙，是全球性严重的环境问题之一，在我国黄土区表现尤为突出。我国黄土地区是全球黄土分布面积和厚度最大的区域，该区域地表植被覆盖差，土壤抗侵蚀能力弱，地形破碎复杂，同时降雨多以暴雨形式出现，对地表的打击作用大，加重了坡面侵蚀的发生。人类活动造成的植被破坏是影响流域侵蚀产沙的主要原因（焦菊英等，2001）。长期以来，坡面侵蚀关系及其机理的研究一直是黄土高原土壤侵蚀研究中棘手，且又亟待解决的问题。在黄土高原坡面侵蚀研究逐步深入的过程中，人们逐渐认识到坡面植被措施在防治坡面侵蚀的发生方面起着重要作用；除了降雨之外，径流作为侵蚀发生的动力，植被措施对于涵蓄径流的作用也经过了大量的研究。因此，在进行植被对坡面水土流失影响的研究中，开展坡面草被不同覆盖率下径流、泥沙流失过程的定性、定量分析，对于深入认识坡面草被措施对径流、产沙的作用，建立反映地表覆盖因子作用的土壤侵蚀预报模型有重要的科学意义，对进一步明确小流域治理的重点和关键，合理配置水土保持措施，加快区域生态环境整治以及减少入黄泥沙有重要的现实意义。

植被因子是影响土壤侵蚀的敏感性因子，具有从根本上治理水土流失的作用。植被覆盖可以有效降低雨滴能量，增加土壤入渗，减少径流量与泥沙量（潘成忠等，2005）。刘元宝等（1990）利用模拟降雨试验对坡耕地在沙打旺、撂荒地和麦草 3 种植被条件下的水土流失情况进行了研究，并与裸露耕地进行了比较，结果表明地面植被可以大大减少径流量和侵蚀量。由于植被覆盖率与径流量、土壤流失量之间具有强相关性，我国长期以来主要以植被覆盖度评价研究植被的水土保持功能（刘斌等，2008；王光谦等，2006；徐宪立等，2006；Zhang et al.，2003；

韦红波等，2002）。但是不同学者研究对象和区域的不同使得研究结果有一定的局限性，造成了目前学术界对植被覆盖度与径流量、土壤流失量之间的定量关系尚未形成统一的认识（孙昕等，2009；刘启慎等，1994；吴钦孝等，1992）。降雨条件下，土粒的输运由雨滴和水流共同进行，雨滴本身的输运能力主要取决于其顺坡方向的速度，这种流动被称为降雨-水流输移或降雨诱发的水流输移，当坡面没有细沟发生时，这种运输方式占主导地位，整个坡面被成层地侵蚀掉了。植被加入后，对降雨雨滴动能和坡面流能量都造成影响，而坡面土粒的输运正是在雨滴和水流的共同作用下进行的。因此，覆盖了植被措施后，坡面产流产沙过程有其自身的特点，有必要对其进行深入研究。本章通过模拟降雨试验，研究植被不同覆盖率及其格局对坡面侵蚀、产沙和输移过程的影响，阐明植被配置对坡面系统侵蚀、剥离、输沙过程的作用机制。

7.2.1　模拟降雨条件下裸坡坡面水土流失过程

研究植被对黄土坡面水土流失过程的调控作用，从裸露坡面出发，分析在无植被条件下流失径流与泥沙的变化过程，不同坡度下流失量的差异，为说明植被对水土流失的作用奠定基础。

1. 28°坡面径流产沙特征

模拟降雨条件下，由28°坡面径流产沙过程可以看出，随着降雨历时的增加，径流、泥沙流失量表现出一致的变化趋势，径流流失量在12L上下波动，泥沙流失量从初始的20g增加到90g，变化范围较大（图7.5）。

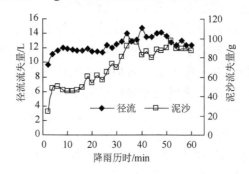

图7.5　28°坡面径流产沙过程

2. 21°坡面径流产沙特征

模拟降雨条件下，从21°坡面径流、泥沙流失过程可以看出，随着降雨历时的增加，径流流失量变化过程较为平稳，波动小；相比之下，泥沙流失过程表现出明显的波动态势，波动范围在40～80g（图7.6）。

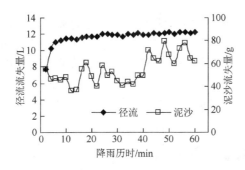

图 7.6　21°坡面径流产沙过程

对比 28°和 21°两种坡度条件下的径流产沙过程，28°坡面两者的变化趋势一致，21°坡面径流过程平稳，其泥沙流失过程波动较大，且波动的态势贯穿了整个降雨过程。分析其原因，可能是在降雨开始形成径流后，较缓坡面表层形成薄层水流，流态连续性好，陡坡坡面在滚波流的作用下不断发生交替，造成径流过程波动。泥沙在雨滴击溅、径流冲刷的作用下，其流失过程取决于表层土壤的剥离程度，并能够随径流流失。计算单位径流流失量中的泥沙含量得到，28°坡面为 5.62g/L，21°坡面为 4.69g/L，说明径流流失量大，其对表层土壤的侵蚀量也大。随着降雨历时的变化，单位径流中的泥沙含量也是波动的变化过程，说明在降雨击溅表层土壤、坡面流侵蚀表层土壤的过程中，泥沙在不停地被扬起、下沉，悬移质与推移质之间转换，造成泥沙流失过程的波动变化。

7.2.2　模拟降雨条件下草被覆盖坡面水土流失过程

林草措施作为水土保持措施中的生物措施，对防治坡面的水土流失起着积极的作用。植被的覆盖面积大，生存时间长，可以在较大范围内长期发挥作用，所以改善植被状况是水土流失治理的根本措施（孟庆华，2002）。从野外试验的观测发现，人工草地发挥着重要的蓄水保土作用。与农坡地相比，人工草地径流量减少了 55%～75%，侵蚀量减少了 91%～98%，草地减小坡面侵蚀的作用很明显；并且草被的适应性强，一般能较为迅速地覆盖坡面，尽快起到水土保持的作用（赵护兵等，2008；刘斌等，2008）。因此，采用野外整块草皮布置于坡面，以构建草被覆盖条件下的坡面，研究不同覆盖率及其空间格局下坡面的水土流失过程，以探寻调控坡面水土流失的有效草被配置方式。

1. 1m 草被覆盖下各格局径流产沙特征

28°坡面 1m 草被覆盖格局径流产沙特征如图 7.7 所示。在草被覆盖条件下，从 28°坡面径流流失过程来看，径流流失量和泥沙流失量是一个逐步上升的过程。当草被布置在坡面下部时，初始径流量为 0.96L，随着草被位置上移，初始径流量也逐渐增大为 3.58L、4.97L 和 5.86L，说明在采取草被覆盖措施之后，初始径流量随着草被覆盖格局在坡面位置的上移而增大。随着降雨历时的延长，径流流失量逐渐稳定，从坡面下部到坡面上部，径流流失量分别稳定在 9.52L、8.99L、10.39L 和 11.15L，可以看出坡面下部草被覆盖格局比坡面上部削减径流的作用强。从流失的径流总量也可以看出，位于坡面下部的草被覆盖格局调蓄坡面径流的效果最好，分别是草被位于坡面中下部、坡面中上部、坡面上部流失径流总量的 95%、84% 和 78%。

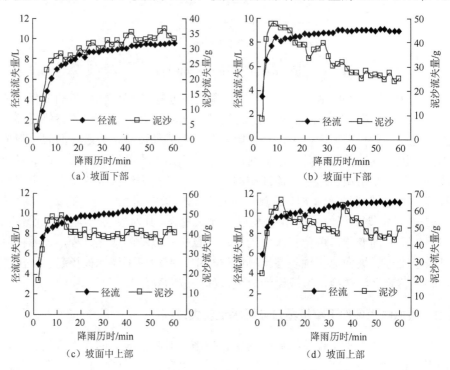

图 7.7　28°坡面 1m 草被覆盖格局径流产沙特征

从泥沙流失过程出发，当草被位于坡面下部时，泥沙流失过程和径流过程是一致的，随着降雨历时的延长，泥沙流失量增加，并且在逐渐增大的过程中，表现出微小的波动。当草被位于坡面中下部、中上部和上部时，随着降雨历时增加，泥沙流失量却表现出先增大后减小的趋势，并且都在第 10min 开始减小。这是由于草被位于坡面下部，它能够拦截坡面上部径流冲刷所形成的泥沙，当泥沙随径流流经草被时，相当于对流失的径流泥沙起到一定的缓冲作用，其在草被的拦蓄作用之后流出坡面，使得径流和泥沙流失过程具有一致性。图 7.7（b）~（d）中，降雨初期表现出泥沙流失量增大，是因为坡面下部没有草被覆盖，在雨滴的溅蚀作用下，坡面裸土表层会发生侵蚀，随着径流直接流出坡面，随后径流逐渐在裸土坡面形成薄层水流，对裸土表层起到一定的保护作用，使得泥沙流失量减小。并且，这三种格局泥沙流失量都是在第 10min 开始减小，可以说明该时刻的坡面径流已形成薄层水流，减弱了雨滴对裸土的击溅作用，使得泥沙流失量减少，即薄层水流在坡面形成的时间是相同的。坡面上部的草被覆盖对流失的泥沙会起到一定的拦截作用。因此，在坡面形成薄层水流后，径流稳定出流，整个坡面泥沙流失表现出减小的趋势。尽管如此，草被覆盖格局从坡下到坡上的布置，其泥沙流失总量分别为 888.68g、993.77g、1195.95g 和 1531.39g，依然是草被覆盖在坡下的格局对泥沙流失的削减作用最强，随着草被覆盖位置上移，泥沙流失量逐渐增大。在 28° 坡面不同草被覆盖格局下，径流泥沙流失过程有着良好的规律性。径流过程随着降雨历时的增加而逐渐稳定增大。坡下格局泥沙过程和径流过程具有一致性，其他格局随着降雨历时的增加，流失量先增大后减小。随着草被覆盖位置上移，径流泥沙流失总量增大，对径流泥沙流失的削减作用为坡下格局＞中下部格局＞中上部格局＞坡上格局。

　　21° 坡面 1m 草被覆盖格局径流产沙特征如图 7.8 所示。可以看出，21° 坡面径流流失过程平稳上升，流失量随着降雨历时的增加而逐渐增大。从坡面下部到坡面上部格局下的初始径流量分别为 5.48L、5.31L、5.38L 和 5.59L，差值很小，说明在 21° 坡面条件下，降雨径流是在满足坡面条件（填洼、溅蚀等）后开始形成的，草被覆盖只相当于是坡面的条件，对于初始径流没有影响。随着降雨历时的增加，坡面草被开始起到削减流速、减弱径流的作用，草被覆盖位置上移，径流流失量逐渐增大，图 7.8（a）～（d）的径流流失量分别稳定在 7.29L、8.04L、9.19L 和 11.05L，径流总量同样为坡下格局＜中下部格局＜中上部格局＜坡上格局。

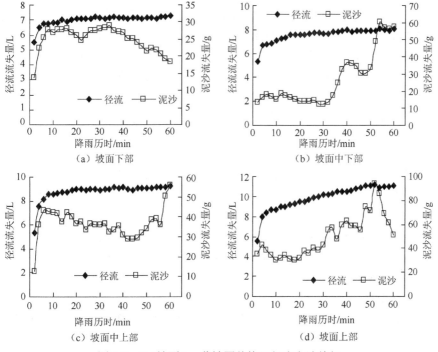

图 7.8　21° 坡面 1m 草被覆盖格局径流产沙特征

　　泥沙流失量除图 7.8（a）中随着降雨历时的增加而减小外，其他格局随降雨历时的增加而波动增大。图 7.8（a）为坡面下部，对泥沙流失有着良好的拦蓄作用，该作用阻止坡面上部的流失泥沙流出坡面，减小了泥沙流失量。其他格局泥沙在流失过程中都有一段稳定的流失时间，之后流失量逐渐增大。分析其原因，可能是随着降雨历时的增大，径流对坡下裸露表土的冲刷，以及坡面细沟的逐渐形成，导致泥沙流失量呈现出增大的趋势。流失泥沙总量从图 7.8（a）～（d）分析分别为 747.86g、801.48g、1099.51g 和 1501.34g，随着草被覆盖位置上移，泥沙流失量逐渐增大。

　　21°坡面不同草被覆盖格局下，初始径流流失量稳定，径流过程随着降雨历时的增加而增大。坡面土壤在降雨径流的侵蚀作用下，泥沙流失量随着降雨历时的增加，径流流失量的增大而增大。但由于图 7.8（a）中草被覆盖位于坡面下部，拦截并储存了大部分坡面流失的泥沙量，使得流出坡面的泥沙流失量减小。从流失总量的角度来说，草被覆盖格局对径流泥沙流失的削减作用为坡下格局＞中下部格局＞中上部格局＞坡上格局。

　　对比 28°坡面和 21°坡面，两种坡度下的径流流失过程具有同样的规律，随着降雨历时的增加而增大。泥沙流失过程各有特征，图 7.7（a）和图 7.8（a）与其他格局的流失过程不同，说明坡下草被覆盖对泥沙的作用不同于其他草被格局。图 7.7（a）条件下，28°坡面泥沙流失量随着降雨历时的增加而增大，图 7.8（a）条件下，21°坡面随着降雨历时的增加而减小；而在其他格局条件下，28°坡面泥沙流失量随着降雨历时的增加而减小，21°坡面随着降雨历时的增加而增大。从流失量的角度分析，图 7.7 和图 7.8 径流流失量和泥沙流失量都满足坡下格局＜中下部格局＜中上部格局＜坡上格局。同时，初始径流流失量随着草被覆盖位置上移，28°坡面逐渐增大，21°坡面则比较稳定。从以上结果可以看出，大坡度坡面受到径流的冲刷作用更强，坡面径流泥沙的流失速度更快。

　　2. 2m 草被覆盖下各格局径流产沙特征

　　28°坡面 2m 植被覆盖格局径流产沙特征见图 7.9，总体来说，连续草被径流过程比间隔草被平稳，特别是在初始径流阶段，连续草被坡面径流过程在 6～8min 即达到平稳出流的状态，并且草被越靠下，出流稳定所需的时间越短；间隔草被位于坡面下部 18min 后达到稳定出流，位于坡面上部为 12min。相同宽度的草被覆盖坡面，按图 7.9（a）～（e）中的格局顺序，分析各格局径流流失量分别为 216.37L、236.52L、245.72L、231.01L 和 237.87L，连续草被坡面径流流失量为坡下格局＜坡中格局＜坡上格局，由于增加了间隔的草被格局，偏于坡下的格局对径流的控制作用好于偏于坡上的格局，对径流的控制作用为坡下格局＞间隔坡下格局＞坡中格局＞间隔坡上格局＞坡上格局。

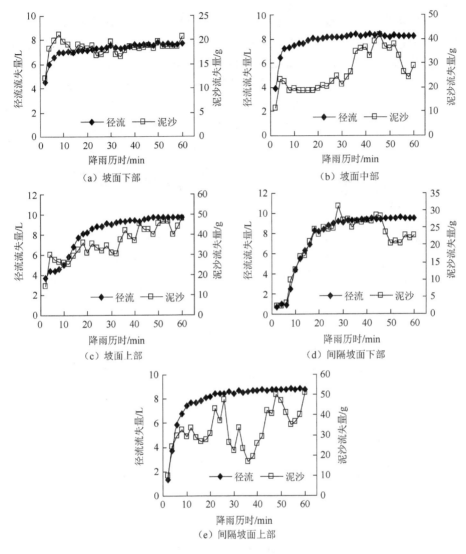

图 7.9　28°坡面 2m 草被覆盖格局径流产沙特征

泥沙流失过程变化差异较大。总体来说，草被位于坡面下部其流失过程与径流流失过程较为一致，位于中上部的坡面流失过程波动性明显。按图 7.9（a）～（e）中的格局顺序，分析各格局泥沙流失量分别为 550.72g、793.69g、1071.74g、634.70g 和 982.44g。连续草被坡面控制泥沙效果好于间隔草被坡面，下部草被作用好于上部草被。

当 21°坡面 2m 草被位于坡面下部时，径流和泥沙的流失过程同样表现出了良好的一致性，随着降雨历时的增加，流失量增大，如图 7.10 所示。其他格局径流流失过程都在第 10min 后开始达到稳定出流状态。按图 7.10（a）～（e）中的格局顺序，分析各格局径流流失量总分别为 192.31L、224.31L、236.66L、208.84L和 228.46L，径流流失量最大值与最小值间的变化范围在 20%以内，说明在 21°坡面条件下，径流流失过程主要取决于坡度条件，草被格局对其影响较小。

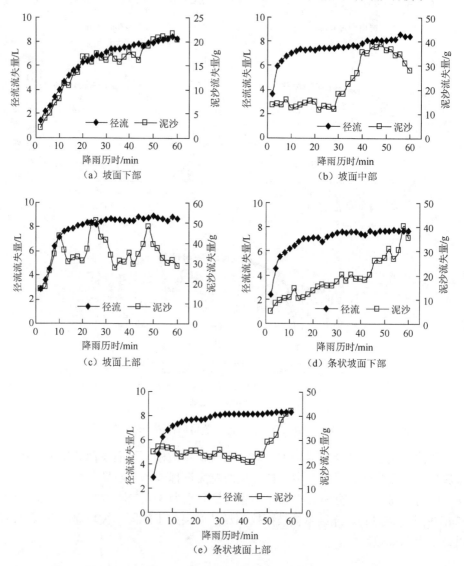

图 7.10　21°坡面 2m 草被覆盖格局径流产沙特征

从图 7.10 中可以看出，泥沙流失过程随着草被格局的变化没有显著的规律性。

草被位于坡面下部，泥沙流失量随着降雨历时的增加而增大；位于坡面中部，降雨前30min泥沙流失量较稳定，接下来20min逐渐增大，后10min逐渐减小；位于坡面上部为降雨前20min由小增大后减小的3个波动过程；条状间隔的草被布设坡面泥沙流失量都表现出随着降雨历时的增加而增大的过程，不同在于草被位于坡面上部的增大过程较位于坡面下部的流失过程平缓。从整个降雨过程的泥沙流失量来说，分析图7.10（a）～（e）各格局的泥沙总量分别为455.02g、686.97g、1031.67g、562.56g和789.90g，草被在坡面上位置的差异，造成其对泥沙流失控制作用的差异，表现为坡下格局＞条状坡下格局＞坡中格局＞条状坡上格局＞坡上格局。

　　对比28°坡面和21°坡面，在各草被格局条件下，径流流失量表现出随着降雨历时的增加而逐渐增大，趋于稳定的过程。径流流失量变化范围较小，说明草被格局的变化对于控制径流流失的作用较小，其主要取决于坡度的影响因素，坡度越大，在同一格局情况下，径流流失量就越大。对于泥沙，由于草被本身及其上方形成了一个可以容纳泥沙的空间，使得流失泥沙在坡面上被拦截、沉积，从而减小了流出坡面的泥沙流失量，起到了控制泥沙流失的作用。总体来说，在2m草被覆盖条件下，对径流泥沙流失的控制作用表现为坡下格局＞条状坡下格局＞坡中格局＞条状坡上格局＞坡上格局。

　　相对于1m草被覆盖坡面，由于增大了草被的覆盖宽度，草被对径流和泥沙的作用进一步增强，但流失过程变化紊乱、规律性差。分析其原因，可能是由于在2m草被覆盖条件下，裸露坡面和草被覆盖坡面分别占坡面的一半，降雨击溅表层土壤，裸土表层的径流及泥沙过程与草被覆盖表层的径流及泥沙过程作用强弱相似，在裸土表层的强冲刷侵蚀作用和草被覆盖表层的削弱作用下，坡面出口的径流泥沙过程波动性大。野外观测人工草地覆盖度，以40%～60%分界明显，当草地覆盖度大于60%时，削减土壤侵蚀的作用比较稳定，尽管降雨也产生一定的径流，但其中的含沙量很低；而在覆盖度小于40%时，削减土壤侵蚀的作用不稳定。以这个区间作为分界区间，那么，区间内的草被覆盖度对水土流失的影响不能以简单的规律总结，所表现出的流失过程较为复杂。

3. 3m草被覆盖下各格局径流产沙特征

　　28°和21°坡面3m草被覆盖格局径流产沙特征分别如图7.11和图7.12所示。3m草被覆盖28°坡面，相当于坡面大部分面积都已经被草被覆盖。径流过程随着降雨历时的增加而逐渐增大，特别是草被位于坡面下部时，径流流失量稳定增大；坡上格局径流流失量在产流后开始增大，第12min达到稳定，缓慢上升。两格局径流流失总量分别为179.60L和198.72L，满足草被的控制作用：坡下格局＞坡上格局。3m草被覆盖坡面相对于1m、2m草被覆盖坡面的径流流失量有所减小，但减小的幅度小,可以说明草被宽度的增加对削减坡面径流流失量的作用是有限的。增加草被覆盖的宽度对泥沙流失的控制作用则很显著。从图 7.11 中可以看出,泥沙流失量随降雨历时的增加而逐渐增大。差异在于草被位于坡面下部时,泥沙单位时间最大流失量为 7.31g,当草被位于坡面上部时,这一数值为 36.15g,是坡下格局的 5 倍。图 7.11(a)和(b)格局下的泥沙总流失量分别为 156.15g、588.49g,相对于 1m、2m 草被覆盖坡面,3m 草被覆盖坡面泥沙流失量得到了有效的控制,其流失量分别是 1m、2m 控制效果最好格局的 64% 和 72%。

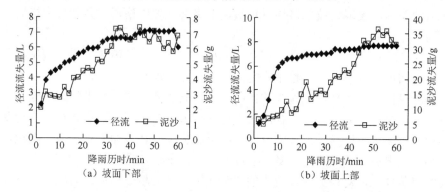

图 7.11　28°坡面 3m 草被覆盖格局径流产沙特征

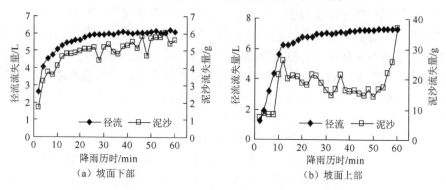

图 7.12　21°坡面 3m 草被覆盖格局径流产沙特征

21°坡面径流流失量随着降雨历时的增加而逐渐增大,都在第 10min 后达到平稳的增大状态,这个增大的过程坡下格局相对于坡上格局平稳。分析得出,由于坡上格局坡面下方表土裸露,在初始径流阶段,径流直接流出坡面;坡下格局径流则经过草被过滤带的作用之后,流出坡面的径流过程表现为平滑的出流曲线。一场降雨后,图 7.12(a)和(b)格局下总的径流流失量分别为 168.83L、190.99L,说明坡下格局对控制坡面径流流失量的效果好于坡上格局。相对于 1m、2m 草被覆盖坡面,3m 草被覆盖坡面径流流失量有所减小,在同样的坡下格局条件下,仅减小了 20% 和 12%。

泥沙流失过程同样是坡下格局较坡上格局平稳，主要是因为草被所起的调控作用，坡下格局坡面泥沙流失量随着降雨历时的增加而逐渐增大；坡上格局坡面从开始产流到第 12min 单位时间泥沙流失量达到一次峰值，随后开始减小，在减小的过程中也有不断的波动，但整体看来还是平稳流失，到第 50min 开始逐渐增大，在结束降雨前达到最大值。分析第一次产生峰值是由于坡下没有草被覆盖的裸土表层在雨滴击溅、径流侵蚀作用下，泥沙流失量逐渐增大，裸土表面在径流作用下形成薄层水流后，其表面比较稳定，使得泥沙流失量表现也比较稳定。在最后的 10min，降雨历时达到一定的长度，坡面所形成的稳定状态在逐渐累积的径流及冲刷下被打破，泥沙流失量开始增大。两种格局下的泥沙流失量分别为146.54g 和 535.48g，说明坡下格局良好地控制了坡面泥沙的流失量。

　　对比 28°坡面，同种格局下，21°坡面径流流失量和泥沙流失量都小，说明坡度对径流泥沙的流失有一定的影响，坡度越小，流失量越小。径流、泥沙流失都随着降雨历时的增加而增大，21°坡面的增大过程相对平缓一些。两种坡度下，随着草被宽度的增加，草被对坡面径流、泥沙流失的控制作用也越强，能够有效地削减坡面径流、泥沙的流失。

7.2.3　不同草被过滤带产流产沙特征分析

　　本节利用室内模拟降雨试验，探讨裸坡条件下的径流、产沙特征，通过在坡面布设不同的草被覆盖方式，分析不同植被覆盖宽度及空间格局下的坡面降雨径流产沙特征，研究草被空间格局在坡面侵蚀、剥离、输沙过程中的作用机制和草被覆盖对坡面径流、泥沙流失过程的调控机理。

　　（1）裸坡条件下的模拟降雨试验表明，在坡面条件一致的情况下，坡度是影响水土流失的主要因素。两坡度下的径流流失过程较为平稳，泥沙流失过程波动性较大。28°坡面泥沙与径流流失过程一致，其流失量、单位径流含沙量都大于21°坡面。

　　（2）草被覆盖条件下的模拟降雨试验表明，草被覆盖对坡面水土流失具有一定的调控作用。径流流失过程随着降雨历时的增加而逐渐稳定，该稳定值随着覆盖宽度的增加逐渐减小；泥沙流失过程随着降雨历时的增加呈波动性变化；随着草被覆盖宽度的增加，坡面草被对径流、泥沙流失的拦截作用增强，能够有效地控制坡面水土流失量。各覆盖宽度下的草被格局从坡底移至坡顶，其所发挥的调控径流、泥沙流失的作用逐渐减弱；28°坡面随着 1m 草被格局从坡底移至坡顶，初始径流量逐渐增大；21°坡面的初始径流量较为一致。在 2m、3m 草被覆盖条件下，两种坡度下初始径流量没有相同的规律性，说明草被格局对陡坡坡面的效果更好，并且随着坡面草被覆盖宽度增大，草被格局对坡面的调控作用减弱，主要取决于坡面的草被覆盖率。试验条件下，坡底聚集格局是最有效的调控坡面水土流失的草被配置格局。

7.3　不同坡面条件下养分流失过程试验研究

降雨所诱发的侵蚀过程是水土流失的主要原因。水土流失在带走大量径流和泥沙的同时，大量的土壤氮素和磷素等养分也随之流失（世界资源研究所，1993）。土壤中的氮素和磷素不但是作物生长所必需的重要营养物质（吕殿青等，1996），也是重要的非点源污染来源（Sharply et al.,2007；Carpenter et al., 1998；USEPA，1984），它的流失不但是肥料资源的浪费，而且会对下游地表水和地下水造成污染（Yao et al., 2010）。我国每年流失的氮、磷、钾总量近 1 亿 t，黄河流域每年流失的泥沙所携带的氮、磷、钾总量达 4000 万 t（王国梁等，2002），陕北黄土丘陵沟壑区每年的土壤养分流失量折合为化肥为 $2250kg/hm^2$，坡耕地的养分损失相当于当年化肥投入量的 17.9 倍（孟庆华，2002）。对于如此大的养分流失量，其所造成的流域污染、水体富营养化也越来越受到研究者的重视，从影响坡地土壤养分迁移与流失的因素出发（王全九等,2007），从水土保持综合措施（张展羽等,2008）、泥沙颗粒组成等方面分别研究其对养分流失过程的作用，从各角度探讨了坡面养分流失的特征。

坡地在雨水的击溅、冲刷作用下，裸露表土极易流失，土壤侵蚀量较大，流失土壤表面吸附的养分物质成了养分流失的主体。其中，尤其是细颗粒土壤的吸附作用更为强烈，使泥沙中的养分流失量远远高于随径流流失的养分量（胡宏祥等，2007）。在有植被覆盖的坡地，降雨过程中雨滴对土壤颗粒的分散、冲刷能力较弱，随着土壤由湿润到水分饱和，入渗量逐渐减小，表层径流量增大，雨水对地表的冲刷能力增强，径流中的养分浓度也相应发生变化，可能导致径流成为养分流失的主要途径（李俊波等，2005）。农田过量施用化肥，土壤中氮、磷的大量盈余必然导致化肥向水体的流失量显著增加，径流此时又成了输送养分的载体，进入江河、湖库，成为非点源污染的主要来源。作为影响氮、磷向水体迁移的因素——土壤质地和土地利用类型（段亮等，2007），增加秸秆覆盖量和减少土壤压实是减少坡地水土流失的有效措施（王晓燕等，2000），即增加裸土表面的覆盖量可以有效地减少坡面水土流失，进而减少坡面养分流失量。养分的流失，导致部分营养物质富集和非点源污染产生，从控制养分流失途径入手，在有效控制水土流失的基础上减少养分流失，依据区域特点和坡地基本状况采取合理有效的植被技术，是兼顾经济效益一举三得的坡地土地利用方法。基于此，本节通过对坡面表层土壤混合施用氮、磷两种肥料，在模拟降雨条件下，分析氮、磷养分在不同草被覆盖率和覆盖格局下随径流、泥沙流失的特征。

7.3.1　模拟降雨条件下裸坡坡面养分流失过程

研究草被对黄土坡面养分流失过程的调控作用，从裸露坡面出发，分析无植被条件下养分随径流、泥沙的流失过程，对比不同坡度下养分流失量的差异，为说明草被对养分流失的作用奠定基础。由于在土壤表层分别施用了碳酸氢铵和磷酸二氢钾两种肥料，主要成分分别为氮和磷，本节即以氮和磷的流失过程分别进行说明。

1. 28°坡面养分流失特征

1）氮流失特征

模拟降雨条件下，坡面所施氮肥以径流和泥沙为载体随着降雨的进行而流失。28°坡面径流的氮流失特征和 28°坡面泥沙的氮流失特征分别如图 7.13 和图 7.14所示。三种形态的氮在随径流流失过程中表现出一致性（图 7.13）。在初始径流阶段流失量较小，总氮、硝氮、氨氮分别维持在 75mg、30mg 和 25mg 左右，从第 26min开始，流失量逐渐增大。其中，氨氮流失量的增大幅度相对较小，总氮占径流氮流失量的 53%，硝氮和氨氮则分别为 31% 和 17%。泥沙流失则主要以全氮流失为主，占泥沙氮流失量的 82%，硝氮和氨氮的流失量较小，且流失过程较平缓。

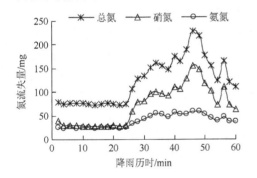

图 7.13　28°坡面径流氮流失特征　　　　　图 7.14　28°坡面泥沙氮流失特征

2）磷流失特征

坡面磷流失主要以泥沙流失为主，泥沙携带磷流失量为 127.43mg，占坡面磷流失量的 60%，并且波动性强，径流流失过程与泥沙流失过程具有较强的一致性。分析其原因是，磷在土壤中的吸附性比较强，坡面细沟侵蚀大大增加了磷的流失量，土壤侵蚀成为养分大量流失的重要原因，而水土流失程度的加剧使得土壤侵蚀对径流溶质浓度的贡献也随之增大，造成径流溶质浓度增高，即使得随径流流失的磷增大（孔刚，2007）。由 28°坡面磷流失特征可以看出，从降雨开始到第12min、12min 到 28min、28min 到 48min 和 48min 到降雨结束，初始阶段的径流

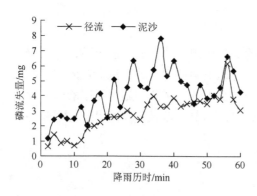

图 7.15 28°坡面磷流失特征

量平稳流失，泥沙流失量逐渐增大，随着坡面表层土壤被雨滴溅蚀，在径流的作用下，携带泥沙流失使得随泥沙流失的磷流失量逐渐增大；在随后的阶段，径流流失量有所增加，泥沙流失量继续波动性增大，随着径流量增大，能够携带流失的泥沙量也不断增大；其波动性主要和磷的吸附解析作用有关；在坡面径流的不断作用下，坡面细沟开始出现，径流携带的泥沙流失量增大，磷流失量也随之增加；由于在降雨与时间的作用下细沟会发育，否则其将会处于一种暂时的平衡状态；降雨结束前，坡面径流突然增大，可能是由于细沟形成后，其中水股流随径流流出坡面而造成径流流失量突然增大，其中的磷流失量也随之增大（图 7.15）。

2. 21°坡面养分流失特征

1）氮流失特征

21°坡面径流和泥沙氮流失特征分别如图 7.16 和图 7.17 所示。21°裸坡条件下，坡面氮随径流流失过程较平稳，降雨开始后流失量增大，当达到稳定的流失量时，降雨历时过程中流失量稳定在这个值附近，平稳流失，径流总氮、硝氮、氨氮的稳定流失量分别为 70mg、30mg、27mg。泥沙氮流失量以全氮形式流失为主，它占随泥沙流失的氮总量的 85%，硝氮为 10%，氨氮为 5%。对比径流氮和泥沙氮的流失特征可以看出，两种携氮流失的载体都以全量态氮流失为主，泥沙流失过程较径流流失过程波动性强。分析其原因，可能是表层土壤所施肥料在静置 24h 后，氮的转化过程发生不完全，致使表层土壤受降雨冲刷作用后，携带氮流失，附着在土壤颗粒上的氮即随之流失。

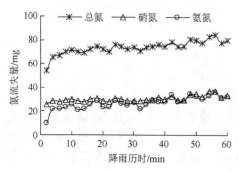

图 7.16 21°坡面径流氮流失特征

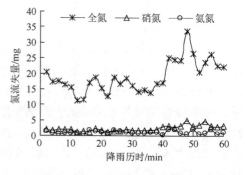

图 7.17 21°坡面泥沙氮流失特征

2）磷流失特征

坡面磷流失以泥沙流失为主，泥沙携带磷流失量为 145.99mg，占坡面磷流失总量的 64%，并且波动性强；径流流失过程较为平稳（图 7.18）。泥沙流失和径流流失过程具有一致性。在径流的作用下，坡面土壤颗粒携带养分随径流迁移，在径流与坡面土壤的不断作用下，磷也不断地完成吸附解析过程，径流流失和泥沙流失过程都具有同样的阶段性。由 21°坡面磷流失特征可以看出，从降雨开始到第 12min、12min 到 34min、34min 到 52min 及 52min 到降雨结束，初始阶段的径流量逐渐增大，泥沙流失量表现出逐渐减小的趋势，雨滴击溅坡面，产沙量较大，当径流在坡面形成薄层水流后，阻碍了雨滴对坡面土壤的直接作用，使得泥沙流失量减小；在随后的阶段，径流、泥沙流失量都表现出较为平稳的态势，稍有波动；在坡面径流的不断作用下，坡面细沟开始出现，径流携带泥沙流失量会立刻增大，磷流失量也随之增加；在降雨与时间的作用下，细沟会发育，否则其将会处于一种暂时的平衡状态；降雨结束前，坡面径流与泥沙即在先前的流失状态下平稳流失。

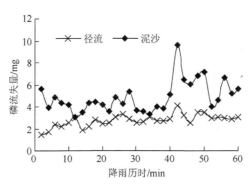

图 7.18　21°坡面磷流失特征

7.3.2　模拟降雨条件下草被坡面养分流失过程

1. 1m 草被覆盖下各格局氮磷流失特征

1）氮流失特征

28°坡面 1m 草被覆盖格局径流和泥沙氮流失特征分别如图 7.19 和图 7.20 所示。在坡面 1m 草被覆盖条件下（图 7.19），径流氮流失过程较平稳，在降雨开始后，各种形态氮的流失量逐渐增大，随后达到平稳流失状态，即流失量稳定。草被布设从坡面下部到坡面上部，各格局下总氮的稳定流失量分别为 50mg、62mg、53mg 和 53mg，硝氮为 20mg、18mg、28mg 和 24mg，氨氮为 14mg、13mg、9mg 和 10mg；从流失过程来看，草被布设格局位于坡面下部不一定能够取得在降雨过程中最好的控制氮流失的效果。再从其径流流失总量的角度来分析，在图 7.19 的各格局下，径流总氮的流失量为 1403.47mg、1859.38mg、1628.66mg 和 1544.37mg。可以看出，当草被位于坡面下部时，径流总氮流失量是最少的，其次是草被位于坡面上部时；草被位于坡面中部时，对氮流失量的控制作用不明显。说明草被位于坡面下部可以有效地拦截坡面径流养分的流失；位于坡面上部，草被能够减缓流速，增加下渗，可以有效地延长降雨在坡面形成径流的时间，从而减弱径流流失，减小随径流流失的氮流失量。

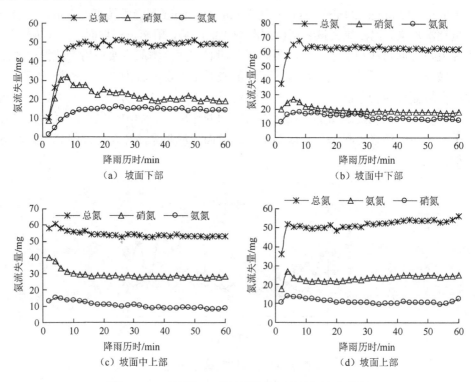

图 7.19　28°坡面 1m 草被覆盖格局径流氮流失特征

坡面氮随泥沙的流失以全氮流失为主，泥沙硝氮和氨氮流失量较小，并且坡面草被位置的布设对其没有影响。全氮流失量在降雨开始时逐渐增大，随着降雨历时的增加，流失量逐渐稳定减小。氨氮和硝氮的流失过程较为平稳，流失量小。在各种格局下，全氮流失量在随泥沙流失的氮中都占到了 88% 以上（图 7.20）。从坡下格局到坡上格局，泥沙全氮流失总量分别为 432.65mg、415.83mg、526.79mg 和 641.50mg，可以看出，草被位于坡面中下部能够减弱氮随泥沙的流失。

从径流氮流失和泥沙氮流失的角度分析，同一格局下，从图 7.19（a）～（d），径流氮流失量分别占坡面氮流失总量的 85%、87%、84% 和 80%。可以看出，模拟降雨条件下，坡面氮流失以径流流失为主，究其原因，可能是坡面表层土壤承受的雨滴击打力与径流冲刷力大，泥沙富集的氮素较水体里溶解的多，从而使泥

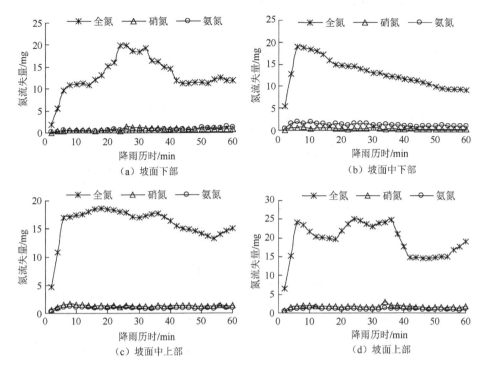

图 7.20 28°坡面 1m 草被覆盖格局泥沙氮流失特征

沙附着的氮减少（罗专溪等，2008），且迁移的氮素以溶解态为主（张亚丽等，2007；况福虹，2006）。

21°坡面 1m 草被覆盖格局径流和泥沙氮流失特征分别如图 7.21 和图 7.22 所示。21°坡面条件下，径流氮流失随着降雨历时的增加，表现出平缓减小的趋势。各格局坡面径流携带的氮以总氮为主，草被布设从坡面下部到坡面上部，总氮流失量分别占径流总氮流失量的 68%、60%、59%和 58%，随着草被布设位置上移，坡面径流总氮的流失所占比例逐渐减小，主要是径流氮的流失总量减小。图 7.21 中分析，从坡面下部到坡面上部的坡面径流氮的流失总量分别为 2085.45mg、1881.74mg、2260.34mg 和 2699.45mg，说明草被位于坡面靠下的位置对于径流携带养分流失的控制作用好于坡面上方位置。与 28°坡面相比，相同格局下，径流氮流失量 28°坡面＞21°坡面，不同坡度导致地表侵蚀量不同，这种差异势必会影响到溶解于径流或吸附于泥沙中的氮流失量。坡度越陡，坡面所受到的雨滴击溅径流冲刷作用越强，侵蚀土壤强度越大，吸附在土壤颗粒上的养分随径流、泥沙流失的可能性越大。

坡面泥沙氮流失以全氮为主，图 7.22 各种格局下，全氮流失量都占泥沙氮流失总量的 88%以上，并且流失过程的波动性强。与 28°坡面流失过程的不同之处

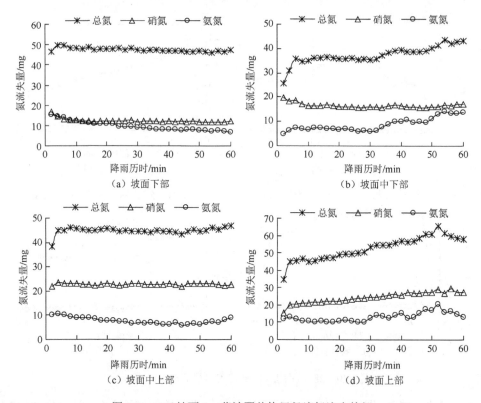

图7.21 21°坡面1m草被覆盖格局径流氮流失特征

在于，21°坡面泥沙全氮流失过程表现出的趋势是随着降雨历时的延长，流失量逐渐增大。但从泥沙全氮流失的总量分析，各种格局下，28°坡面泥沙全氮流失量都大于 21°坡面。这是由于坡度的改变，造成土表单位面积受雨量发生相应变化，在产流条件下，会影响径流的速度，从而影响到坡面表层土壤颗粒起动、侵蚀方式和径流的挟沙能力（张长保，2008）。根据土壤侵蚀发生规律，土体细粒最易为径流冲刷和运移，而且泥沙细粒的比表面积大，对流失的土壤养分吸附作用强烈（李军健，2006）。坡度增加引起坡面流速加快，径流量增加，对坡面土壤的侵蚀作用和携沙能力增强；土表细粒在径流的作用下大量流失，同时携带有大量的氮，即造成了大坡度的氮流失量大于小坡度的氮流失量。而流失量逐渐增大主要是由于草被覆盖的作用，草被覆盖可以有效地拦截泥沙的流失，草被的布设相当于在坡面形成了"柔性坝"，21°坡面相对于 28°坡面拦沙的库容大一些，能够拦蓄的泥沙量多；由于是"柔性坝"，在雨滴击溅和径流冲刷的作用下，草被的拦沙能力有一定的局限性。因此，在一段降雨时间过后，被拦蓄在草被中的泥沙在径流的冲刷下流出坡面，造成泥沙氮流失量增大。相比之下，硝氮和氨氮的流失过程则平稳得多，流失量小。

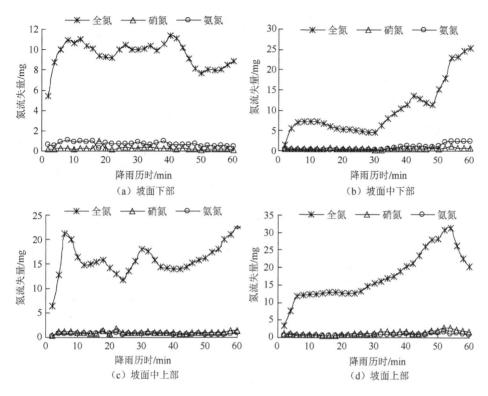

图7.22 21°坡面1m草被覆盖格局泥沙氮流失特征

2）磷流失特征

28°坡面和21°坡面1m草被格局磷流失特征分别如图7.23和图7.24所示。在1m草被覆盖条件下，磷流失以泥沙携带为主，图7.23各格局下泥沙磷流失量分别占磷流失总量的60%、60%、69%和72%，随着草被布设位置上移，泥沙携带磷流失比例逐渐增大，说明草被能够有效地控制随泥沙流失的磷。对比各格局下的磷流失过程，当草被位于坡面下部时，径流磷流失过程和泥沙磷流失过程有着良好的一致性，波动性都较强，说明坡面下方的草被对磷流失过程有良好的调控作用，使径流和泥沙携带磷的出流过程具有可控性。随着草被位置上移，径流磷流失过程和泥沙磷流失过程逐渐表现出差异性，流失的趋势基本一致，但径流过程较泥沙过程开始趋于平稳，只是偶尔会出现径流磷流失量突然增大的情况，对比该条件下的径流流失量和泥沙流失量［图7.23（b）和（c）］，随着降雨历时增加，径流流失量稳定，泥沙流失量逐渐减小，而径流携带磷流失量突然增大，说明此时径流中所溶蚀的磷浓度大，土壤向径流中释放的磷量增多。

同裸坡磷流失过程一样，坡面在草被覆盖后，不论格局设置如何，也能够看出磷流失所经历的过程，分为3个阶段。以图7.23（b）的流失过程为例，第一阶段，从降雨开始到第18min磷流失量逐渐增大。初始降雨阶段径流泥沙中磷含量

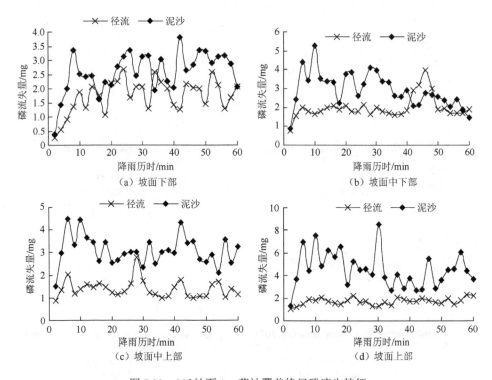

图 7.23　28°坡面 1m 草被覆盖格局磷流失特征

偏高，是由于雨滴击溅侵蚀，引起坡面表层土粒的分散与跃移，导致坡地土壤表面存在较多的"孤立"土粒，这些"孤立"土粒间不存在黏结力，径流不需要很大的起动流速即可将粒径较小的土粒挟走，同时细颗粒土壤往往含有较高的养分，因而产流初期流失的泥沙中磷含量较高。第二阶段，第 18min 至第 42min，坡面磷流失趋于稳定流失过程。这是由于坡面存在的"孤立"土粒数量有限，同时随着降雨历时的延长，坡面流速增加，径流携沙力不断增加，能够挟带较多大粒径的土粒，造成泥沙中的磷含量略有降低，该水平下的流失过程能够持续一定时间。第三阶段，第 42min 到降雨结束，磷流失量逐渐减小。当降雨时间较长，坡面不出现明显的细沟侵蚀，径流泥沙中磷的含量会逐渐减小；在坡面发育有细沟时，由于细沟内土壤与径流的相互作用增大了磷的吸附解析作用，造成径流泥沙中的磷流失量出现增大的情形（李裕元，2002）。

　　21°坡面条件下，径流磷与泥沙磷的流失过程都趋于缓和，波动性减小。坡面草被格局的布设对磷流失量的控制起到了一定的作用。图 7.24 各格局下的径流磷流失量分别为 49.84mg、47.49mg、41.55mg 和 80.55mg，泥沙磷流失量为 55.15mg、76.01mg、81.18mg 和 146.07mg。可以看出，径流磷流失量为坡面上部＞坡面下部＞坡面中下部＞坡面中上部，泥沙磷流失量为坡面上部＞坡面中上部＞坡面中下部＞坡面下部，说明草被过滤带在坡面布设的空间位置对坡面泥沙磷流失的影

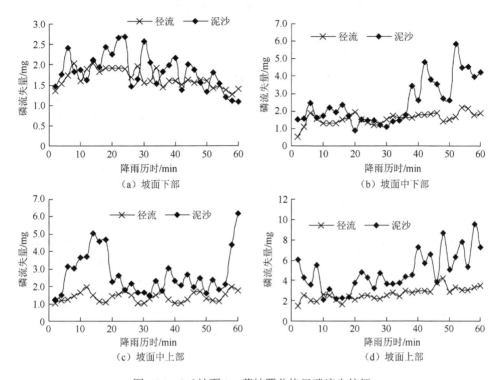

图 7.24 21°坡面 1m 草被覆盖格局磷流失特征

响作用大于对径流磷流失的作用。同样，坡面径流泥沙磷的流失也经历了流失过程增大、平稳、减小或增大 3 个阶段。

2. 2m 草被覆盖下各格局氮磷流失特征

1）氮流失特征

28°坡面 2m 草被覆盖格局径流氮和泥沙氮流失特征分别如图 7.25 和图 7.26所示。2m 草被覆盖条件下，坡面新增加了间隔草带格局（图 7.25）。草被从 1m增加到 2m，坡面氮流失过程也表现出了差异性。当草被位于坡面下部时，氮流失过程比较稳定，随着草被布设位置上移，以及间隔草带格局的出现，氮流失过程开始波动，草带格局越靠上，则波动性越强烈。说明草带在位于坡面下部时，能够对流失径流起到调蓄作用，并且草被根系使得坡面氮稳定而缓和地出流。当坡面下部出现裸露的表土时，雨滴的击溅作用、径流的冲刷作用使得表层土壤颗粒的附着氮被径流的解析作用不断析出，溶解于径流，随径流流失。降雨过程中，氮吸附解析作用的不可控性，造成径流氮流失过程波动性大。特别是间隔草被坡面，裸露土层与草被覆盖交替使得径流与泥沙的流失在不同的地表进行，携带氮的吸附解析作用在不断交错下发生，造成氮流失量的波动更强。

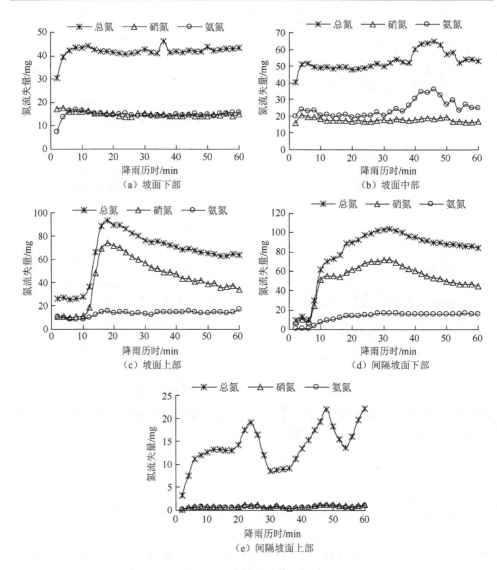

图 7.25　28°坡面 2m 草被覆盖格局径流氮流失特征

由图 7.26 可知，泥沙流失过程依然是以全氮流失为主，硝氮和氨氮流失平稳，流失量小。对比各种格局下的泥沙氮流失过程，可以看出，不论是连续草带还是间隔草带，当草被位于坡面上方时，泥沙氮流失过程的波动程度大于坡面下方。从流失量的角度分析，图 7.26 各格局下的泥沙氮的流失总量分别为261.60mg、547.60mg、426.69mg、257.63mg 和 451.15mg，说明草被对于泥沙氮流失的控制作用还是以控制泥沙流失为途径，将随泥沙流失的氮同泥沙一起拦蓄在坡面上。

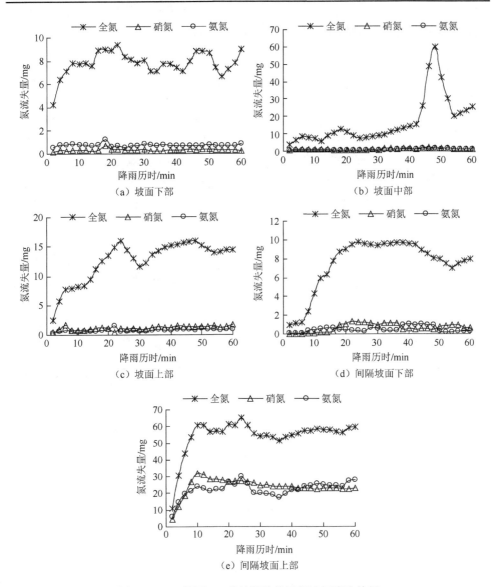

图 7.26　28°坡面 2m 草被覆盖格局泥沙氮流失特征

21°坡面 2m 草被覆盖格局径流氮和泥沙氮的流失特征分别如图 7.27 和图 7.28 所示。在 21°坡面条件下，径流流失过程的整体规律性没有 28°坡面好，说明在坡度较缓条件下，流失过程受各种因素的影响较大，使得流失过程较为复杂，且流失过程的增大阶段较 28°坡面所需的时间长（图 7.27）。随着草被格局从坡面下部上移到坡面上部，径流氮流失过程逐渐发生波动；间隔草带布设坡面的流失过程则相对较为稳定一些，间隔草带格局布设在坡面下部相当于形成了对其上裸土坡面流失的调控作用，布设在坡面上部则对降雨形成的径流起到了减缓流速、减弱径流冲刷的作用，减轻了径流对其下裸坡的冲刷。

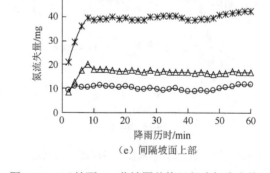

图 7.27　21°坡面 2m 草被覆盖格局径流氮流失特征

泥沙流失过程以全氮流失过程占主要地位。降雨开始时泥沙氮流失量逐渐增大，随着降雨历时延长，流失量开始出现波动，大概都在第 12min 时出现了一个波峰，之后或增大或减小，最终在泥沙氮流失过程中都会出现一个流失量最大值，连续草被坡面在出现该值后流失量减小，间隔草被坡面在降雨结束之前开始出现该值，可以说明间隔草被坡面流失的发生、发展过程比连续草被坡面要慢，草被的间断性使得坡面表层环境更加复杂。因此，相对于连续草被坡面，流失过程的

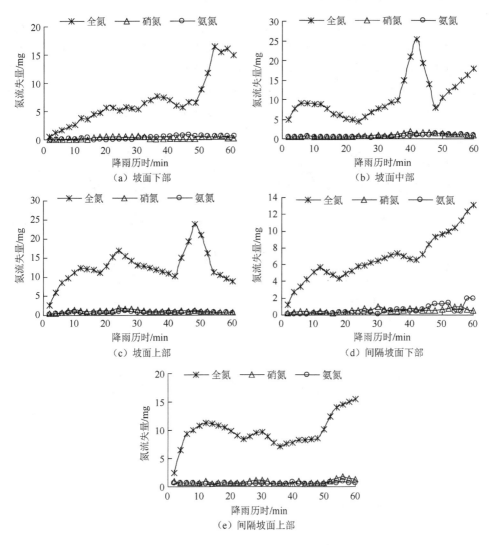

图 7.28　21°坡面 2m 草被覆盖格局泥沙氮流失特征

进行需要克服更多的影响。

2）磷流失特征

28°坡面和 21°坡面 2m 草被覆盖格局磷流失特征分别如图 7.29 和图 7.30 所示。在草被覆盖条件下，坡面磷流失过程波动性依然很强，间隔草被坡面相对于连续草被坡面来说，磷流失的起始量较小，经历一个上升的过程之后，逐渐开始波动变化。前文已提及磷流失一般是以泥沙携带为主，在 2m 草被覆盖下，图 7.29各格局下泥沙磷流失量占磷流失总量的值分别为 51%、39%、62%、47% 和 62%。可以看出，增加了草被覆盖之后，泥沙携带的磷流失与径流携带的磷流失量逐渐近似，并且图 7.29 各格局下径流磷流失量成为坡面磷流失的主要部分。对比图 7.29（b）格局下的径流、泥沙流失，径流总量为 236.52L，泥沙总量为 793.69g，可能是由于坡面草被覆盖面积的增加，流失的泥沙被拦截在草被中，增加了径流与泥沙间的解析作用，使径流能够将泥沙颗粒上吸附的磷元素析出，并溶解于径流中随其流失，这使得在坡面出口收集的径流水样中的磷浓度较高。

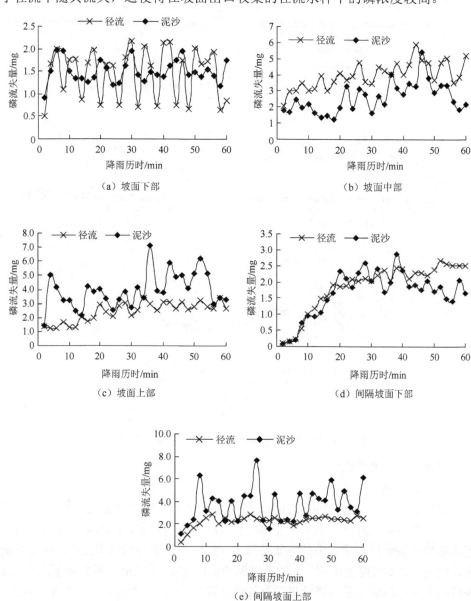

图 7.29　28° 坡面 2m 草被覆盖格局磷流失特征

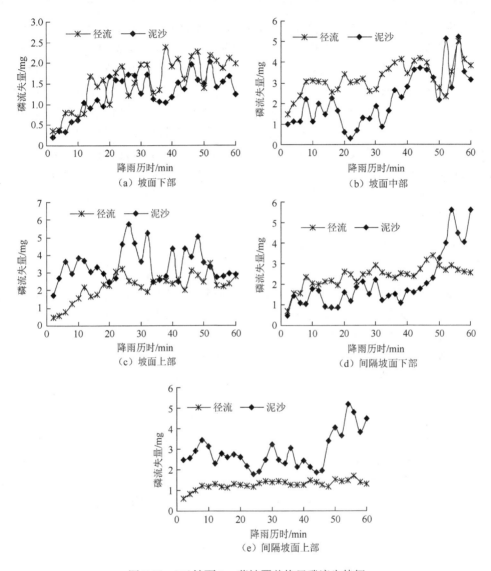

图 7.30 21°坡面 2m 草被覆盖格局磷流失特征

21°坡面同 28°坡面的磷流失过程相似，但不论草被格局设置如何，21°坡面的初始磷流失量都比较小（图 7.30）。分析其原因，可能是在该坡度下，有效承雨面积大于 28°坡面，径流在坡面滞留的时间较长，需要满足坡面蓄水和草被下渗的降水量较大，造成初始径流阶段的径流量小，所能溶蚀磷、携带泥沙流失的能力较差，因此坡面的初始磷流失量较小。在 21°坡面各格局下，泥沙磷流失总量占坡面磷流失量的比例分别为 45%、41%、61%、69% 和 46%，说明坡度减小使泥沙能够被坡面草被拦截的数量增大，在原本增加了径流与泥沙颗粒磷解析作用之后，还减少了泥沙的流失量，使得随泥沙流失的磷流失量进一步减小。

　　两坡度下（28°和21°）的坡面中部格局都是泥沙磷流失所占比例最小的格局，分析该格局下的侵蚀产沙情况可知，21°坡面图7.30（b）格局下的泥沙流失量为686.97g，径流流失量为224.31L，相对于28°坡面图7.29（b）格局下的泥沙量减少明显，径流量相差不大。两坡度下坡面中部格局形式是草被恰好布设在坡面的中间部分，坡脚和坡顶没有防护，这使得在该格局条件下，降雨径流对坡面裸土的侵蚀发生在坡面最容易发生侵蚀的部位，草被的布设可以减弱坡顶形成径流的冲刷作用，同时拦截坡顶的土壤侵蚀所产生的流失泥沙。因此，径流可以在流经草被过程中不断与泥沙颗粒发生交换作用，溶解泥沙颗粒上所吸附的磷元素；草被减弱了冲刷作用使得随泥沙流失的磷减少，从而使径流磷流失量成为坡面磷流失的主要部分。

　　3. 3m草被覆盖下各格局氮、磷流失特征

　　1）氮流失特征

　　28°坡面3m草被覆盖格局径流氮和泥沙氮流失特征分别如图7.31和图7.32所示。3m草被覆盖条件下，裸露表土占整个坡面比例很小，草被对坡面进行了保护，只针对坡顶和坡脚位置的裸土表层氮流失情况进行研究。由图7.31可以看出，两种格局条件下，径流氮流失过程的差异性明显，当草被位于坡面下部时，整个径流的氮流失过程是平稳的，在降雨历时中，流失量的差值总氮、硝氮、氨氮分别为19.88mg、6.65mg和10.22mg，而当草被位于坡面上部时，该差值增大到74.82mg、31.71mg和45.25mg，其增大的幅度是坡面下部的若干倍。从流失总量上分析，图7.31（a）格局下径流氮为1572.03mg，图7.31（b）格局下为3769.02mg。可以看出，草被位于坡面上部是坡面下部径流氮流失量的2.4倍，说明尽管坡面上部的草被布设起到了减小流速、减弱冲刷的作用，但雨滴对坡脚的击溅侵蚀、产流后的冲刷都使得坡脚的裸土表层土壤颗粒被侵蚀，其附着的氮发生溶蚀，随径流流失。

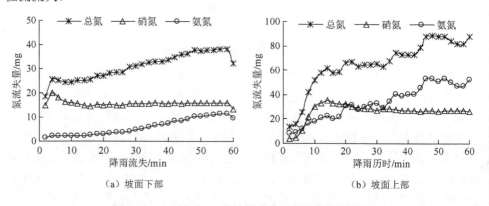

（a）坡面下部　　　　　　　　　　（b）坡面上部

图7.31　28°坡面3m草被覆盖格局径流氮流失特征

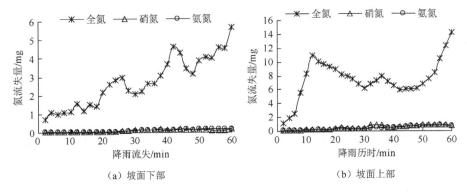

图 7.32　28°坡面 3m 草被覆盖格局泥沙氮流失特征

泥沙流失过程与径流流失过程相反，从图 7.32 中可以看出，（a）和（b）格局下的泥沙氮流失都以全氮养分流失为主，但流失过程（a）比（b）格局下的波动性强。当草被位于坡面下部时，由于草被覆盖面积远大于裸土表面，其可以拦蓄坡面上部的所有来沙量，当径流流失满足了草被的下渗作用后，径流流失量增大，对坡面的冲刷作用增强，能够携带泥沙流失的数量增大，并且会对之前沉积在草被中的泥沙再次形成冲刷作用，使其随径流流出坡面；当草被位于坡面上部时，草被对降雨径流的作用只限于降低雨滴的击溅作用，减弱径流的流速，减小径流的冲刷，从而减小降雨径流对坡面裸土表层颗粒的侵蚀作用，以减小泥沙的流失。那么，坡面出口的流失过程则以径流携带泥沙流失为主，经过草带的作用，径流流失过程较为平稳。因此，草被位于坡面下部时出口泥沙氮流失过程的波动性比位于坡面上部的强。

21°坡面 3m 草被覆盖格局径流氮流失和泥沙氮流失特征分别如图 7.33 和图 7.34 所示。21°坡面氮流失过程同 28°坡面流失过程相似，草被位于坡面上部的径流氮流失过程比位于坡面下部波动性大，而泥沙氮流失则为坡面下部格局波动性比坡面上部格局大，不同之处在于流失量的差异。28°坡面径流氮流失量为1572.03mg［图 7.31（a）］，21°坡面径流氮流失量为 1569.03mg［图 7.33（a）］；28°坡面［图 7.31（b）］和 21°坡面［图 7.33（b）］径流氮流失量分别为3769.02mg和 5101.68mg。可以看出，当草被位于坡面下部时，径流氮流失量 28°坡面＞21°坡面，草被位于坡面上部时，径流氮流失量 28°坡面＜21°坡面，说明坡度在径流氮流失的过程中也起到了一定的作用。当草被位于坡面上部时，降雨的击溅作用主要集中在坡面下部，径流流经坡面上部草被后，流速减慢，冲刷作用减弱；并且径流在 28°坡面裸土部分能够与表层土壤发生的吸附解析过程的时间小于 21°坡面，使得 21°坡面径流能够更充分地溶解土壤颗粒中的氮，其流失径流量中所含的氮大于 28°坡面。草被位于坡面下部，同样 28°坡面作用时间小于 21°坡面，其流失量却大于 21°坡面，因为坡顶的裸露表土受到其上径流强烈的冲刷作用，能够冲蚀大量的泥沙颗粒，在流经草被时，泥沙逐渐沉积，在径流与泥沙的不断作用中，氮被径流解析，并随之流失；21°坡面冲刷作用明显小于28°坡面，其径流氮流失量小于28°坡面。

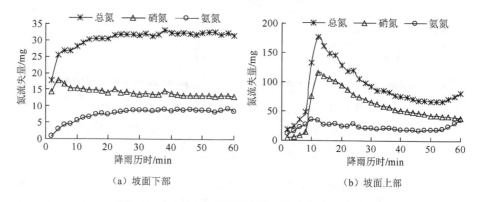

（a）坡面下部　　　　　　　　　　（b）坡面上部

图 7.33　21°坡 3m 草被覆盖格局径流氮流失特征

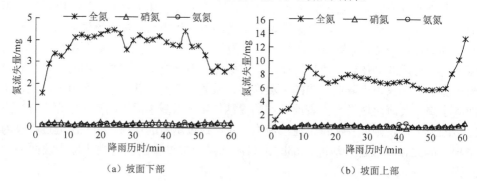

（a）坡面下部　　　　　　　　　　（b）坡面上部

图 7.34　21°坡 3m 草被覆盖格局泥沙氮流失特征

在图 7.32（a）和图 7.34（a）中的格局条件下，28°坡面和 21°坡面的泥沙氮流失量分别为 87.59mg 和 117.35mg，在图 7.32（b）和图 7.34（b）中的坡面上部格局条件下，分别为 249.84mg 和 223.90mg。可以看出，当草被位于坡面下部时，泥沙氮流失量 28°坡面＜21°坡面，草被位于坡面上部时，泥沙氮流失量 28°坡面＞21°坡面。恰好跟径流氮流失过程相反，这是因为径流所能解析土壤颗粒中的氮流失量主要是和侵蚀泥沙量、径流与吸附氮的土壤颗粒作用时间有关，随泥沙流失的氮流失量则主要取决于泥沙的流失量。两种格局下的泥沙流失量都是28°坡面＞21°坡面，其差值为坡上格局＞坡下格局。由于坡上格局对泥沙流失的控制作用劣于坡下格局，大量流失的泥沙携带了大量的氮流失，泥沙氮流失量 28°坡面＞21°坡面；坡下格局的泥沙流失量相差 10g，随泥沙流失的氮流失量相差30mg。在泥沙流失量相差不大的情况下，随径流流失的氮流失量 21°坡面小于 28°坡面，在草被覆盖面积较大的坡面，氮施加总量是一定的，降雨径流对坡面的侵蚀作用受草被的影响减小，使得能够流失的氮量减小。在流失氮量一定的情况下，其随径流流失多则随泥沙流失少，因而造成了 3m 草被覆盖条件下的径流流失多，泥沙流失少；径流流失少，泥沙流失多的情况。

2）磷流失特征

28°坡面和 21°坡面 3m 草被覆盖格局磷流失特征分别如图 7.35 和图 7.36 所示。在 3m 草被覆盖条件下，从流失过程就可以看出，径流磷流失已经占坡面磷流失的主要部分，这与磷多随泥沙流失的特性相悖（图 7.35）。但是当坡面有草被覆盖时，到 2m 覆盖，径流磷流失量占坡面磷流失总量的比例逐渐增大。图 7.35 两格局下的径流磷流失量占磷流失总量的 75%和 62%。

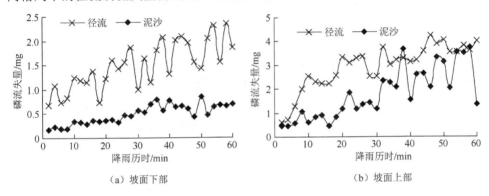

（a）坡面下部　　　　　　　　　　　（b）坡面上部

图 7.35　28°坡面 3m 草被覆盖格局磷流失特征

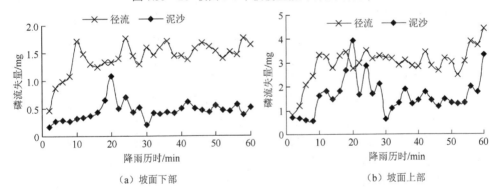

（a）坡面下部　　　　　　　　　　　（b）坡面上部

图 7.36　21°坡面 3m 草被覆盖格局磷流失特征

在 21°坡面条件下，径流磷流失量占磷流失总量的比例还在上升，在图 7.36（a）和（b）格局下其分别达到了 76%和 65%。从以上分析可以看出，随着坡面草被覆盖率增加，能够拦截随泥沙流失的磷比例增大，一方面由于泥沙量在 3m 覆盖草被的情况下流失量减小了，另一方面由于草被宽度增加，能够将泥沙拦截在坡面上的量增加。在这个过程中，延长了径流与沉降在草被中泥沙的吸附解析作用时间和过程，使得径流溶解更多的磷素，并随之流失，从另一个角度说明了草被对坡面泥沙流失的调控作用大于对径流流失的调控作用。

7.3.3　不同草被过滤带养分流失特征分析

本节利用模拟降雨试验,探讨裸坡条件下的氮磷随径流、泥沙流失的特征,通过在坡面布设不同的草被覆盖方式,分析不同植被覆盖宽度及空间格局下的坡面养分流失特征,研究草被空间格局对坡面养分元素随径流、泥沙流失的作用机制,以及草被覆盖对养分流失过程的调控机理。小结如下。

(1)裸坡条件下,坡面养分流失以全量养分流失为主。氮主要以径流流失为主,流失过程较泥沙氮流失平稳;磷主要以泥沙流失为主,流失过程波动性较大,表现为波动—平稳—波动的过程。

(2)在草被覆盖条件下,随着坡面草被宽度增大,养分流失量逐渐减小。1m草被覆盖径流氮流失过程较平稳,草被位于坡面靠下的位置对径流携带氮流失的控制作用好于坡面上方位置;相同格局下,28°坡面径流泥沙氮流失量都大于21°坡面。磷流失以泥沙携带为主,流失过程经历了波动—平稳—波动的阶段;随着草被布设位置上移,泥沙携带磷流失比例逐渐增大,流失量为坡面上部>坡面中上部>坡面中下部>坡面下部,说明草被能够有效地控制随泥沙流失的磷。

在2m草被覆盖条件下,随着草被位置在坡面上移,以及间隔草带格局的出现,氮流失过程开始波动,且草带格局越靠上,波动性越强烈;草被对泥沙氮流失的控制以拦蓄泥沙作用为主;21°坡面泥沙流失过程大概都在第12min出现峰值,波动后会出现流失量最大值;草被格局对流失量的控制作用为连续草被>间隔草被,坡下格局>坡上格局。坡面磷流失过程波动性强,在增加了1m草被之后,泥沙携带磷流失量与径流携带磷流失量逐渐近似。

在3m草被覆盖条件下,相当于只针对坡顶和坡脚位置的裸土表层养分流失情况进行研究。总体来说,径流氮流失过程是平稳的,位于坡面上部草被的径流氮流失量是坡面下部的2.4倍。21°坡面氮流失过程同28°坡面氮流失过程相似,当草被位于坡面下部时,径流氮流失量28°坡面>21°坡面,泥沙氮流失量28°坡面<21°坡面;当草被位于坡面上部时,径流氮流失量28°坡面<21°坡面,泥沙氮流失量28°坡面>21°坡面。在此覆盖条件下,径流磷流失量已经占坡面磷流失总量的主要部分,其比例都在60%以上。

7.4　坡面水土-养分流失关系与调控机理研究

我国著名水土保持专家朱显谟等(1993)指出,灌类植被在西北干旱地区的生态恢复与建设中占有十分重要的地位。大量研究也证实了草灌植被的繁生可以强化土壤抗冲性与土壤通透性和蓄水量,增加入渗,削减超渗径流,防止冲刷。

尤为重要的是，灌草植被可以分散或消除上方袭来的股流，增加坡面径流运动阻力，削弱径流侵蚀能力，进而减少当地的水土流失。同时，研究表明，只有当草被对地面的覆盖达到一定程度时，才能起到防止土壤侵蚀的作用，保持草被较高的覆盖度是减少水土流失的重要途径之一（涂利华等，2005；翁伯琦等，2004；焦菊英等，2000；袁建平等，2000；蒋定生，1997；张光辉等，1996）。植被通过涵养水源、改良土壤、增加地面覆盖防止水土流失的同时，会对土壤养分流失产生保蓄作用。坡地土壤养分流失通过两个途径：一是土壤养分溶解于坡耕地表面的径流，随着径流而损失；二是径流携带的泥沙本身含有或吸附的有机、无机养分。通过前者损失的养分称为溶解态，后者为颗粒态（吴电明等，2009）。大量学者的研究表明，土壤侵蚀与农业径流是一种主要的非点源污染形式，农业径流不仅直接向受纳水体输送水溶性养分，同时由于泥沙对养分的富集作用，径流携带的泥沙在水体底部沉积后，泥沙结合态（颗粒态）养分还会以不同的速率逐渐向水体释放，转化为生物有效养分，因此农业径流所携带的泥沙会对水体富营养化构成潜在危险（马琨等，2002；刘洋等，2002；王兴祥等，1999；黄丽等，1998；蔡崇法等，1996；李光录等，1995；刘秉正等，1995；Alberts et al.,1981）。农田的氮、磷转移是和流失径流中的泥沙部分相联系的，坡面养分流失以泥沙携带为主，水土保持措施中的植被措施控制非点源污染的途径是控制土壤颗粒中的养分流失。

如何使有限的植被发挥最大的水土保持功效是生产实践中面临的实际问题，系统研究不同植被空间配置，特别是较低覆盖条件下植被空间位置的对水土流失的影响，对于加强本区域植被建设具有重要意义。在降雨条件下，植被的存在可以对坡面径流、侵蚀产沙过程产生较大的影响，同时对随径流泥沙养分流失也起到一定的控制作用。植被覆盖度、种类、空间分布及分布形状都会造成坡面产流时间、径流量、产沙量及其变化过程的差异，从而影响被侵蚀土壤中的养分流失。因此，本节利用室内模拟降雨试验，开展了不同草被格局对坡面径流、侵蚀产沙、养分迁移的研究，在对其流失过程进行分析并进行机理性分析之后，本节通过对流失量的对比分析，研究草被布设及其空间格局对坡面产流产沙、养分流失的调控作用。

7.4.1　草被覆盖及其格局对水土-养分流失的调控作用

由上述分析可知，坡面草被对水土养分流失最主要的影响表现在，随着坡面草被覆盖率的增大，径流、泥沙、氮磷的流失量是减小的，那么各种草被覆盖率、覆盖格局减小流失量的作用及其程度究竟有多大，本小节将首先从减流、减沙量及削减氮、磷量的指标着手进行分析。

1. 草被对水土流失的调控分析

为了能准确地反映植被对径流、泥沙的调控作用，同时消除坡面本身所产生的影响，本小节将裸坡坡面径流量、产沙量减去不同植被格局下坡面的径流量、产沙量，其差值反映了植被覆盖格局所起的作用，即植被的蓄水量和减沙量。

1）不同空间格局

1m 草被覆盖格局下坡面减流、减沙效益如图 7.37 所示，可以看出，在 1m 草被覆盖条件下，随着草被格局从坡底到坡顶的过程，坡面减流量和减沙量逐渐减少，28°坡面从格局 1 到格局 4，减流量分别为 132.02L 和 64.12L，减沙量分别为 1244.3g 和 601.59g；21°坡面从格局 1 到格局 4，减流量分别为 139.71L 和 54.12L，减沙量分别为 887.54g 和 134.06g。从数值上来看，覆盖草被从坡底逐渐移至坡顶，其减流量和减沙量几乎减少了一半，说明坡底受降雨侵蚀程度更为剧烈，草被种植在坡底能更有效地调控径流、泥沙流失。25%覆盖率条件下，21°坡面减流、减沙效益优于 28°坡面。

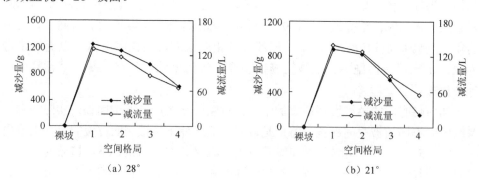

(a) 28°　　　　　　　　　　(b) 21°

图 7.37　1m 草被覆盖格局下坡面减流、减沙效益

2m 草被覆盖格局下坡面蓄水、减沙效益如图 7.38 所示，可以看出，在 2m 草被覆盖条件下，坡面格局的逐渐上移使得坡面减流量和减沙量也呈现出逐渐减少的趋势，28°坡面从格局 1+2 到格局 3+4，减流量分别为 157.95L、128.6L，减沙量分别为 1582.26g 和 1061.24g；21°坡面从格局 1+2 到格局 3+4，减流量分别为 157.88L、113.07L，减沙量分别为 1180.38g 和 603.73g。说明草块从坡底整体或条带状逐渐移至坡顶时，同等条件下，坡面下部草被覆盖面积越多，减流量和减沙量越大。

50%草被覆盖率条件下的坡面有两种草被格局，连续草被和间隔草被。由图 7.38 可以看出，间隔草被减流、减沙量位于连续草被格局坡底与坡顶之间，布设于坡底和坡中的间隔草被调蓄径流泥沙作用劣于布设于坡底处的连续草被，并且位于坡底的间隔草被作用优于布设于坡面中部的连续草被，位于坡面上部的连续草被和间隔草被调蓄作用最差, 径流产沙过程波动最为剧烈。综上可知, 坡底处草被对径流和泥沙的调蓄效果要优于坡顶草被, 坡底位置草被覆盖面积越大, 调蓄径流泥沙的效果越强。50%草被覆盖率条件下, 28°坡面的减流、减沙效益优于 21°坡面。

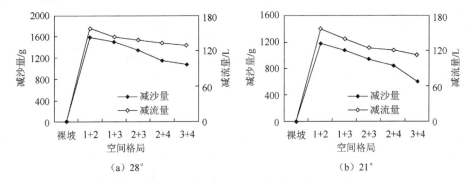

（a）28°　　　　　　　　　　（b）21°

图 7.38　2m 草被覆盖格局下坡面减流、减沙效益

3m 草被覆盖格局下坡面减流、减沙效益如图 7.39 所示, 可以看出, 在 3m 草被覆盖条件下, 草被格局从坡底移至坡顶, 坡面减流量和减沙量逐渐减少。28°坡面格局 1+2+3 和格局 2+3+4, 减流量分别为 194.72L、175.6L, 减沙量分别为 1976.86g 和 1544.49g; 21°坡面格局 1+2+3 和格局 2+3+4, 减流量分别为 180.9L、158.74L, 减沙量分别为 1488.86g 和 1099.92g。同 50%草被覆盖率一样, 28°坡面植被减流、减沙效益更为明显。说明在相同覆盖率下, 坡底处植被对径流和泥沙流失的调控作用要优于坡顶植被。

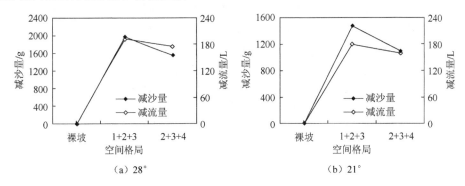

（a）28°　　　　　　　　　　（b）21°

图 7.39　3m 草被覆盖格局下坡面减流、减沙效益

对相同草被覆盖率不同草被覆盖格局下减流、减沙进行分析可知, 草被空间格局对减流、减沙量影响作用显著。坡底草被的减流量、减沙量大于坡顶草被, 说明草被位于坡面的不同位置, 对水土保持所产生的效益不同。因此, 通过改变坡面土地利用的位置可以改变侵蚀现状, 减弱坡面侵蚀程度。

通过以上分析可知，将坡面植被空间格局分为坡上、坡中和坡下格局，其减流量、减沙量均为坡底＞坡中＞坡顶，说明坡底植被格局对坡面水土流失的调控功能强。坡底聚集的植被结构通过自身的机械阻挡作用拦截坡面泥沙，所沉积的泥沙改变了坡面的地貌形态，草被及其前端拦截的流失泥沙能够减缓坡度，从而起到减弱土壤侵蚀的作用。因此，合理地调节坡面植被的空间配置形式，特别是在植被覆盖度较低时，选择合理的植被配置格局，对于加强干旱地区的水土流失治理、提高水资源利用效率具有重要意义。对于黄土高原地区的坡面治理则应该以植被格局在坡下聚集结构为主。

2）不同草被覆盖率

7.3 节在相同草被覆盖率条件下，对不同坡面草被覆盖各格局下的减流、减沙量进行分析，随着草被格局从坡底移至坡顶，坡面减流、减沙量逐渐减小，草被对径流、泥沙流失的调控作用减弱。那么，不同草被覆盖率对坡面径流、泥沙流失所起的调控作用将在本小节进行详细阐述。通过对同一草被覆盖率下不同格局的径流、泥沙流失量取平均值，分别得到不同草被覆盖率下的流失量后，与裸坡下的径流、泥沙流失量的差值作为分析草被覆盖率对坡面水土的减流、减沙效益的依据。

不同草被覆盖率下坡面减流、减沙效益如图 7.40 所示，其描述了以裸坡流失量为基础，不同草被覆盖率下的坡面减流、减沙效益。从图中可以看出，随着草被覆盖率增加，减流量与减沙量都表现出减小的趋势。特别是减沙量从裸坡到有草被覆盖，几乎为直线增加，28°坡面线性拟合关系的判定系数为 0.9402，21°坡面为 0.9801；28°坡面在 25%、50%、75%草被覆盖率下的坡面减沙量分别为980.53g、1323.64g、1760.68g，21°坡面分别为 597.85g、930.18g、1294.39g。从这组数据可以看出，28°坡面减沙效益在相同覆盖率条件下，近乎为 21°坡面的1.5 倍，说明随着覆盖率增加，草被对 28°坡面的减沙效益要优于 21°坡面。对于径流而言，两种坡度下的减流效益基本相同，28°坡面在 25%、50%和 75%草被覆盖率下的坡面减流量分别为 100.01L、140.00L 和 185.16L，21°坡面分别为101.77L、131.71L 和 169.82L，进一步验证了草被拦沙作用优于径流的结论。

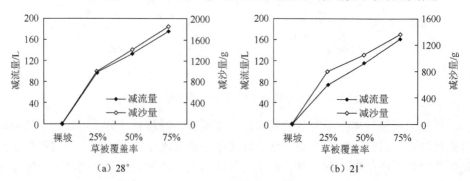

（a）28°   （b）21°

图 7.40　不同草被覆盖率下坡面减流、减沙效益

通过以上分析可知，随着坡面覆盖率逐渐增大，减流、减沙量也逐渐增大。相对于径流而言，坡面草被对泥沙流失的调控作用优于径流，草被对 28°坡面的减沙效益优于 21°坡面。因此，增加坡面的植被覆盖率对于保持水土作用良好，特别是对控制坡面发生土壤侵蚀的泥沙流失有重要作用，有效地实现了水土保持措施的就地拦蓄的思想。

2. 草被对养分流失的调控分析

养分的流失是伴随着径流和泥沙的流失而进行的，前一小节分析了草被格局及其覆盖率对径流、泥沙流失的调控作用，得到了一些相关的结论。本小节采用同样的分析方法，对氮和磷两种养分元素在不同草被格局及其覆盖率影响作用下的流失情况进行研究。

1）不同空间格局

为了能准确地反映植被对氮、磷两种养分流失的调控作用，同时消除坡面本身所产生的影响，将裸坡坡面氮、磷流失量减去不同植被格局下坡面的氮、磷流失量，其差值反映的即为各植被覆盖格局对坡面养分的削减量。

1m 草被覆盖格局下坡面氮、磷流失削减效益如图 7.41 所示。可以看出，1m草被覆盖坡面，随着草被格局从坡底移至坡顶，相对裸坡的氮、磷流失减少量趋势并没有像径流与泥沙所表现的减少趋势一样。总体来说，坡底与坡顶格局分别是减少养分流失最大量和最小量的格局。对比 28°坡面氮、磷流失量的削减曲线可以看出，草被覆盖格局对氮流失量的削减作用效果不明显，当坡面有草被覆盖时，氮流失量迅速减小，但是在坡面草被格局的变化过程中，草被对氮流失量的削减作用却没有显著的变化，都在 5.5g 左右波动。磷的削减过程随草被格局的变化而变化，坡底格局是最有效的削减磷流失量的格局。21°坡面同 28°坡面表现出相似的削减效益，氮削减量随着坡面格局的上移有些许减小；磷削减量则依然为波动减小，坡底格局的削减效益最强。说明 25%草被覆盖率条件下，草被格局对径流、泥沙流失的调控作用一样，坡底格局也是削减养分流失的最优格局。

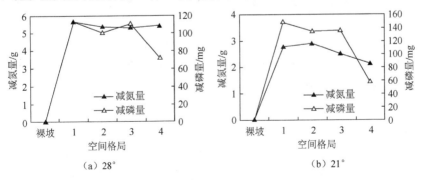

（a）28°　　　　　　　　　　　（b）21°

图 7.41　1m 草被覆盖格局下坡面氮、磷流失削减效益

　　2m 草被覆盖格局下坡面氮、磷流失削减效益如图 7.42 所示，其是 50%草被覆盖率条件下，坡面格局对氮、磷流失量的削减效益。可以看出，在 28°坡面条件下，氮和磷的削减效益曲线都分为了两种趋势，格局 1+2、1+3 及格局 2+3、2+4、3+4，前一组格局下，随着草被上移，养分削减量减小；后一组格局，随着草被上移，氮削减量在增加 0.6g 后（其值小于坡底格局），平稳减小，浮动不超过 0.3g；磷削减量则减小了 46mg 后，平稳增加，浮动不超过 9mg。造成这种波动的主要原因是间隔草被的存在，若去掉间隔草被格局，连续草被格局随着坡面草被从坡底移至坡顶，其氮、磷削减量是逐渐减小的；间隔草被格局位于坡下部的格局削减效益要好于位于坡面上部。

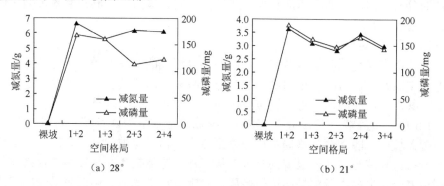

图 7.42　2m 草被覆盖格局下坡面氮、磷流失削减效益

　　21°坡面两种养分流失削减效益受到所设置的草被格局的影响，表现出了一致的趋势。坡底格局减少养分流失量的效益最好，随着草被位置不断上移，其削减氮、磷养分流失的效益逐渐减弱。同 28°坡面一样，如果去掉间隔草被格局，那么，随着连续草被位置上移，其削减作用减小，并且当坡底位置缺少草被防护之后，格局的变化对削减效益影响也随着减小。可以看出，格局 2+3 与格局 3+4 减氮量分别为 2.80g 和 2.96g；减磷量分别为 161.40mg 和 143.78mg，其差值量很小。

　　综合以上分析，说明在 50%草被覆盖率条件下，坡底格局对养分流失的削减效益起着主导作用。无论是连续草被格局还是间隔草被格局，对于坡面养分流失量的调控需要重视坡面底部的措施，以有效地削减养分流失量。

　　3m 草被覆盖格局下坡面氮、磷流失削减效益如图 7.43 所示。可以看出，75%草被覆盖率条件下有两种格局，分别位于坡面底部和顶部。从图中可以明显看出，坡底格局削减养分流失量效果明显好于坡顶格局；并且在该草被覆盖率下，坡顶格局与坡底格局对养分流失量的削减作用差距缩小，坡底格局削减养分量是坡顶格局的 1.1～1.3 倍。说明随着草被覆盖率增大，草被格局的削减效果减弱。对比两坡面的养分削减量，28°坡面坡底格局削减量占裸坡流失量的95%，21°坡面仅为90%。可以看出，坡面草被格局对于调控陡坡坡面的养分流失量作用要强于缓坡，这与对径流、泥沙的调控作用研究结果是一致的。

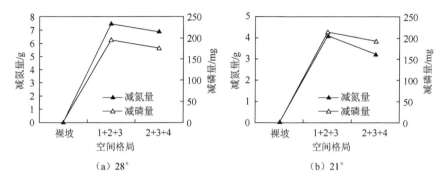

图 7.43　3m 草被覆盖格局下坡面氮、磷流失削减效益

2）不同草被覆盖率

7.3 节在相同草被覆盖率条件下，对不同坡面草被覆盖率格局下的养分削减量进行了分析，随着草被格局从坡底移至坡顶，坡面养分削减量逐渐减小，草被对氮、磷两种养分流失的调控作用减弱。对于不同草被覆盖率下坡面氮、磷流失情况将在本小节进行详细阐述。通过对同一覆盖率下不同格局的氮、磷流失量取平均值，分别得到不同覆盖率下的流失量后，与裸坡下的氮、磷流失量的相减，差值用来分析草被覆盖率对坡面养分的削减效益。

不同草被覆盖率下坡面氮、磷流失量如图 7.44 所示。可以看出，随着草被覆盖率增加，氮、磷流失量逐渐减小，特别是 28°坡面磷流失量，从裸坡到 75%覆盖，近乎以线性递减；其他情况下，从草被覆盖率 25%~75%的变化，养分流失量也表现出线性递减趋势。从数值上看，21°坡面磷流失量从裸坡到 75%草被覆盖率分别为 228.62mg、108.35mg、67.66mg 和 24.33mg，28°坡面为 211.50mg、112.07mg、76.18mg 和 25.31mg。显然在 21°草被坡面条件下磷流失量小于 28°坡面，主要是由于磷易吸附于泥沙，草被在拦截泥沙流失的过程中，21°坡面所形成的"楔形"库容大于 28°坡面，泥沙在这一区域沉积，使得 21°坡面磷流失量小。氮元素主要随径流流失，流失量大小取决于流失径流量的大小，比较两种坡度下不同草被覆盖率坡面的氮元素流失量，其差值在 0.5g 范围内，可以认为不同草被覆盖率弱化了坡度对坡面氮流失的影响。不同草被覆盖率对坡面养分流失的调控作用还能通过下面的养分削减效益做进一步说明。

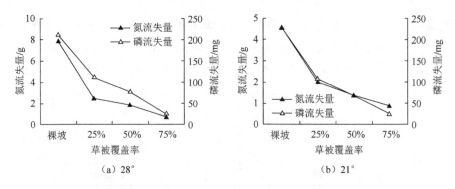

图 7.44　不同草被覆盖率下坡面氮、磷流失量

不同草被覆盖率下坡面氮、磷流失削减效益如图 7.45 所示，可以看出不同覆盖率下的坡面氮、磷养分流失相对于裸坡而言的削减量。总的来说，随着坡面覆盖率增大，其能削减养分流失量的作用增强，以下分别对氮、磷养分在草被覆盖率下的削减作用进行分析。28°坡面从 25%草被覆盖率到 75%，氮削减量分别占裸坡流失量的 70%、77%和 91%，21°坡面该组数据为 56%、69%和 81%，说明 28°坡面草被的布设对氮流失量的削减效果比 21°坡面好；磷却相反，28°坡面 25%草被覆盖率削减量占裸坡流失量的 47%，50%和 75%草被覆盖率分别为 64%和 88%，21°坡面 25%、50%和 75%草被覆盖率下磷削减量所占比例为 53%、70%和 89%，即 21°坡面草被的布设对磷流失量的削减效果好于 28°坡面。由于氮流失主要以径流流失为主，磷流失以泥沙流失为主，由这些比例数据也可以看出，草被过滤带在减缓坡面径流流速、减弱侵蚀的作用方面，28°坡面优于 21°坡面，在减小流失径流量的同时也削减了氮的流失量；对于泥沙而言，21°坡面草被过滤带前所形成的"楔形"结构，其拦泥库容大于 28°坡面，草被在拦截泥沙流失的同时，将吸附于泥沙颗粒上的磷也拦蓄在坡面上，因此 21°坡面所能拦截的泥沙及其磷流失量大于 28°坡面。

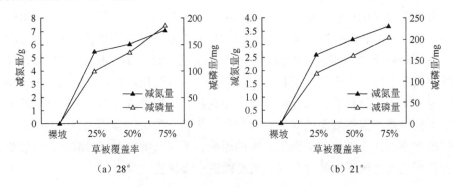

图 7.45　不同草被覆盖率下坡面氮、磷流失量削减效益

综合以上分析，氮、磷流失量随着坡面草被覆盖率的增大而逐渐减小。在相同覆盖率条件下，坡底聚集格局对坡面养分流失量的调控作用最强，并且草被过滤带对陡坡的调控作用优于缓坡。对比不同覆盖率下的坡面养分流失量，草被覆盖率增加能够削减养分流失的能力是增加的。相比较而言，21°坡面削减磷流失的能力好于 28°坡面，28°坡面则主要削减氮流失。因此，在采取减少坡面养分流失的措施时，首先要从调控径流、泥沙流失的角度出发，除了考虑草被覆盖率及其覆盖格局的影响外，还需要结合养分自身的性质，配置合适的保持水土、减少养分流失的植被措施。

通过 7.4.1 小节分析坡面草被对水土养分流失的调控作用可以看出，坡面草被的布设对水土、养分的流失能够起到一定的调控作用，主要表现在随着草被覆盖率的增加，草被对径流、泥沙，以及氮、磷流失的调控作用增强；在相同覆盖率下，草被格局在坡面位置的上移，草被过滤带减小径流、泥沙流失量的作用减弱，削减氮、磷流失量的能力减小；无论是连续草被格局还是间隔草被格局，坡底聚集格局在保持水土、削减养分流失方面起着重要的作用。综上所述，草被措施是调控坡面水土、养分流失的重要手段，在布设草被措施时，覆盖率因子是一个重要的指标，在相同覆盖率的情况下，坡底聚集是最有效的蓄水拦沙、削减养分的格局；此外，还要考虑到不同养分的性质差异，合理地设置坡面的草被措施。

7.4.2　影响水土–养分流失因子统计分析

对于影响水土–养分流失的因素，众多学者进行了大量的研究，从造成坡面水土养分流失的外界因素降雨特征（Shigaki et al.，2007；傅涛等，2003；黄满湘等，2003；Walton et al.，2000；Zhang et al.，1997）、管理措施（王晓燕等，2000；张兴等，2000；许峰等，2000）、土地利用方式（邓红兵等，2001；Stevens et al.，1999），以及土壤本身的性质（孟庆华，2002；Djodjic et al.，1999）都进行了详尽的分析，积累了丰富的研究成果。在本次试验条件下，设定了相同的雨强、试验土壤等条件，不同的是坡面的坡度、坡面的覆盖，即下垫面条件。7.4.1 小节已经对 28°坡面和 21°坡面不同覆盖率下不同覆盖格局的径流、泥沙，以及氮、磷流失过程、草被因素对其的影响作用分别进行了分析，在分析过程中可以看出，在试验条件下，影响坡面水土–养分流失的因素主要为坡度、草被覆盖率、草被格局这 3 个因子，对流失量的影响作用各有差异。本小节即通过各种统计方法对各个因子对径流、泥沙、养分流失的影响作用进行剖析，在此基础上，研究因子间的交互作用对坡面流失量的影响。

1. 坡度因子

本小节采用 SPSS 16.0 统计软件，首先对不同坡度下的径流、泥沙流失量，养分流失量分别进行单因素方差分析，对比不同草被覆盖率下各流失量的差异性，其结果见表 7.3。

表 7.3　不同坡度下径流、泥沙流失量及氮、磷流失量单因素方差分析

不同因素		偏差平方和	自由度	均方差	F 值	显著性水平
径流流失量	组间	2203.400	1	2203.400	0.845	0.368
	组内	57352.080	22	2606.913	—	—
	总和	59555.480	23	—	—	—
泥沙流失量	组间	98859.021	1	98859.021	0.446	0.511
	组内	4871450.964	22	221429.589	—	—
	总和	4970309.985	23	—	—	—
氮流失量	组间	2.577×10^7	1	2577439.457	1.480	0.237
	组内	3.832×10^7	22	1741904.595	—	—
	总和	4.090×10^7	23	—	—	—
磷流失量	组间	382.886	1	382.886	0.157	0.695
	组内	53512.559	22	2432.389	—	—
	总和	53895.445	23	—	—	—

　　由表 7.3 的分析结果可以看出，径流、泥沙流失量与养分流失量的 F 值与 1 相近，甚至小于 1，这说明组间方差远小于组内方差，即由分组造成的差异远远小于抽样造成的误差。此外，观察的显著性水平远大于 0.05，因此可以接受原来的假设，即不同坡度间的径流、泥沙流失量及氮、磷流失量均值无明显差异。说明当坡面有草被覆盖时，坡度对径流、泥沙流失量，以及对氮、磷养分流失量影响均较小，同时也验证了 7.4.1 小节所提出的结论，坡面草被覆盖可以弱化坡度对坡面径流、泥沙、养分流失的影响。

2. 草被覆盖率因子

　　不同坡度之间的径流量、泥沙流失量及氮、磷养分流失量无明显差异，因此继续对不同草被覆盖率和不同空间位置的径流、泥沙量及氮、磷流失量进行方差分析时，可以忽略坡度对它们的组间影响；而且草被覆盖率和空间位置两组之间存在交叉，没有组间差异的严格界限，因此本小节不能进行多因素方差分析，只能进行单因素方差分析。表 7.4 为不同覆盖率下径流量、泥沙量及氮、磷流失量的单因素方差分析计算表。

表 7.4　不同覆盖率下径流、泥沙流失量及氮、磷流失量单因素方差分析

不同因素		偏差平方和	自由度	均方差	F 值	显著性水平
径流流失量	组间	47456.145	3	15818.715	26.148	0.000
	组内	12099.335	20	604.967	—	—
	总和	59555.480	23	—	—	—
泥沙流失量	组间	3625809.124	3	1208603.041	17.978	0.000
	组内	1344500.862	20	67225.043	—	—
	总和	4970309.985	23	—	—	—
氮流失量	组间	1.832×10^7	3	6108112.028	5.411	0.007
	组内	2.258×10^7	20	1128750.223	—	—
	总和	4.090×10^7	23	—	—	—
磷流失量	组间	19634.374	3	6544.791	3.821	0.026
	组内	34261.071	20	1713.054	—	—
	总和	53895.445	23	—	—	—

由表 7.4 可以看出，径流、泥沙流失量及氮、磷流失量的 F 检验值远远大于 1，说明组间方差远远大于组内方差，即由分组造成的差异远远超过抽样造成的误差。此外，观察的显著性水平远小于 0.05，因此可以拒绝原来的假设，即认为不同草被覆盖率下的径流、泥沙流失量、氮、磷流失量的均值存在明显差异。说明 25%、50%和 75%草被覆盖率对坡面径流、泥沙与养分流失量的影响较大，各个覆盖率下的流失量在 0.05 水平上存在显著差异。

3. 草被格局因子

对不同草被空间格局的径流、泥沙流失量及氮、磷流失量进行方差分析，可以明确坡面具体位置和草被覆盖率所造成的差异，同时明确草被覆盖率的差异。由于本试验无重复设计，不能计算方差的齐次性，故采用 S-N-K（Student-Newman-Keuals）法进行均数之间的两两比较，显著性水平<0.05 表示差异显著（卢纹岱，2000）。表 7.5～表 7.8 分别为不同草被空间格局下径流流失量、泥沙流失量、氮流失量、磷流失量的多重验后检验计算结果。

表 7.5　不同草被格局下径流流失量因素多重验后检验

草被格局	均衡子集（Subset）			
	1	2	3	4
1+2+3	174.215	—	—	—
2+3+4	194.855	—	—	—
1+2	204.110	—	—	—
1+3	—	219.925	—	—
1	—	226.160	—	—
2+3	—	230.415	230.415	—
2+4	—	235.215	235.215	—
2	—	239.385	239.385	—
3+4	—	241.190	241.190	—
3	—	—	276.110	276.110
4	—	—	—	302.905
显著性水平	0.146	0.108	0.059	0.093

注：组间均衡子集均数的均方误差为 212.568。

在表 7.5 径流量均衡子集中，第一均衡子集（Subset=1 列）包含空间格局 1+2+3、2+3+4 和 1+2，均数分别为 174.215、194.855 和 204.110，3 个均数比较的概率显著性水平为 0.146，大于 0.05，接受零假设，即可以认为草被格局为 1+2+3、2+3+4、1+2 时的径流流失量均值无明显差异，而与其他位置差异较为显著。第二均衡子集（Subset=2 列）包含草被格局 1+3、1、2+3、2+4、2、3+4，均数比较的概率显著性水平为 0.108，大于 0.05，可以认为草被格局为 1+3、1、2+3、2+4、2、3+4 时的径流流失量均值无明显差异。在第三均衡子集（Subset=3 列）中，草被格局 2+3、2+4，2、3+4，3 均数比较的概率显著性水平为 0.059，大于 0.05，可以认为草被格局为 2+3、2+4，2、3+4，3 时的径流流失量均值无明显差异，而草被格局 2+3、2+4、2、3+4 为第二、第三均衡子集共有，其均值在两组中差距相似，无明显区别。第四均衡子集（Subset=4 列）包含空间格局 3、4，均数比较的概率显著性水平为 0.093，大于 0.05，可以认为草被格局为 3、4 时的径流流失量均值无明显差异，而与其他格局差异较为显著。

综合以上分析可知，由于草被覆盖率和格局不同，径流流失量存在显著差异。将径流流失量均值的差异组别分为三组，组内无明显差异，各组间差异较为显著。各组分别如下。

第一组：草被格局 1+2+3、2+3+4、1+2；

第二组：草被格局 1+3、1、2+3、2+4，2、3+4；

第三组：草被格局 3、4。

第一组~第三组径流流失量依次增大，组内径流流失量按先后顺序逐渐增大。

表 7.6　不同草被格局下泥沙流失量因素多重验后检验

草被格局	均衡子集（Subset）					
	1	2	3	4	5	6
1+2+3	151.330	—	—	—	—	—
1+2	—	502.870	—	—	—	—
2+3+4	—	561.985	—	—	—	—
1+3	—	598.630	—	—	—	—
2+3	—	740.330	740.330	—	—	—
1	—	—	818.270	818.270	—	—
2+4	—	—	892.865	892.865	—	—
2	—	—	897.625	897.625	—	—
3+4	—	—	—	1051.705	1051.705	—
3	—	—	—	—	1147.730	—
4	—	—	—	—	—	1516.365
显著性水平	1.000	0.053	0.255	0.057	0.253	1.000

注：组间均衡子集均数的均方误差为 6348.901。

从表 7.6 中可以看出，同径流流失量方差计算结果相似，某些草被格局为两个均衡子集之间共有，组内的泥沙流失量无明显差异，而组间泥沙流失量差异较为明显。同径流流失量多重验后检验分析方法类似，将产沙量均值的差异组别分为五组，组内无明显差异，各组间差异较为显著。各组分别如下。

第一组：草被格局 1+2+3；

第二组：草被格局 1+2，2+3+4、1+3；

第三组：草被格局 2+3、1、2+4、2；

第四组：草被格局 3+4、3；

第五组：草被格局 4。

第一组～第五组泥沙流失量依次增大，组内泥沙流失量按先后顺序逐渐增大。

由不同草被格局下径流、泥沙流失量多重验后检验的分组结果可以看出，尽管两者的分组信息有所不同，但其总的排序基本一致；在降雨过程中，各草被格局下坡面径流、侵蚀产沙存在明显差异，说明各草被格局对坡面径流、侵蚀产沙的影响不同，且同一格局对径流和对泥沙所起作用的强弱也不尽相同。

表 7.7　不同草被格局下氮流失量因素多重验后检验

草被格局	均衡子集（Subset）	
	1	2
1+2+3	1673.003	—
1+2	2183.319	—
1	2647.352	2647.352
2	2755.546	2755.546

续表

草被格局	均衡子集（Subset）	
	1	2
2+4	2885.318	2885.318
3	3062.270	3062.270
4	3252.413	3252.413
2+3	3498.919	3498.919
3+4	3668.495	3668.495
1+3	3814.709	3814.709
2+3+4	—	4672.219
显著性水平	0.09	0.105

注：组间均衡子集均数的均方误差为376455.983。

由氮流失量的均衡子集表可以看出，只分为两个均衡子集，并且两个均衡子集间共有的草被格局较多，说明草被格局因子对坡面氮流失量的影响较小，这同7.4.1.2 小节中对各格局下的氮流失削减量研究所得出的结论相一致。根据上文对径流和泥沙的分析，比较两列均衡子集的显著性水平，Subset1=0.09，Subset2=0.105，Subset2 相对于 Subset1 组内差异性更小一些，将草被格局造成氮流失量的差异性进行分组统计，可以分为两组。

第一组：草被格局 1+2+3、1+2；

第二组：草被格局 1、2、2+4、3、4、2+3、3+4、1+3、2+3+4。

第一组~第二组氮流失量依次增大，组内氮流失量按先后顺序逐渐增大。

表7.8 不同草被格局下磷流失量因素多重验后检验

草被格局	均衡子集（Subset）			
	1	2	3	4
1+2+3	57.841	—	—	—
1+2	86.305	86.305	—	—
1	—	117.489	117.489	—
1+3	—	119.925	119.925	—
3	—	128.367	128.367	—
2	—	135.207	135.207	—
2+3+4	—	140.739	140.739	—
2+4	—	152.569	152.569	152.569
2+3	—	—	180.085	180.085
3+4	—	—	180.284	180.284
4	—	—	—	206.727
显著性水平	0.173	0.064	0.102	0.074

注：组间均衡子集均数的均方误差为381.162。

由表 7.8 可以看出，草被格局因子对磷流失量的多重验后分析结果分为四组均衡子集，其显著性水平都大于 0.05，认为各分组内无明显差异。根据该结果将磷流失量均值的差异组分为四组，分别如下。

第一组：草被格局 1+2+3、1+2；

第二组：草被格局 1、1+3、3、2、2+3+4、2+4；

第三组：草被格局 2+3、3+4；

第四组：草被格局 4。

第一组～第四组磷流失量依次增大，组内磷流失量按先后顺序逐渐增大。

对比氮、磷流失量的多重验后分析结果可以看出，这两种养分流失量在不同草被格局下的差异性不同，不同于径流流失量和泥沙流失量在总体上的排序一致，氮、磷流失量表现出各自的分组特性。根据 7.4.1.2 小节的分析结果，推断其可能也是由这两种养分的属性及与土壤颗粒的结合特点导致的。

通过对影响径流、泥沙流失量及氮、磷流失量的草被格局因子分别进行分组分析，可以看出，径流流失量与泥沙流失量的草被格局分组在总体上具有一致性，氮、磷养分流失量在草被格局分组中却各自表现出差异性，但总体还是坡底聚集的草被格局下的流失量最小，这为草被格局的坡面布设及水土保持功能模型的建立提供了科学依据。

综合以上径流、泥沙流失量及氮、磷流失量在坡面因子作用下的影响分析，可以看出，坡度、草被覆盖率、草被格局各因子对径流、泥沙、养分流失的影响作用是不同的。由分析结果可知，坡度因子的组内方差大于组间方差，草被覆盖率因子的组间方差大于组内方差，即草被覆盖率因子对流失量的影响作用大于坡度因子，也即坡面的草被覆盖率因子弱化了坡度对流失量的作用。另外，坡面草被因子又分为草被覆盖率因子和草被格局因子，由 7.4.1 小节的分析可以看出，随着坡面草被覆盖率逐渐增大，坡面径流、泥沙流失量及氮、磷流失量逐渐减小；坡底聚集格局对坡面流失量起着主要的调控作用，随着草被格局在坡面不断上移，其对流失量的调控作用逐渐减弱，特别是对坡面氮流失量的调控作用不显著。

7.4.3　坡面水土与养分流失的关系分析

1. 养分流失量与径流、泥沙流失量关系分析

通过 7.4.1 小节对径流、泥沙、氮、磷在降雨历时中流失量的变化过程，以及坡面因子对其流失量影响的调控作用，明确了各流失量的流失特征，以及坡面因子分别对它们的作用。同时，氮、磷的流失以径流、泥沙的流失为载体，完成其从坡面土壤析出并流出坡面的过程，它们之间的关系如何？本小节即以累计养分流失量和累计径流、泥沙流失量的角度构建养分与径流、泥沙间的关系。

不同草被格局下累计氮随径流流失的关系见表 7.9，可以看出，累计氮流失量与累计径流流失量之间具有良好的线性关系，其线性相关性的判定系数基本都在 99.5% 以上，拟合方程满足 $z=kx+b$（式中，z 表示累计养分流失量；x 表示累计径流流失量）。特别是 21° 坡面，草被格局为 1+2 的拟合方程为 $z=4.4707x+9.6951$，其 R^2 达到了 0.9999。

表 7.9　不同草被格局下累计氮随径流流失关系

覆盖率/%	草被格局	28°坡面		21°坡面	
		拟合方程	R^2	拟合方程	R^2
25	草被格局 1	$z=7.4441x+100.81$	0.9957	$z=7.2818x+52.655$	0.9993
	草被格局 2	$z=8.191x+91.477$	0.9985	$z=6.0815x+29.418$	0.9993
	草被格局 3	$z=7.0089x+132.7$	0.998	$z=6.2765x+49.065$	0.9996
	草被格局 4	$z=6.1057x+49.406$	0.9997	$z=6.7782x+3.0173$	0.9997
50	草被格局 1+2	$z=4.8606x+27.411$	0.9994	$z=4.4707x+9.6951$	0.9999
	草被格局 2+3	$z=5.9279x+14.814$	0.9985	$z=7.1699x-6.1726$	0.9985
	草被格局 3+4	$z=7.7346x+11.401$	0.9921	$z=6.0415x+15.546$	0.9992
	草被格局 1+3	$z=9.5766x+56.54$	0.9968	$z=6.5568x-1.3966$	0.9994
	草被格局 2+4	$z=6.2491x+43.523$	0.998	$z=4.2009x+31.075$	0.9991
75	草被格局 1+2+3	$z=2.1066x+8.7772$	0.9993	$z=2.2949x+7.8184$	0.9997
	草被格局 2+3+4	$z=4.7063x-16.878$	0.9983	$z=6.7x+93.414$	0.9708

不同草被格局下累计磷随径流流失的关系见表 7.10。其方程的拟合也满足线性关系，即满足 $z=kx+b$（式中，z 表示累计养分流失量；x 表示累计径流流失量），R^2 基本都在 99% 以上。线性拟合关系最好的要属草被格局为 1+2+3 的 21° 坡面，拟合方程为 $z=0.0634x-0.0896$，R^2 达到了 0.9999。

表 7.10　不同草被格局下累计磷随径流流失关系

覆盖率/%	草被格局	28°坡面		21°坡面	
		拟合方程	R^2	拟合方程	R^2
25	草被格局 1	$z=0.1635x+0.3863$	0.9983	$z=0.1714x+0.8136$	0.9985
	草被格局 2	$z=0.1912x-1.5933$	0.9852	$z=0.1565x-0.075$	0.9988
	草被格局 3	$z=0.1067x+1.3748$	0.995	$z=0.1146x+0.6543$	0.9987
	草被格局 4	$z=0.1218x+0.5778$	0.9991	$z=0.2019x-0.8282$	0.9975
50	草被格局 1+2	$z=0.1017x+0.3151$	0.9988	$z=0.1214x-0.1394$	0.9997
	草被格局 2+3	$z=0.2546x-1.4981$	0.9977	$z=0.2173x-0.8144$	0.9988
	草被格局 3+4	$z=0.1487x-0.1689$	0.9996	$z=0.1443x-1.1856$	0.9986
	草被格局 1+3	$z=0.1198x-0.3212$	0.994	$z=0.1731x-0.4675$	0.9991
	草被格局 2+4	$z=0.1425x+0.4014$	0.9993	$z=0.083x+0.0358$	0.9998
75	草被格局 1+2+3	$z=0.0613x-0.1591$	0.9981	$z=0.0634x-0.0896$	0.9999
	草被格局 2+3+4	$z=0.1111x-0.4244$	0.9982	$z=0.1128x+0.7154$	0.9982

经过以上分析可以看出，累计养分流失量与累计径流流失量间存在良好的线性关系，草被覆盖条件下的坡面线性关系拟合程度高，R^2 都在99%以上。通过对拟合方程进行分析可以看出，在同一坡度条件下，植被覆盖率越大，拟合方程斜率 k 值越小。说明在径流携带养分流失的过程中，植被起到了过滤的作用，削减径流，然后减小养分流失量；通过计算单位径流量中的养分流失量，结果表明，其数值与拟合方程斜率 k 值近似，单位径流携氮流失量与斜率 k 的差值在±0.5 以下，磷的差值在±0.004 以下。因此，将斜率 k 定义为径流携养能力参数，即该参数越小，植被覆盖率越大，径流所携带的养分流失量越小，对径流养分流失的拦蓄作用越好；并且 k 值随着覆盖率增大呈现出线性减小的变化趋势。因此，在一定的坡度范围内，由连续植被覆盖率可以推断出该区域养分随径流所流失的量，以此判断该区域径流汇入水体的养分量。

不同草被格局下累计氮随泥沙流失关系见表 7.11，可以看出，累计氮流失量与累计泥沙流失量之间具有良好的线性关系，其线性相关性的判定系数基本都在99%以上，拟合方程满足 $z=ky+b$（式中，z 表示累计养分流失量；y 表示累计泥沙流失量）。特别是 21°坡面，草被格局为 1 的拟合方程为 $z = 0.3114y+1.1998$，其 R^2 达到了 0.9999。

表 7.11　不同草被格局下累计氮随泥沙流失关系

覆盖率 /%	草被格局	28°坡面		21°坡面	
		拟合方程	R^2	拟合方程	R^2
25	草被格局 1	$z = 0.3838y+0.6857$	0.9931	$z = 0.3114y+1.1998$	0.9999
	草被格局 2	$z = 0.3292y+0.0716$	0.9998	$z = 0.3224y-3.3943$	0.9993
	草被格局 3	$z = 0.3513y-4.8417$	0.9988	$z = 0.3607y-5.1824$	0.9982
	草被格局 4	$z = 0.3328y-2.5354$	0.9969	$z = 0.3023y-12.469$	0.9995
50	草被格局 1+2	$z = 0.247y-1.8967$	0.9994	$z = 0.2369y-3.3552$	0.9872
	草被格局 2+3	$z = 0.3449y-20.666$	0.9653	$z = 0.2615y+4.6402$	0.9961
	草被格局 3+4	$z = 0.2115y-4.8714$	0.999	$z = 0.2141y-6.9569$	0.9979
	草被格局 1+3	$z = 0.206y+0.2228$	0.9997	$z = 0.2118y+0.7426$	0.9996
	草被格局 2+4	$z = 0.2375y-3.0768$	0.9995	$z = 0.2168y-4.1541$	0.9995
75	草被格局 1+2+3	$z = 0.1362y-0.7413$	0.9935	$z = 0.2076y+0.9399$	0.9956
	草被格局 2+3+4	$z = 0.1017y+6.8056$	0.9489	$z = 0.1085y-0.9419$	0.9995

不同草被格局下累计磷随泥沙流失关系见表 7.12。可以看出，累计磷流失量与累计泥沙流失量之间具有良好的线性关系，其线性相关性的 R^2 基本都在99%以上，拟合方程满足 $z=ky+b$（式中，z 表示累计养分流失量；y 表示累计泥沙流失量）。特别是 28°坡面，草被格局为 1+2 的拟合方程为 $z = 0.041y-0.0035$，其判定系数 R^2 值达到了 0.9996，相对于其他坡面格局而言，线性拟合程度最好。

表 7.12　不同草被格局下累计磷随泥沙流失关系

覆盖率/%	草被格局	28°坡面		21°坡面	
		拟合方程	R^2	拟合方程	R^2
25	草被格局 1	$z = 0.0655y + 0.6932$	0.9995	$z = 0.0553y + 0.7998$	0.9986
	草被格局 2	$z = 0.068y - 1.4463$	0.9987	$z = 0.0723y + 1.4441$	0.9972
	草被格局 3	$z = 0.0573y + 1.0628$	0.9994	$z = 0.0534y + 1.6728$	0.9916
	草被格局 4	$z = 0.0648y + 2.4946$	0.9941	$z = 0.0692y + 3.2382$	0.9986
50	草被格局 1+2	$z = 0.041y - 0.0035$	0.9996	$z = 0.042y + 0.0986$	0.9988
	草被格局 2+3	$z = 0.0493y + 0.1676$	0.9992	$z = 0.0463y + 0.1456$	0.9969
	草被格局 3+4	$z = 0.0557y + 0.9076$	0.9988	$z = 0.0499y + 0.3498$	0.9994
	草被格局 1+3	$z = 0.0397y - 0.2779$	0.9995	$z = 0.0512y + 0.2672$	0.9908
	草被格局 2+4	$z = 0.0575y + 0.3383$	0.9986	$z = 0.0545y - 0.4166$	0.9978
75	草被格局 1+2+3	$z = 0.0234y - 0.0541$	0.9993	$z = 0.0238y - 0.0031$	0.9959
	草被格局 2+3+4	$z = 0.0238y - 0.0552$	0.9981	$z = 0.0235y - 0.0296$	0.9956

　　经过以上分析可以看出，累计养分流失量与累计泥沙流失量间存在良好的线性关系，草被覆盖条件下的坡面线性关系拟合程度高，R^2 都在 99% 以上。通过对拟合方程进行分析可以看出，在同一坡度条件下，植被覆盖率越大，拟合方程斜率 k 值越小。说明在泥沙携带养分流失的过程中，植被起到了过滤的作用，拦截泥沙流失，然后减小养分流失量；通过计算单位泥沙量中的养分流失量，结果表明，其数值与拟合方程斜率 k 值近似，单位泥沙携氮流失量与斜率 k 的差值在 ±0.02以下，磷的差值在 ±0.004 以下。因此，将斜率 k 定义为泥沙携养能力参数，即该参数越小，植被覆盖率越大，泥沙所携带的养分流失量越小，对泥沙养分流失的拦蓄作用越好；并且 k 值随着覆盖率的增大呈现出线性减小的变化趋势。因此，在一定的坡度范围内，由连续植被覆盖面积可以推断出该区域养分随泥沙所流失的数量。

　　综合以上分析可以看出，累计养分流失量与累计径流流失量、累计泥沙流失量间具有良好的线性关系，并且拟合程度较高。统计的累计氮、磷养分随累计径流流失量和累计泥沙流失量的拟合关系最好的草被格局都发生在坡底聚集格局，即坡底聚集格局对坡面单位径流、泥沙能够携带养分流失量削减程度最高，表现为线性削减关系，从另一个角度证明了坡底聚集草被格局对坡面水土流失、养分流失的调控作用优于其他草被格局。

　　2. 养分流失量与径流、泥沙流失量关系构建

　　7.4.3 的 1.小节分别从氮、磷两种养分出发，拟合出不同草被格局下它们的累积量与累计径流、泥沙流失量之间具有良好的线性关系，指出斜率 k 值为径流、泥沙携养能力，即单位径流量和单位泥沙量所能携带养分流失量的大小。试验条件下，每种格局的拟合方程不同，虽然定义了斜率 k 值，并且指出了它所满足的关系，但是截距 b 值的存在使得各格局下的拟合方程差异明显。为了能够将这种良好的线性关系应用到实践中，将样本数据进行标准化处理后参与线性回归分析，以期能够构建出养分流失量与水土流失量之间的关系，便于在坡面水土流失调查中也能大概推算出坡面氮、磷养分的流失量。

采用 SPSS 16.0 统计软件进行回归分析，首先采用一次回归分析方法，即将进入回归分析的自变量一次全部纳入回归，因变量分别选择累计氮、磷流失量的标准分，自变量选择累计径流流失量和累计泥沙流失量的标准分。其中，累计氮流失量与累计径流、泥沙流失量一次回归分析，以及累计磷流失量与累计径流、泥沙流失量一次回归分析分别见表 7.13 和表 7.14。

表 7.13　累计氮流失量与累计径流、泥沙流失量一次回归分析

模型参数	非标准化系数		标准化系数	t 值	显著性水平
	系数	标准差			
常量	-2.390×10^{-18}	0.213	—	0.000	1.000
径流流失量	-0.512	0.772	-0.512	-0.663	0.516
泥沙流失量	0.769	0.772	0.769	0.996	0.332

表 7.14　累计磷流失量与累计径流、泥沙流失量一次回归分析

模型参数	非标准化系数		标准化系数	t 值	显著性水平
	系数	标准差			
常量	3.447×10^{-16}	0.173	—	0.000	1.000
径流流失量	0.303	0.627	0.303	0.483	0.635
泥沙流失量	0.340	0.627	0.340	0.543	0.594

由分析结果可以看出，累计氮、磷流失量与累计径流、泥沙流失量的显著性水平均大于 0.05，说明在总体水平上，累计氮、磷流失量与累计径流、泥沙流失量间的线性关系不显著。分析其原因，可能是在进行回归分析时，忽略了草被格局对流失量的影响作用，将其统一起来，导致其线性关系丧失。一次回归模型是将所有变量一次纳入进行分析，是否存在由于自变量间的影响导致关系不明显。研究选择了逐步回归分析的方法，先纳入一个最好的变量，删除一个最不好的变量，依次进行，直至所有符合标准的变量都被纳入，也没有应该删除的变量为止。同样选择经过标准化的变量。

　　通过分析可知，采用逐步回归分析累计氮流失量与累计径流、泥沙流失量间的关系时，将自变量全部删除，说明在 F 检验纳入水平为 0.05、移出水平为 0.1 的条件下，累计氮流失量与累计径流、泥沙流失量间不具有显著的线性关系。在同样的分析条件下，累计磷流失量与累计径流、泥沙流失量间却表现出了显著的线性关系，见表 7.15。从表中可以看出，显著性水平小于 0.05，可以认为回归方程的线性关系在总体水平上成立，得到的回归方程为累计磷流失量=0.077×累计泥沙流失量+74.307。

表 7.15　累计磷流失量与累计径流、泥沙流失量逐步回归分析

模型参数	非标准化系数		标准化系数	t 值	显著性水平
	系数	标准差			
常数	74.307	18.770	—	3.959	0.001
泥沙量	0.077	0.021	0.631	3.635	0.002

　　对于氮、磷两种养分流失量，采用逐步回归的统计方法进行分析，实验条件下，只有累计磷流失量与累计泥沙流失量之间得到了相应的回归方程，分析其原因，除了上文提到的草被覆盖对坡面流失量所起的作用不容忽视外，磷与泥沙颗粒之间良好的吸附作用也使得磷流失量与泥沙流失量之间的关系得以构建。

　　综合以上分析，各格局下的累计氮、磷流失量与累计径流、泥沙流失量分别具有良好的线性关系，满足方程累计养分流失量=k×累计径流或泥沙流失量+b，并且线性方程的 R^2 值较高。根据方程构建的物理意义，斜率 k 为单位径流或泥沙所能携带养分流失量，将其定义为径流/泥沙携养能力。为了能够得到统一的养分流失量与径流、泥沙流失量之间的关系，研究采用一次回归和逐步回归两种方法对样本进行分析。在一次回归分析条件下，养分流失量与径流、泥沙流失量之间没有显著的线性关系；在逐步回归分析条件下，磷流失量与泥沙流失量之间表现出显著的线性关系，并构建了相应的回归方程。基于此，可以将磷流失量与泥沙流失量有机地结合起来。各草被格局条件下，累计养分流失量与累计径流、泥沙流失量之间都表现出了良好的线性关系，但将其统一起来，希望能通过回归分析得到养分流失量与径流、泥沙流失量间呈现良好的线性关系，结果却大相径庭。说明草被格局对坡面流失量的作用是不能忽视的，再一次验证了草被格局对坡面径流、泥沙流失量与养分流失量具有良好的调控作用。

7.4.4　坡面水土-养分流失与水蚀动力关系

　　模拟降雨条件下，降雨在坡面下垫面产生的径流不仅是坡面侵蚀产沙的根本动力，而且是输运泥沙的主要载体，径流流失量在很大程度上决定了被径流输送

的泥沙的数量。因此，坡面出口处的洪水特征能够间接反映天然降雨和下垫面条件对侵蚀产沙的综合影响。

径流深和洪峰流量是反映流域次暴雨洪水过程特征的两个重要侵蚀动力因素，径流深代表次暴雨在流域上产生的洪水总量的多少，间接反映了降雨量的大小，以及流域下垫面对降雨再分配作用的强弱，而洪峰流量则代表洪水的强弱，间接反映了降雨的时空分布特征和流域下垫面对径流汇流过程的影响。将表征流域次暴雨侵蚀产沙量的参数——输沙模数表述为径流深和洪峰流量的函数。基于这种关系，鲁克新（2006）以次暴雨洪水的径流深 H 和洪峰流量模数 Q_m 的乘积作为流域次暴雨侵蚀产沙的侵蚀动力指标，即

$$P = Q_m \times H \tag{7.1}$$

式中，H 为次暴雨流域平均径流深，m；Q_m 为洪峰流量模数，$\mathrm{m^3/(s \cdot km^2)}$，其大小等于次暴雨洪水洪峰流量与流域面积的比值。为了进一步明确指标 P 的物理含义，对式（7.1）进行如下变换：

$$P = Q_m \times H = \frac{W}{A} \cdot \frac{Q_m}{A} = \frac{W}{A} \times A' \times \frac{Q_m}{A'} = \frac{A'}{A^2} \times W \times V = \frac{A'}{\rho \times g \times A^2}$$
$$\times \rho \times g \times W \times V = \frac{A'}{\rho \times g \times A^2} \times F \times V \tag{7.2}$$

令 $\mathrm{Con} = \dfrac{A}{\rho \times g \times A^2}$，则式（7.1）变换为

$$P = \mathrm{Con} \times F \times V \tag{7.3}$$

式中，W 为次暴雨的径流总量，$\mathrm{m^3}$；P 为径流深 H 和洪峰流量模数 Q_m 的乘积，$\mathrm{m^4/(s \cdot km^2)}$；$A$ 为流域面积，$\mathrm{m^2}$；Q_m 为洪峰流量模数，$\mathrm{m^3/s}$；A' 为与 Q_m 对应的流域出口断面的过水面积，$\mathrm{m^2}$；V 为流域出口断面与 Q_m 对应的平均流速，$\mathrm{m/s}$；ρ 为水的密度，$\mathrm{kg/m^3}$；g 为重力加速度，$\mathrm{m/s^2}$；F 为作用力，N。

由式（7.3）可以看出，指标 P 具有功率的量纲，它综合表征了在流域次暴雨产输沙过程中的降雨和地表径流产沙、输沙的能力，因此，定义指标 P 为径流侵蚀功率。

由上述的研究可以看出，坡面径流产沙量和养分流失量受植被覆盖率和降雨径流的共同作用。为了进一步揭示在降雨侵蚀动力作用下，坡面侵蚀产沙量和随径流、泥沙流失的养分流失量受径流驱动力影响作用的大小，本小节以不同植被格局条件下，径流侵蚀功率随植被覆盖率的变化，流失量所消耗的径流侵蚀功率来揭示植被覆盖率对侵蚀结果的影响。图 7.46 为不同坡度下坡面径流侵蚀功率与草被覆盖率的关系。

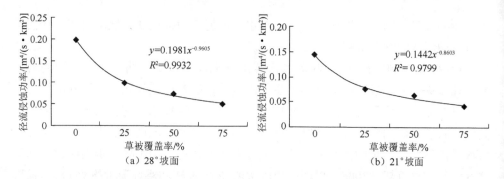

（a）28°坡面　　　　　　　　　　（b）21°坡面

图 7.46　不同坡度下坡面径流侵蚀功率与草被覆盖率的关系

通过试验可以看出，径流侵蚀功率随着草被覆盖率的增大逐渐减小。草被覆盖率从 0 增加到 25%时，径流侵蚀功率有明显的降低趋势，其后随着覆盖率的增加缓慢减小。对比相同覆盖率下的径流侵蚀功率，28°坡面大于 21°坡面，说明大坡度条件下的降雨径流的作用力明显大于坡度较小的坡面。结果表明，径流侵蚀功率随草被的增加呈减小趋势，草被布设可减弱径流侵蚀功率，从而降低径流输移能力，达到减少侵蚀的目的。并且径流侵蚀功率与草被覆盖率之间存在良好的幂函数关系，随草被覆盖率增加，径流侵蚀功率缓慢下降，草被的降低径流输移能力缓慢增加，表明草被覆盖率对坡面侵蚀产沙、养分流失量的影响并不是简单的线性关系。下面采用可以综合反映下垫面情况和径流作用力的径流侵蚀功率因子研究其与侵蚀产沙、养分流失量间的关系。

图 7.47 为径流侵蚀功率与泥沙流失量之间的关系，从图中散点的拟合关系可以看出，泥沙流失量与径流侵蚀功率之间的对数关系良好。即采用径流侵蚀功率这一综合反映坡面草被覆盖率、草被格局、坡度等下垫面情况的因子来描述泥沙流失量的特征，能够看出，随着径流侵蚀功率增大，泥沙流失量以对数关系逐渐增大，说明随着径流侵蚀功率加大，泥沙流失量增大的幅度逐渐变缓，趋于平稳变化。

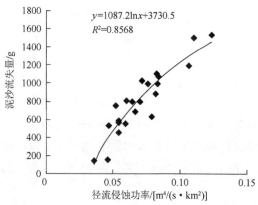

图 7.47　径流侵蚀功率与泥沙流失量间的关系

　　对于养分流失量与径流侵蚀功率之间的关系，分别研究了不同径流侵蚀功率下的氮流失量和磷流失量，如图 7.48 所示。在此基础上，拟合散点图的趋势表现为对数关系。尽管拟合程度不是很高，综合考虑坡面各种影响因子作用下，受到降雨径流作用的坡面养分流失量随着径流侵蚀功率的增大呈对数增大，即养分流失量增大的速度是逐渐变缓的。

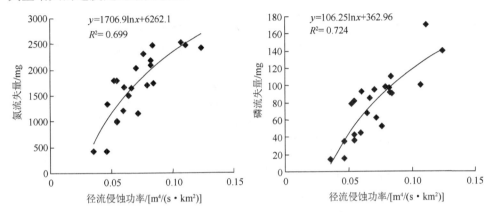

图 7.48　径流侵蚀功率与养分流失量间的关系

　　结合径流侵蚀功率随草被覆盖率的变化趋势，随着草被覆盖率的增加，径流侵蚀功率表现为指数减小，即减小的速率放慢；泥沙流失量、养分流失量随着径流侵蚀功率的增大呈现为对数增大，即增大的趋势变缓。综上所述，在草被覆盖率与径流侵蚀功率的指数关系中存在一个随草被覆盖率的增加，径流侵蚀功率减小最快的区间；同样，在径流侵蚀功率与坡面泥沙、养分流失量之间也存在着一个随侵蚀功率增加而增大最快的区间。径流侵蚀功率取决于坡面的下垫面条件，那么，要避免坡面泥沙、养分的大量流失，可以采用草被布设的方式，改变坡面的草被覆盖率，根据径流侵蚀功率与草被覆盖率间的变化关系改变径流侵蚀功率，避免其出现在养分流失过快的区间。由于这两者的关系都有增长速率较快的区间，如何实现覆盖率的布设使径流侵蚀功率满足坡面泥沙、养分随其流失的速率小有待于进一步研究，这也为有效覆盖率的研究提供了新的方向。

　　在模拟降雨条件下，通过对坡面泥沙、养分流失量与径流侵蚀功率间的关系进行分析，表现为随径流侵蚀功率增大，养分流失量呈对数增大的规律；而径流侵蚀功率随着坡面草被覆盖率的增加表现为指数下降的趋势。综合说明了坡面泥沙、养分在水蚀动力条件下的流失规律，以及坡面泥沙、养分在水动力条件随下垫面草被覆盖率改变而改变的趋势，从造成水土流失和养分流失的动力源头上分析水土保持和非点源污染治理的方法措施，能为探讨水土养分流失的有效调控措施提供科学依据。

参 考 文 献

蔡崇法, 丁树文, 张光远, 等, 1996. 三峡库区紫色土坡地养分状况及养分流失[J]. 地理研究, 15(3): 77-84.

邓红兵, 王庆礼, 2001. 三峡库区小集水区复合生态系统的水分及养分动态[J]. 长江流域资源与环境, 10(5): 432-439.

段亮, 段增强, 夏四清, 2007. 农田氮、磷向水体迁移原因及对策[J]. 中国土壤与肥料, (4): 6-11.

傅涛, 倪九派, 魏朝富, 等, 2003. 不同雨强和坡度条件下紫色土养分流失规律研究[J]. 植物营养与肥料学报, 9(1): 71-74.

胡宏祥, 洪天求, 马友华, 等, 2007. 土壤及泥沙颗粒组成与养分流失的研究[J]. 水土保持学报, 21(1): 26-29.

黄丽, 丁树文, 董舟, 等, 1998. 三峡库区紫色土养分流失的试验研究[J]. 土壤侵蚀与水土保持学报, 4(1): 8-14.

黄满湘, 章申, 张国梁, 等, 2003. 北京地区农田氮素养分随地表径流流失机理[J]. 地理学报, 58(1): 147-154.

蒋定生, 1997. 黄土高原水土流失与治理模式[M]. 北京: 中国水利水电出版社.

焦菊英, 王万忠, 2001. 人工草地在黄土高原水土保持中的减水减沙效益与有效盖度[J]. 草地学报, 9(3): 176-181.

焦菊英, 王万忠, 李靖, 2000. 黄土高原林草水土保持有效盖度分析[J]. 植物生态学报, 24(5): 608-612.

孔刚, 2007. 人工降雨条件下黄土坡面土壤养分流失实验研究[D]. 西安: 西安理工大学.

况福虹, 2006. 紫色土坡耕地施肥对氮素迁移与流失特征影响[D]. 成都: 中国科学院水利部成都山地灾害与环境研究所.

李光录, 赵晓光, 吴发启, 等, 1995. 水土流失对土壤养分的影响研究[J]. 西北林学院学报, 10(增): 28-33.

李军健, 2006. 不同种植模式下紫色土坡耕地水分及养分流失特征研究[D]. 重庆: 西南大学.

李俊波, 华珞, 冯琰, 2005. 坡地土壤养分流失研究概况[J]. 土壤通报, 36(5): 753-759.

李裕元, 2002. 坡地土壤磷素与水分迁移试验研究[D]. 杨凌: 西北农林科技大学.

刘斌, 罗全华, 常文哲, 等, 2008. 不同林草植被覆盖度的水土保持效益及适宜植被覆盖度[J]. 中国水土保持科学, 6(6): 68-73.

刘秉正, 李光录, 吴发启, 等, 1995. 黄土高原南部土壤养分流失规律[J]. 水土保持学报, 9(2): 77-86.

刘启慎, 李建兴, 1994. 低山石灰岩区不同植被水保功能的研究[J]. 水土保持学报, 8(1): 78-83.

刘洋, 张展羽, 张国华, 等, 2002. 天然降雨条件下不同水土保持措施红壤坡地养分流失特征[J]. 中国水土保持, 20(12): 14-16.

刘元保, 唐克丽, 查轩, 等, 1990. 坡耕地不同地面覆盖的水土流失试验研究[J]. 水土保持学报, 4(1): 25-29.

卢纹岱, 2000. SPSS for Windows 统计分析[M]. 北京: 电子工业出版社.

鲁克新, 2006. 黄土高原流域生态环境修复中的水沙响应模拟研究[D]. 西安: 西安理工大学.

罗专溪, 朱波, 汪涛, 等, 2008. 紫色土坡地泥沙养分与泥沙流失的耦合特征[J]. 长江流域资源与环境, 17(3): 379-383.

吕殿青, 杨学云, 张航, 等, 1996. 陕西塿土中硝氮运移特点及影响因素[J]. 植物营养与肥料报, 2(4): 289-296.

马琨, 王兆骞, 陈欣, 等, 2002. 不同雨强条件下红壤坡地养分流失特征研究[J]. 水土保持学报, 16(3): 16-19.

孟庆华, 2002. 黄土丘陵坡面土地利用与水土流失研究[D]. 北京: 中国科学院生态环境研究中心.

孟庆华, 傅伯杰, 邱扬, 2002. 黄土丘陵沟壑区不同土地利用方式的径流与磷流失研究[J]. 自然科学进展, 14(4): 393-397.

潘成忠, 上官周平, 2005. 牧草对坡面侵蚀动力参数的影响[J]. 水利学报, 36(3): 371-377.

世界资源研究所, 联合国环境规划署, 联合国开发计划署, 1993. 世界资源报告: 1992~1993[M]. 北京: 中国环境科学出版社.

孙昕, 李德成, 梁音, 2009. 南方红壤区小流域水土保持综合效益定量评价方法探讨——以江西兴国县为例[J]. 土壤学报, 46(3): 373-380.

涂利华, 谢财永, 胡庭兴, 等, 2005. 华西雨屏区几种牧草的水土保持能力研究[J]. 水土保持学报, 19(5): 35-38.

王光谦, 张长春, 刘家宏, 等, 2006. 黄河流域多沙粗沙区植被覆盖变化与减水减沙效益分析[J]. 泥沙研究, (2): 10-16.

王国梁, 刘国彬, 许明祥, 2002. 黄土丘陵区纸坊沟流域植被恢复的土壤养分效应[J]. 水土保持通报, 22(1): 1-5.

王全九, 王力, 李世清, 2007. 坡地土壤养分迁移与流失影响因素研究进展[J]. 西北农林科技大学学报(自然科学版), 35(12): 109-114.

王晓燕, 高焕文, 李洪文, 等, 2000. 保护性耕作对农田地表径流与土壤水蚀影响的试验研究[J]. 农业工程学报, 16(3): 66-69.

王兴祥, 张桃林, 张斌, 1999. 红壤旱坡地农田生态系统养分循环和平衡[J]. 生态学报, 19(3): 336-341.

韦红波, 李锐, 杨勤科, 2002. 我国植被水土保持功能研究进展[J]. 植物生态学报, 26(4): 489-496.

翁伯琦, 罗涛, 应朝阳, 等, 2004. 福建红壤区适生牧草种质筛选及其套种于山地果园的生态效应[J]. 热带作物学报, 25(2): 95-101.

吴电明, 夏立忠, 俞元春, 2009. 坡耕地氮磷流失及其控制技术研究进展[J]. 土壤, 41(6): 857-861.

吴钦孝, 刘向东, 苏宁虎, 等, 1992. 山杨次生林枯枝落叶蓄积量及其水文作用[J]. 水土保持学报, 6(1): 76-80.

徐宪立, 马克明, 傅伯杰, 等, 2006. 植被与水土流失关系研究进展[J]. 生态学报, 26(9): 3137-3143.

许峰, 蔡强国, 吴淑安, 等, 2000. 三峡库区坡地生态工程控制土壤养分流失研究——以等高植物篱为例[J]. 地理研究, 19(3): 303-310.

袁建平, 蒋定生, 甘淑, 2000. 不同治理度下小流域正态整体模型试验——林草措施对小流域径流泥沙的影响[J]. 自然资源学报, 15(1): 91-96.

张光辉, 梁一民, 1996. 植被盖度对水土保持功效影响的研究综述[J]. 水土保持研究, 3(2): 104-110.

张兴昌, 邵明安, 2000. 黄土丘陵区小流域土壤氮素流失规律[J]. 地理学报, 55(5): 617-626.

张亚丽, 李怀恩, 张兴昌, 等, 2007. 坡度对坡面土壤矿质氮素水蚀流失负荷的影响[J]. 水土保持通报, 27(2): 14-17.

张展羽, 左长清, 刘玉含, 等, 2008. 水土保持综合措施对红壤坡地养分流失作用过程研究[J]. 农业工程学报, 24(11): 41-45.

张长保, 2008. 降雨条件下黄土坡面土壤养分迁移特征试验研究[D]. 杨凌: 西北农林科技大学.

赵护兵, 刘国彬, 曹清玉, 2008. 黄土丘陵沟壑区不同植被类型的水土保持功能及养分流失效应[J]. 中国水土保持科学, 6(2): 43-48.

朱显谟, 田积莹, 1993. 强化黄土高原土壤渗透性及抗冲性的研究[J]. 水土保持学报, 7(3): 1-10.

ALBERTS E E, MOLDENHAUER W C, 1981. Nitrogen and phosphorted by eroded soil aggregates[J]. Soil Science Society of America Journal, 45(2): 391-395.

CARPENTER S R, CARACO D L, CORRELL R W, et al., 1998. Non-point pollution of surface water with phosphorus and nitrogen[J]. Ecological Applications, 8(3): 559-568.

DJODJIC F, BERGSTRM L, ULÉN B, et al., 1999. Mode of transport of surface-applied phosphorus-33 through a clay sandy soil[J]. Journal of Environmental Quality, 28: 1273-1282.

SHARPLY A N, REKOLAINEN S. et al., 2007. Phosphorus Loss from Soil to Water[M]. Cambridge, UK: CAB Int Press: 1-5.

SHIGAKI F, SHARPLEY A, PROCHNOW L I. 2007. Rainfall intensity and phosphorus source effects on phosphorus transport in surface runoff from soil trays[J]. Science of the Total Environment, 373: 334-343.

STEVENS D P, COX J W, CHITTLEBOROUGH D J, 1999. Pathways of phosphorus, nitrogen, and carbon movement[J]. Australian Journal of Soil Research, 37(1): 679-693.

US Environmental Protection Agency(USEPA), 1984. Nonpoint source pollution in the US: Report to Congress[R]. Office of water, Creteria and Standards Division. USEPA, Washington, D C.

WALTON R S, VOLKER R E, BRISTOW K L, et al., 2000. Solute transport by surface runoff from low-angle slopes: theory and application[J]. Hydrological Processes, 14(6): 1139-1159.

YAO W T, HUANG Z L, XIAO W F, 2010. Reductions in non-point source pollution through different management practices for an agricultural watershed in the Three Gorges Reservoir Area[J]. Journal of Environmental Sciences, 22(2): 184-191.

ZHANG X C, NORTON L D, HICKMAN M, 1997. Rain pattern and soil moisture content effects on atrazine and metolachlor losses in runoff[J]. Journal of Environmental Quality, 26(6): 1539-1547.

ZHANG Y, LIU B Y, ZHANG Q C, et al., 2003. Effect of different vegetation types on soil erosion by water [J]. Acta Botanica Sinica, 45(10): 1204-1209.

第8章 生态清洁小流域非点源污染 管理与治理模式

陕南主要是秦岭和大巴山系，地势较高，秦巴山区在农业发展过程中，非常容易发生水土和养分流失，这些流失的养分包括土壤中的养分、人工施入农田的肥料、禽畜粪便及其他容易导致流失的物质。梯田是在坡地上分段沿等高线建造的阶梯式农田，是一种有效的截留土壤养分、阻止水土流失等的重要手段。大力推进沿等高线种植梯田，能有效地减轻农业生产过程中从农田带来的农业非点源污染。

耕作措施主要通过保护土壤的表面来减轻土壤侵蚀，提高作物对营养元素和农业化学物质的利用率，减少它们向环境的输入，可以有效地防止农业非点源污染的形成。利用耕作措施减少农业非点源污染主要是减少农业生产过程中的流失性污染，如氮、磷等。目前，主要提倡的是保护性耕作措施，其内容包括核心技术和配套技术，前者有少耕、免耕、缓坡地等高耕作、沟垄耕作、残茬覆盖耕作、秸秆覆盖等农田土壤表面耕作技术及其配套的专用机具等；后者有绿色覆盖种植、作物轮作、带状种植、多作种植、合理密植、沙化草地恢复及农田防护林建设等。因此，保护性耕作措施能有效地减少农业非点源污染。目前，陕南地区的保护性耕作措施的使用情况还有待推广。

植被过滤带是将产生污染的区域与周围水体隔离开来的植被带，植被带过滤污染物的基本机理包括滞留径流中的沉积物和其携带的污染物、植被吸收养分、土壤中有机和无机成分对污染物的吸附，以及土壤微生物对污染物的降解、转化和固定。农业非点源污染重要的危害之一就是产生携带有固态或已溶解的污染物的地表径流，将污染物带入水体导致水体富营养化。陕南地区由于土层较薄，山地较多，更容易发生营养物质和固体物质随地表水流失的情况。防治非点源污染时，在河流和水体周围种上一定宽度的植被，能有效地阻止和吸收农业生产活动过程中产生的氮、磷等污染物质，同时还能截留固体污染物质，如土壤颗粒、禽畜粪尿残渣和生活垃圾等。对于植被过滤带的宽度，可以因地制宜，在条件允许的情况下，可以适当宽些。杨寅群等（2013）在对黑河流域的研究中，选择10m的植被过滤带，显著降低了流入水体的悬浮固体、植被条件、入流流量和入流悬浮固体浓度。因此，可以依照国内外的研究成果，选择10m左右的植被过滤带。

8.1　丹汉江水土流失治理的成效与经验

随着社会经济的发展、基础设施建设、人民收入的增加，人们的物质层次日渐得到满足，人类对环境的要求就到了一定的高度。水土保持是生态文明建设、陕西省"三强一富一美"的重要组成部分。水土保持工作可以保持当地土壤的有效肥力，实现生态环境的健康、可持续发展，惠及上下游、左右岸，具有全局性。因此，着力营造生态文明，将"生态美"作为一项衡量社会进步快慢的重要指标，对全面建设小康社会有深远的历史意义。

8.1.1　陕西省丹汉江治理工作的发展历程

20 世纪 80 年代初的"8·18"陕南洪水及长江上游的洪水灾害，使人们认识到水土流失的严重性和加速治理陕南水土流失的紧迫性。严重的水土流失引起了各级政府部门的高度重视。1982 年，水利部长江水利委员会将安康市汉滨区白鱼河小流域作为试点，先后对白河县黄石板、商南县龙窝、洋县苎溪河等三条小流域开展治理。1989 年，水利部将镇巴县、宁强县、略阳县增列为第一批防治区重点，此后陕西省先后有 13 个县（区）被列入并开展了历时 20 年的长江上游水土保持重点防治工程建设（"长治"工程），并取得了显著的效益。

2006 年，在水利水土保持部门的努力和社会各界的大力呼吁下，国务院批复了《丹江口库区及上游水污染防治和水土保持规划》（以下简称《规划》），要求陕西等三省人民政府、国家发展和改革委员会和水利部等部门认真组织实施，争取通过 5～15 年的努力，使丹江口库区的水质长期稳定达标，有效治理库区及上游地区的水土流失，改善生态环境（潘宣，2012）。《规划》近期安排陕西省水土保持重点治理县（区）17 个。至 2010 年，国家累计下达陕西省治理水土流失任务 7629.01km^2（陕西省实际下达 7681.53km^2），总投资为 19.16 亿元，其中，中央投资 10.36 亿元，陕西省落实省级配套资金 5264 万元。丹江口库区及上游水土保持工程（"丹治"工程）在陕西省陕南实施 4 年来，对于控制水土流失，改善水源区生态环境，减少非点源污染，防灾、抗灾，促进当地经济社会发展均起到了积极作用。

立足"一江清水供北京"的战略目标，始终把保护水源、治理污染、净化水质作为丹汉江流域水土保持治理的重要目标。"十一五"以来，尤其是近 5 年来，结合实施"长治"工程、"丹治"工程、陕南移民搬迁工程，以及退耕还林、天然林保护、扶贫开发等重点生态建设项目，累计投入建设资金 170 多亿元，治理小流域 1000 多条，治理水土流失面积 1.24 万 km^2。

2010 年 7 月，陕南地区有三分之一以上的县区遭遇了 50～100 年一遇的特大暴雨洪水，以及滑坡、泥石流灾害。以"7·18""7·24"特大暴雨最为严重，汉滨、紫阳、岚皋、商南、丹凤、山阳、镇巴7县（区）的受灾程度最大，正在实施的"丹治"工程也面临着严峻的考验。为此，陕西省水土保持局及时组织专家进行了实地考察调研，完成了《水土保持工程"保水保土保安全"——陕南特大暴雨中水土保持工程防灾减灾作用调查》报告的撰写，引起了陕西省委、省政府领导的高度重视。

2012年，国务院批复了《丹江口库区及上游水污染防治和水土保持'十二五'规划》。要求通过实施实现三个目标：一是水质目标。2014年南水北调中线工程通水前，丹江口水库陶岔取水口水质达到Ⅱ类标准（总氮保持稳定）；主要入库支流水质满足水功能区目标要求；汉江干流省界断面水质达到Ⅱ类标准。2015年年末，丹江口水库水质稳定到Ⅱ类要求（总氮保持稳定）；直接汇入丹江口水库的各主要支流水质不低于Ⅲ类，入库河流水质全部达到水功能区目标要求；汉江干流省界断面水质达到Ⅱ类要求。二是污染物总量控制目标。规划区污染物化学需氧量和氨氮排放总量控制目标与国家"十二五"分配到规划相关省的总量指标一致。三是水土保持目标。治理水土流失面积6295km²，实施坡改梯工程315km²；水土流失累计治理度达到50%以上，增加林草覆盖率5%～10%；调蓄能力年均增加2亿m³以上，土壤侵蚀量年均减少0.1亿～0.2亿t。对陕南地区的水土保持治理提出了更新、更高和更严格的要求。

8.1.2 陕西省丹汉江流域水土保持工作做法

近年来，围绕南水北调中线工程水源保护工作，陕西省认真贯彻落实中央各项方针政策，采取切实有效的措施，建立健全相关法规制度，加大水污染防治和水土流失治理工作力度，丹汉江流域水土保持工作迈上了一个新台阶。

（1）调整经济发展战略，保护一江清水。为确保南水北调中线工程调水水质，陕西省提出陕南作为水源地要发挥生物资源和水资源丰富的优势，以建设生态屏障和绿色产业基地为重点，大力发展现代中药、生态旅游、绿色产业，打造"陕南绿色品牌"，实现循环发展。2005年年底，陕西省人民代表大会通过了《陕西省汉江丹江流域水污染防治条例》。2007年11月，陕西省人民代表大会颁布了《陕西秦岭生态环境保护条例》，将汉江、丹江流域水污染综合防治纳入《陕西省主体功能区规划》。各地不断加大工作力度，全力治理工业污染，有65家排污不达标企业被关停，废水排放达标率由最初的59%提高到87%，污水排放总量减少了近35%。近几年，陕西省委、省政府对陕南地区的居民实施了移民搬迁工程，对居住在偏远山区生活条件差的部分居民进行了搬迁。这一举措改善了居民的生产、生活条件，同时有力地促进了生态环境的修复，推进了经济社会全面持续发展（刘利年等，2012）。

　　（2）开展小流域综合治理，加快水土流失治理步伐。进入"十一五"，特别是2007年国家启动实施丹江口库区及上游水土保持工程以来，陕西省以"丹治"工程项目建设为支撑，积极整合各类生态环境建设项目和资金，扎实推进小流域综合治理。5年治理小流域1000多条，初步治理水土流失面积1.24万km²，年均拦蓄泥沙量达到3700多万吨。"丹治"工程实施4年来，完成总投资19.19亿元，治理小流域348条，治理面积7500多平方千米。监测显示，项目区植被覆盖率增加15.63%，年蓄水能力提高5%。

　　（3）加大监督执法力度，控制人为水土流失。陕西省不断加大监督执法力度，遵照"谁破坏、谁治理"的原则，落实水土保持"三同时"制度。据统计，5年来陕南三市共编制水土保持方案2200多个，方案申报率达到95%，审批率达到100%。各地紧抓国家实施退耕还林和天然林保护工程的机遇，加大封山造林的力度。截至2010年年底，共完成退耕还林480多万亩，荒山造林423万亩，划定了19个自然保护区，面积为3456km²，森林覆盖率较"十五"末提高了6%，库区生态环境明显改善，其增强了水源涵养能力，使汉江干流白河出口段水质始终稳定在Ⅱ类标准以上。

　　（4）积极开展水源区水土保持生态补偿机制和非点源污染研究。从2007年开始，陕西省水土保持局和西安理工大学着手研究建立丹江口水库水源区水土保持生态补偿机制，并取得重大突破，研究成果获得了省级科技进步二等奖。同时，在石泉、商南、丹凤等县建立了8个试验观测区，建立数据模型，开展动态监测，为防治非点源污染提供了科学依据。

8.1.3　陕西省丹汉江流域水土保持工作经验

　　在开展长江流域水土保持工作中，陕西省始终坚持治理与开发相结合、治理与生态环境保护相结合、治理与群众脱贫致富相结合，创造和积累了一些行之有效的做法。

　　1. 创新治理理念

　　树立大生态、大水保的水土保持观念，走全面、协调、可持续的路子。生态建设工程必须紧紧围绕建设生态文明的目标，把工程建设和经济社会发展全面结合起来，紧贴"三农"问题，立足改善农村生产生活条件，提高农业综合生产能力，促进生态环境改善和农业增收（耿启学，2012）。

　　2. 创新治理模式

　　水土保持必须建立政府主导、部门联动、社会支持、齐抓共建的长效机制。生态建设作为一项长期事业，需要各级政府部门的高度重视和社会各方的共同关注，以及广大群众的广泛参与。针对陕南秦巴山区自然灾害频繁、农业生产条件较差的突出问题，引导和激励农户和企业等各种社会力量共同参与治理，采取了承包、租赁、拍卖和股份合作等水土流失治理新机制，实行"谁种谁有，谁治理谁受益"的政策。始终把治理水土流失、改善生态环境作为一项长期任务，保证了工作的连续性和稳定性。

3. 创新治理技术

水土流失治理必须依靠大项目支撑，坚定不移地实施项目带动战略。近年来，陕西省大力推进"长治"工程、"丹治"工程、坡耕地综合整治、清洁小流域等重点工程建设，加大整合力度，扩大项目规模，坚持以小流域为单元，山、水、田、林、路统一规划，工程、生物、耕作措施综合配置，人工治理与生态修复有机结合，因地制宜地创新实施了"生态袋筑坎"、生态渗滤技术、生态渠道、有机清洁产品、特色循环种养、乡土树种优化配置等治理新技术，有力地带动了全流域的水土流失治理和生态环境建设。

4. 创新管理体制

水土保持必须走依法行政的路子，加强预防监督，巩固治理成果。针对当前开发建设活跃、人为水土流失有所加剧的态势，全省各地认真贯彻实施《水土保持法》《行政许可法》，统筹兼顾当前和长远利益，正确处理经济开发和生态保护的关系，严把开发项目水土保持方案审批和检查验收关口，督促落实水土保持方案和"三同时"制度，遏制了人为造成的水土流失，巩固扩大了治理成果。

5. 新科技协作机制

积极与西北农林科技大学、西安理工大学、中国科学院水利部水土保持研究所等高校和科研院所进行科技创新协作，为水土流失科学治理提供坚实的科学依据。通过研究创新性地提出了生态补偿方式，"南水北调中线工程水源区水土保持生态补偿研究"获得了陕西省科学技术二等奖，陕西省水土保持科技创新和转化推动走在了全国的前列。

8.1.4　治理规划与未来工作重点

1. 水源区治理规划

由上述分析可知，未来丹汉江水源区的非点源污染源可以主要划分为种植型、养殖型和生活型三大类。由于各县社会经济条件不同，污染物来源和负荷有差异，在进行水土流失与非点源污染治理的过程中，应根据各县（市）实际情况的不同采取适宜的措施。目前，陕南地区正在实施的《丹江口库区及上游水污染防治和水土保持'十二五'规划》《陕南地区移民搬迁安置总体规划》和《汉江综合治理》等各种规划建设项目，从不同角度对区域的水土流失和非点源污染进行治理。

《陕西省 2012—2014 年农村环境连片整治示范工作方案》在陕南地区围绕汉丹江流域水源保护和扶贫开发，将农村环境保护工作基础较好的 10 个县（区）纳入示范区域。建设目标是：①受益范围为示范县（市、区）受益村镇不低于总数的 50%。②示范村基本达到垃圾桶每 2 户 1 个，垃圾台每 60 户 1 个，每村都有垃圾清运车，乡镇配备有垃圾转运站和转运车。③连片或者规模较大的示范村建成村级污水处理设施，示范乡镇均建有镇级污水处理设施。④示范村内的饮用水源地均建成保护设施。验收目标是：①水源地保护，水源地保护率达到 100%，水源地水质达标率达到 100%。②农村生活污水处理，示范镇建成污水处理设施，污水处理率≥60%。③农村生活垃圾处理，定点存放清运率达 100%，垃圾无害化处理率≥70%。④畜禽养殖污染治理，畜禽粪便综合利用率≥70%。⑤改善村容村貌，每村都有卫生保洁员，农村治污设施运管得到保障。⑥群众满意度≥90%。

2. 总体布局

根据陕南地区的自然概况、水土流失现状、社会经济状况及其发展趋势，结合其水土流失分布特征和水土保持区划要求，提出秦岭南麓及大巴山北麓以增强水源涵养能力为首要目标；汉江干流沿岸和汉中盆地及其周边地区以减蚀减沙为首要目标；丹江口库周围及丹江上中游以控制非点源污染为首要目标，布设生态缓冲、综合治理和生态修复三道防线，控制水土流失和非点源污染。

3. 未来工作重点

由于水土流失非点源污染的特殊性，目前尚没有一个规划建设项目能够对水源区的水土流失非点源污染进行有效的综合治理。随着南水北调工程的建设完成并投入使用，如何保证水源区的水质问题日益成为社会各界关注的焦点问题。因此，迫切需要在以下几个方面做好工作。

1）将丹汉江水源区列为国家级生态文明建设示范区

丹汉江流域气候温和、雨量充沛、生态良好、水质优良、经济发展后劲大。同时，这一区域是国家南水北调中线工程的主要水源地，建立国家级生态文明建设示范区是全面推动水源区经济社会又好又快发展、维护库区水质安全的重大举措，也是谋求水源区人民福祉的千秋伟业。因此，建议国家将陕西省丹汉江流域水源区列为国家级生态文明建设示范区，并在政策和资金上予以扶持。

2）扩大坡耕地综合整治范围

陕南三市坡耕地量大面广，流失严重，生产能力低下。治理和改造坡耕地不仅是治理水土流失、控制非点源污染、保护水源水质的需要，也是确保粮食安全、促进产业结构调整、推动地方经济发展的前提。建议国家扩大治理范围，增加投资规模，将陕西省陕南秦巴山区 31 个县（区）全部列入工程实施范围。

3）扩大生态清洁小流域建设范围

农村生产生活环境治理一直是该区域治理的空白点，农村生产生活引发的非点源污染问题是未来丹汉江水源区的主要污染源。生态清洁小流域建设有机统一了水土流失与非点源污染防治的关系，是解决非点源水污染和水土流失的重要举措，建议进一步提高治理标准，在现有治理标准的基础上，按梯度分类推进清洁小流域的建设工作。

4）完善丹江口库区及上游水土保持生态补偿机制

为保证南水北调中线水源区的水质，陕西省对丹汉江流域现有工业企业进行了关、停、并、转，地方财政受到较大损失，当地群众就业和农业生产也受到一定影响。建议国家从财政转移支付丹汉江水源区生态补偿资金中，明确一定比例的资金用于水土保持生态建设工作，加快建立水源区水土保持生态补偿机制。

8.2　非点源污染控制措施

8.2.1　非点源污染控制主要技术措施

湿地控制也是典型的对农业非点源污染进行控制的手段（姜翠玲等，2002）。湿地是一独特的土壤-植物-微生物系统，当农田排水流经湿地时，水中的氮、磷和有机质等养分发生复杂的物理、化学和生物转化作用。人工和自然湿地中的土壤砂石通过截留、吸附、过滤、离子交换和络合反应等作用净化水中的氮、磷等养分。湿地中的植物还可以通过其呈网络样的根系直接吸收农田排水中的氨氮、硝氮和磷元素，同时还能影响湿地对污染物的转化速率。

多水塘系统微景观结构对地表径流的流量和流速具有调控作用，它不仅能够有效控制非点源污染，同时具有改善周围环境（如防洪、灌溉、娱乐）、增加生物多样性等功能。其机理和湿地系统处理农业非点源污染的机理相似，也是通过物理的、化学的和生物的过程，实现对径流污染物的截留、沉积、吸收、转化等，达到非点源污染的高效净化。陕南地区水资源较为丰富，也是全省重要的粮食生产基地，完全具备条件建设多水塘系统。多水塘系统的建立，不仅可以方便农业灌溉，更重要的是使污染物在水塘中进行减量化，然后排放。

测土配方施肥技术：主要通过土壤养分的基础调查实施测土配方施肥技术，目前，此技术已在全国推广使用，且效果良好。

生态拦截技术：包括生态田埂技术、生态沟渠技术、旱地系统的生态隔离带技术，以及生态型湿地处理技术等。目前，应用较为成熟的是湿地生态工程。

畜禽污染控制技术：对于畜禽粪便的处理，更多地采用生物学及生态学方法，利用废弃物中的养分和能源物质减少或消除废弃物对环境的污染。

农业废弃物处理技术：大力提倡秸秆还田技术。

8.2.2 非点源污染管理措施

管理措施包括综合肥力管理、病虫害综合管理和农田灌溉制度等方面。

管理措施的主要目的就是增加作物对化肥、禽畜粪便等的吸收和利用率，减小农药在农业系统中的投入。其中，综合肥力管理的目的是减少可以导致农业非点源污染发生的肥料的投入，常在管理过程中采取测土配方施肥、变量施肥、肥料深施、平衡施肥和使用缓释肥料等方式。不同地区的土质和养分含量都不同，通过测定土壤中的养分情况，然后据此对作物进行精确施肥，避免肥料的浪费，减少肥料的流失污染。陕南为秦巴山地，土层薄而肥力容易流失。因此，在农业生产过程中，通过对土壤养分状况进行测定，决定对作物的施肥措施，有利于做到精确施肥，肥料为作物最大利用，减少流失。而在施肥过程中，施肥的方式也对农业非点源污染的排放产生影响，在进行施肥管理过程中，应注重推广肥料深施，减少肥料暴露在地表而随地表径流流入水体。在肥料使用过程中，应注意缓释肥料的施用，缓释肥料能够在作物生长过程中逐渐释放出肥力，有利于作物持续而有效地利用肥力，减少养分的流失。

病虫害综合管理是可持续农业的一种重要方法，着重于生态学原则，根据病虫害与环境之间的关系，充分发挥自然控制因素的作用，将病虫害控制在经济损失水平以下，以获得最佳的经济、社会和生态效益。可持续农业强调以农业防治、生物防治为主，化学防治为辅的技术措施体系。大量的化学农药在农业生态系统中的投入会对环境和人类健康带来不利影响，同时还会带来农药在农产品中的残留或通过地表径流流失，造成非点源污染。因此，提倡病虫害综合防治，改善农药施用结构，提倡生物农药的比例，利用害虫天敌进行病虫害防治，以及通过植物间的相互作用抑制害虫，对全省减少农药污染具有重要作用。

合理的灌溉制度对于农作物来说，既可以满足其高产所需的水分，又避免了由于灌溉过多导致养分和农药等流失的情况，减少农业非点源污染的产生。农田中的养分和农药的流失在很大程度上取决于地表径流的强度和径流量。宝鸡峡和交口灌区每年因灌溉通过潜水排泄的氮素量分别约为2142t和3497t，磷素排泄量分别为23t和20t。因此，为了减轻农业非点源污染的产生，陕南应该推广合理的农田灌溉方式，限制使用漫灌，推广和应用微灌、滴灌等精确灌溉措施，根据作物的需求进行灌溉。这样才能保证环境和经济效益的统一。

"3S"技术，即地理信息系统（GIS）、遥感（RS）、全球定位系统（GPS）的统称，是最近20年快速发展起来的高新技术。可以利用RS技术提取非点源污染数据；利用GIS对非点源数据进行分析和处理；利用GPS技术提供精确导航和空间定位非点源污染数据。

8.2.3　农业污染防控措施及其局限性

1. 农业外部污染源防治

城市和工业三废污染治理对策主要包括：加强对固体垃圾的回收和无害化处理，减少固体垃圾堆放对土壤的污染；采用先进的污水处理技术，加强对废水的净化处理，提高水资源循环利用率，减少污水排放量；对排放的废水采取处理措施，建立人工湿地缓冲带；加强对重金属污染的检测，制订重金属含量控制标准，对超标的污水强制进行处理或禁止用于农田灌溉。

城市和工业三废污染治理的局限性主要表现在：个别企业有法不依，暗中违法排污造成的农业污染事件时有发生；城市和工业废水的净化处理费用高，增加企业成本，在资金状况欠佳的中小企业推广较难；有的企业由于空间限制无法建立人工湿地缓冲带。

2. 农药污染防治

防治农药对农业的污染要从源头上抓起。2002 年 6 月 5 日发布的中华人民共和国农业部公告第 199 号列举了国家明令禁止使用的农药及在蔬菜、果树、茶叶、中草药材上不得使用和限制使用的农药名单。《农产品产地安全管理办法》已自 2006 年 11 月 1 日起施行。应加强对农产品的农药污染检测，实现全国农产品生产的无公害化。

农药污染防治的局限性主要表现在：高效低毒农药价格昂贵，影响农业生产效益，推广受到障碍；有机农产品认证制度还不健全，较难实现优质高价，推广困难。

3. 化肥污染防治

化肥是重要的农用物资，在我国农业生产中广为使用，但其对土壤、水体等环境要素的污染和破坏作用不容忽视，对人体健康和粮食安全也存在着严重危害。化肥污染防治的关键措施是在全国广泛地推广测土施肥，提高化肥利用率，减少化肥施用量。增施有机肥是减少化肥施用量的有效方案，同时也解决了人畜粪便污染问题和农作物秸秆焚烧造成的大气污染。

化肥污染防治的局限性主要表现在：农民已养成依靠多施化肥增产的习惯，短期内明显减少化肥施用量较为困难；城镇化发展和农村劳动力价格增加不利于有机肥的生产。

4. 畜禽粪便污染防治

畜禽养殖业的蓬勃发展改善了农业生产结构，促进了农村经济水平的提高，但是畜禽粪便污染由非点源逐步向点源演化，畜禽粪便处理问题成为畜禽粪便污染防治的关键。目前，对畜禽粪便的主要处理措施有发展沼气，在减少生态环境污染的同时，又提高了资源的利用效率，具有很大的经济效益和生态效益；适当限制饲养规模；在畜禽养殖场排污口建造人工湿地净化带。

畜禽粪便污染防治的局限性主要表现在：大型畜牧场的发展使局部地区的畜禽粪便污染加剧，消纳粪便的运输成本加大；建设人工湿地净化带会增加企业生产成本，或由于空间限制无法靠建设人工湿地净化畜禽养殖场废液。

5. 水产养殖污染防治

水产养殖污染防治鼓励传统的基塘水产养殖的发展，基塘水产养殖由于其封闭性，产生的废物不易外排，依靠池塘自净作用消解废物，是一种生态型的农业生产方式，有利于减少水产养殖对环境的污染。

水产养殖污染防治的局限性主要表现在：生态养殖可能降低水产养殖效益；有的地区由于地貌条件限制，不适合发展基塘水产养殖。

6. 农作物秸秆污染防治

应当全面禁止农作物秸秆的焚烧，有效防治农村烟尘污染。秸秆可以有多种用途，如作为造纸原料、牲畜饲料、生产食用菌的基料、农村生活燃料、沤制有机肥、秸秆直接还田及作为生产沼气的原料等。因此，各地政府应根据当地的农作物结构和秸秆的特性，因地制宜地利用农作物秸秆资源。

农作物秸秆污染防治的局限性主要表现在：禁止农作物秸秆的焚烧虽有成效，但仍然无法全面制止；秸秆利用费时费力，劳动力价格的增长对沼气生产、秸秆气化、秸秆被用作农村生活燃料和利用秸秆沤制有机肥均有不利影响。

8.3　水体修复管理技术

8.3.1　河流水环境综合治理技术

河流水环境综合治理是对现有的污染源进行控制，防止生态环境和水质进一步恶化，同时为水生态修复提供条件。针对陕南地区水环境污染特征，综合治理技术主要包括农业非点源污染综合控制技术、城镇生活污水处理技术和工业污染整治。

8.3.2 河流水生态修复技术

对于污染严重的河段，可先采取对河道生态环境的人为强制清水措施和实行水位调控等，以促进水体生态修复工程的实施。针对丹汉江水土流失的现状，充分考虑水土保持生态建设的重要性。

1. 基于水质调控的水系生态治理技术

根据河流水功能区的要求，结合考虑污染物浓度，以及水量和生境对其的耦合作用，水质可分为达标、补水稀释后可达标、提高自净能力后可达标和不达标四种情况。如果河流水污染严重，存在大的污染源，但河道天然形态保持较好，可以采取控制污染源，水质净化技术改善水质以修复河流生态系统，如污染河流水质改善的原位、异位处理技术等。

（1）多级串联卵石衬底、介质筛护岸的复合生物滞留塘原位水质改善技术。基于对河道中由溢流坝构成的滞留塘的改造，建立多级串联卵石衬底、介质筛护岸的复合生物滞留塘原位改善水质。具体做法是，在河道溢流坝的入水前段，通过卵石衬底、介质筛护岸及水生植被恢复手段，提高河流去除 COD 和氨氮污染物的能力；在溢流坝的出水段，利用跌水曝气的功能，增加河水的有效复氧，提高好氧微生物的活性，进一步去除 COD、氨氮等污染物，充分改善河流水质。

（2）生物接触氧化物理化学强化异位处理技术。在河水净化原位处理的基础上，利用拦河坝抬高河水水位，首先引水进入生物接触氧化处理单元，通过生化反应有效去除 COD、氨氮等污染物，其次把出水引入强化混凝处理单元，通过压缩双电层、电中和、网扑卷扫等作用去除水中的悬浮物和大分子有机物，最后进入多介质吸附过滤处理单元，实现河水的深度处理。

2. 基于生境调控的水系生态治理技术

对于能够满足生态基流的河流或河段，如水质良好，但水利设施（如闸、坝等）影响河道的纵向连续性，造成生境破坏；或水质有轻、中度污染，且污染物以易降解的污染物为主时，均可采用生境改善技术恢复河流的自净能力以实现生态修复。

（1）基于原生态保护的河流堤岸植物群落恢复技术。根据河川和岸坡径流的生态水力学分析，采用生态混凝土技术在软质岸坡和硬质混凝土岸坡建立适于乡土植物生长的土壤物理基磐。在河堤顶部种植乔木、灌木和草坪，构建河堤顶部景观带；在河堤上部和中部种植乔木、灌木和草本植物，构建生态缓冲隔离带，削减岸坡地表径流可溶性污染物和侵蚀能量；在缓坡临水区恢复适生的水生植物群落，吸收河流氮、磷等营养物质，削减河流的侵蚀能量。

（2）原生态水体自净河道构建技术。根据河流的特点恢复河流的自然弯度，调整河坡的微地形，创造跌宕起伏的河底线。通过改变河床的空间形态控制流速和流场分布，增强河水自然曝气和吸收分解污染物的功能，为挺水沉水植物、微生物和鱼蚌类等河流水生物提供合适的生存环境。

3. 基于水质-水量-生境联合调控的水系生态治理技术

河流生境破坏较严重而河流水质较好，虽然可以满足生态基流，但也难以自然恢复，应该在水量调控的基础上对河道形态进行修复。河流水质严重恶化，存在大的污染源或水质污染严重的河流或河段，仅仅通过水量调控技术不能确保水质的河流，还应当采取适宜的水质净化技术，如果无须改善生态环境，则为水质-水量联合调控模式，如果河道人工化严重，还须进一步采用"生境改善技术"进行修复，则为水质-水量-生境联合调控模式；对于不存在水量、水质和生境三方面问题的河流或河段，则无需采取工程和技术措施，只需加强管理和保护。

8.3.3　流域水环境综合管理

目前，以流域为单元的综合水管理理念已被社会普遍接受。近年来，流域综合管理已成为区域经济社会可持续发展研究的热点之一，其中，水资源和水环境承载能力是流域管理研究的重要内容。考虑到丹汉江水源区的特殊地位，陕西省丹汉江流域水环境综合管理主要围绕丹汉江水土流失与非点源污染管理展开。因此，应当进一步明确水土保持在丹汉江水源区非点源污染管理中的地位和作用，建议成立以水土保持工作机构为主体的丹汉江流域水土保持与非点源污染综合管理机构，将来还可以在此基础上进一步充实、完善，建立起一个包含流域水环境长效管理机制、流域水生态健康综合评估指标体系及流域水环境监控与预警体系的真正意义上的陕西省丹汉江流域综合管理机构。

8.4　小流域治理模式

小流域的治理应以治理水土流失为主要目标，为人口、资源、经济和环境的可持续协调发展创造条件。在积极治理水土流失、改善农业生产条件的基础上，大力推进生态清洁型小流域治理，把产业开发、新农村建设和水源保护、非点源污染控制等有机地结合起来，为人们提供一个优美的生态环境。

8.4.1　立体配置模式

根据项目区的地形、地貌特征和水土流失规律，由分水岭至沟底，由上游至下游，分层设置防治体系。

（1）山顶水保林：在禁垦坡度以上的坡面上，采取封山育林育草、留苗养树、疏林补植等措施，营造水保林，主要选择乡土树种（如杨树、刺槐、黑松、侧柏等），采用鱼鳞坑整地，春季、雨季、秋冬季造林，培育和恢复植被，提高林草的覆盖度和郁闭度，形成防治水土流失的第一道防线。

（2）山腰经果林：在15°～25°的山腰上配置各类经果林。上部土壤条件较差，发展干杂果（如板栗、银杏、核桃、大枣等），主要采用水平阶整地，因地制宜、适地适树；下部地势比较平坦，土质较好，具有灌溉条件，发展水果（如苹果、樱桃、桃、杏等），采用水平阶整地。定期除草、施肥，及时防治病虫害，积极发展滴灌、喷灌等节水灌溉新技术，推广果园种草（如豆科类）、树盘覆草、配方施肥、套袋等管理新技术，提倡全过程无公害化生产，提高果品在市场的竞争力。既解决群众的收入问题，又改善生态环境，形成防治水土流失的第二道防线。

（3）山下基本农田：在15°以下的坡面上选择交通比较方便、有利于施工和水利化的坡耕地，实行坡改梯，建设基本农田，梯田地块尽可能集中，林、田、渠、路相结合，配置粮油轮作、间作套种、增施有机肥等措施，形成防治水土流失的第三道防线。

（4）沟道拦蓄：根据项目区山岭起伏、沟壑纵横的地貌特征，在毛沟上游建拦沙谷坊，拦截泥沙，中下游建蓄水谷坊；在支沟中上游实施沟道护岸，下游建塘坝、蓄水池；在干沟下游建拦河闸坝，拦蓄地表水。做到道道截流，层层拦蓄，形成防治水土流失的第四道防线。

（5）坡面环山路：在坡面修筑环山路，路面应设有排水沟、沉沙池等配套水土保持设施。

（6）生物缓冲带：在流域卡口营造水土保持林，形成乔、灌、草一体的立体植被结构，建成入坝径流生物缓冲带，充分发挥水土保持设施控制和降解非点源污染的作用，构筑水土保持的第六道防线。

8.4.2　水平配置模式

以居民点为中心，道路为骨架，建立近、中、远环状结构培植模式，并在传统水土流失综合治理的基础上，进一步提高治理标准，使生态修复与综合治理点面呼应，相互补充，防与治有机地结合在一起。

（1）生态修复区：在远离居民点的低山、丘陵和人烟稀少地区，建设以林草植被为主体的生态保护区及燃料、饲料基地，建成水土保持生态修复区，构筑水土保持的第一道防线。贯彻"以预防为主"的水土保持工作方针，通过封山禁牧、围栏舍饲、留苗养树等措施减少人为活动，减轻对地表土壤的扰动，大面积封育保护，给林草植被以休养生息的机会，使其依靠自我修复能力逐步提高林草郁闭度，并在其自然生态恢复过程中，辅以疏林补植、建筑谷坊等人工措施小面积治理，为生态系统的健康运转服务，从而加快生态系统的恢复速度，大面积恢复生态功能。

（2）生态治理区：在人口相对密集的浅山、山麓、坡脚等区域，通过调整农业种植结构，发展高产、高效、优质农业，使粮、林、果间作，防护措施和耕作措施相结合，建成以基本农田为主的粮食、油料、蔬菜生产基地和高效经济果木开发区，构筑水土保持的第二道防线。同时，推广使用低残、无公害化农药，控制化肥的使用量，减少非点源污染，遏制农田退水对水环境的污染；村庄房屋前后，搞好四旁绿化，种植、养殖，发展庭院经济，着力改造村容村貌；建设垃圾储运池、转运站、垃圾填埋设施及小型污水净化设施，对农村生活污水和垃圾进行处理，减少非点源污染，使人民群众喝上干净的水，呼吸清洁的空气，吃上放心的食物。

（3）生态保护区：在河道两侧及库塘周边等区域，以预防保护为中心建立水环境保护基地，构筑水土保持的第三道防线。通过保育植被，恢复湿地，清理河道垃圾、障碍物等措施，有效地发挥灌木和水生植物的水质净化功能，逐步恢复景观水利，维护河道及库塘周边的生态平衡，改善水质，营造良好的人居环境。

8.4.3　水土保持治理模式

陕南地区水土保持综合治理采取的主要措施包括：坡改梯；修建塘坝、谷坊、蓄水池、拦渣坝等拦蓄工程；大力发展经果林，全面配置水土保持生态林；发展主导农产品，实现特色产业化，形成"一河清泉水，一道风景线，一条经济带，一串产业链"的流域经济产业化布局。其水土保持综合治理可概括为以下四种模式。

1. 生态农业型小流域治理模式

在以自然农业为主的地区采取以山、水、田、林、路综合治理为中心的生态农业型小流域治理模式，以 25°以上坡耕地退耕还林还草为基本要求，以坡改梯为突破口，以小型水保水利工程为着力点，以营造水土保持林、水源涵养林为有效举措，实行山、水、田、林、路统一规划，综合治理，大力发展水浇地、坝地、梯田等基本农田，适宜发展经果林和特色农业，打造"山顶松柏槐，山腰干鲜果，山脚高效田，沿河缓冲带，沟谷节节拦，田边生物堰，路渠绕山转"的综合治理格局，大力推广等高垅作、间作套种等农耕措施，建立生态型高效农业，自然农业型小流域治理模式示意图如图 8.1 所示。

图 8.1　自然农业型小流域治理模式示意图

2. 生态清洁型小流域治理模式

在水土流失严重的地区采取以生态修复为中心的生态清洁型小流域治理模式，生态清洁型小流域治理模式示意图如图 8.2 所示。在流域上游进行封山育林禁牧，减少人为活动，加强植树造林，促进自然修复；在流域中游实行坡改梯，减少谷坊、蓄水池等农田水利水土保持设施，实行等高垅作等措施，发展节水灌溉，

图 8.2　生态清洁型小流域治理模式示意图

推行高效生态农业，大力发展经济林果，增加当地群众收入；在流域下游和沟道出口处增加生态湿地，进行生态流域治理，采取污水集中收集处理回用和固体废弃物集中处理等污染防治措施，有效改善流域沟道出水水质，减少入河的污染负荷，减轻其污染防治压力。同时采取植物绿化美化措施，有效改善生态环境。

3. 生态观光型小流域治理模式

在靠近城区或旅游资源丰富的丹汉江流域等地区可采取以发展生态旅游为中心的生态观光型小流域治理模式，生态观光型小流域治理示意图如图 8.3 所示，将流域综合治理和生态旅游观光结合起来，重点发展特色经果林和特色采摘旅游经济，充分发挥小流域的风景资源优势，打造水利风景区。

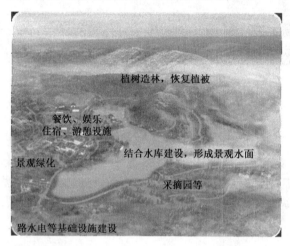

图 8.3 生态观光型小流域治理示意图

首先，要通过山、水、林、田、路综合整治，实现路通、电通、水通，并结合沟谷塘坝水库建设形成景观水面；其次，在流域综合治理的时候，要侧重于种植观赏效果较好的花灌木和观赏乔木，达到三季有花、四季有景的绿化效果，同时有选择地种植一些经济林果和经济瓜果，大力发展采摘旅游经济；最后，要配套建设餐饮、娱乐、住宿和游憩设施，将小流域打造成为景色秀美的水利风景区，促进生态旅游开发，提高群众收入。

4. 水土保持科技示范园型小流域治理模式

为突出水土保持科技的示范带动作用，可将水土流失具有典型性和较好水土保持工作基础的小流域打造成为水土保持科技示范园，水土保持科技示范园型小流域治理模式示意图如图 8.4 所示，合理配置工程措施和非工程措施，治理与开发相结合，突出新的科研成果应用，推广先进技术，探索科学防治水土流失、美化人居环境、提高群众生活水平。

图 8.4　水土保持科技示范园型小流域治理模式示意图

　　首先，示范园要采用科技新成果，推广水土保持先进技术、施工方法和优良植物品种，如模拟降雨、水质监测与自动传输、节水灌溉、遥感监测、雨水集流、植被自然修复、保土耕作及非点源污染控制等，推广优质水土保持植物，引种培育优质果树新品种，使之成为水土保持技术示范的基地。

　　其次，示范园区与相关院校和科研单位联合，开展土壤侵蚀监测、水土流失规律、水沙变化、水土保持效益评价等相关试验研究，做好优良品种、先进实用技术的引进、示范、培育和推广。

　　最后，示范园要通过讲解牌、技术培训等，满足群众观摩、学习的要求，成为技术培训和推广的基地及水土保持科技宣传教育基地。

参 考 文 献

耿启学, 2012. 依托"丹治"工程发展陕南山区特色经济[J]. 中国水土保持, (12): 17-18.

姜翠玲, 崔广柏, 2002. 湿地对农业非点源污染的去除效应[J]. 农业环境科学学报, 21(5): 471-473.

刘利年, 柳诗众, 2012. "丹治"惠民生清泉送京都——陕西省丹江口库区及上游水土保持一期工程回顾与总结[J]. 中国水土保持, (12): 3-5.

潘宣, 2012. 陕南水土流失治理实践与思考[J]. 中国水土保持, (2): 16-18.

杨寅群, 李怀恩, 杨方社, 2013. 基于数学模型的陕西黑河水源区植被过滤带效果评估[J]. 水利学进展, 24(1): 42-48.

第9章 生态清洁小流域的内涵与功能

在人类经济社会飞速发展的今天，环境问题已经成为一个全球共同关注的社会问题，保护和改善环境的重要性已经成为人类的共识。在政府对生态环境关注和投入越来越多的今天，以小流域综合治理为核心的水土保持工作也在不断提升发展，生态清洁小流域的建设正在成为推动城乡社会统筹发展的重要载体和途径，是新时期水土保持工作发展的新方向，成为各地生态文明建设中浓墨重彩的新篇章。

9.1 生态清洁小流域的发展历程

9.1.1 生态清洁小流域的起源

生态清洁小流域的诞生是随着近年我国经济社会发展及水资源紧缺、水环境不断恶化的矛盾而提出的，在当今社会城镇化的发展水平不断提高的过程中，越来越多的地区面临着水土流失加剧，农村生活污水垃圾增多，大量农田中化肥农药过量施用，非点源污染肆意蔓延等一系列生态环境问题，特别是一些水源区或库区的水生态安全受到了严重威胁，生态清洁小流域正是基于这样的背景，探求解决水源区这些突出的环境问题，并对传统小流域综合治理不断总结、拓展和丰富而逐步发展起来的。

9.1.2 生态清洁小流域的概念

生态清洁小流域是指流域内水土资源得到有效保护、合理配置和高效利用，沟道基本保持自然生态状态，行洪安全，人类活动对自然的扰动在生态系统承载能力之内，生态系统良性循环、人与自然和谐，人口、资源和环境协调发展的小流域（蒲朝勇等，2015）。这个概念是从2003年对生态清洁小流域试点探索开始常用的概念。

随着人们实践的探索，生态清洁小流域的定义在不断完善发展。2013年1月22日，水利部发布了《生态清洁小流域建设技术导则》（简称《导则》）中对生态清洁小流域定义为：在传统小流域综合治理基础上，将水资源保护、非点源污染防治、农村垃圾和污水处理等结合到一起的一种新型综合治理模式（田增刚等，2014）。《导则》指出，生态清洁小流域的建设目标是，沟道侵蚀得到控制，坡面侵蚀强度在轻度（含轻度）以下，水体清洁且非富营养化，行洪安全，生态系统良性循环。

陕西省地处西部，社会经济发展水平缓慢，生态清洁小流域建设起步较晚，还处在初步探索阶段。2010 年以来，陕西省水土保持局以煤、油、气项目资金为支撑，结合"丹治""长治"等工程项目建设，在国家南水北调中线工程的水源区——陕南的丹汉江水源区开展了生态清洁小流域的试点工程；同时，与丹汉江水源区非点源污染防治方面的科研课题组互促共进，通过近几年理论与实践上的不断探索，对于生态清洁小流域的认识为，生态清洁小流域指以人与自然和谐相处的可持续发展思想为理念，以防治水土流失、防治非点源污染和促进社会经济发展为目标，在传统小流域综合治理的基础上，注重发展清洁产业、有机循环农业以减少非点源污染的来源，注重培育发展清洁产品以促进保障食品安全，注重科学、系统地将生物沟、湿地、植物过滤带、生物河岸建设及水系自净化能力保护等非点源污染防治措施有机融入小流域综合治理，使小流域生态系统良性循环，经济社会不断向绿色、低碳发展，具备了上述条件的小流域即为生态清洁小流域。

9.1.3　生态清洁小流域的建设实践

2003 年，北京市以保障首都水源安全和绿色奥运为目标，率先开展了生态清洁型小流域建设实践，取得了很好的效果。2005 年，根据经济社会发展的新形势，在总结北京经验的基础上，水利部明确提出控制非点源污染是我国水土保持工作的六大任务之一，并首批安排北京市密云水库等全国十座水库（水源区）开展非点源污染水土流失防治试点工作，其核心内容就是生态清洁型小流域建设（刘宁，2012）。2006 年，水利部又在全国 30 个省（自治区、直辖市）的 81 个县（市、区）开展了生态清洁型小流域试点工程建设，从此拉开了全国生态清洁型小流域建设的序幕（阳文兴等，2014）。我国在建设生态清洁小流域的实践中，特别是北京、浙江、云南等省（市）起步早，取得了很好的成绩，各地结合自己的实际，逐步开展了生态清洁小流域建设，在建设思路、措施体系布局、措施工艺等方面总结了一定的经验，涌现出了一批典型的生态清洁示范小流域，在当地的生态、经济和社会方面产生了很好的效应。

陕西省生态清洁小流域最初是于 2006 年 12 月按照国家部署，在桃曲坡和冯家山水库率先开展了两条生态清洁小流域试点工程。2010 年 3 月，结合丹汉江水源区水土流失非点源污染过程与控制等相关科研课题，召开了生态清洁小流域建设研讨会，正式拉开了全省生态清洁小流域建设的帷幕，并在陕南地区逐年扩大范围探索生态清洁小流域建设模式，通过探索实践对生态清洁小流域建设的认识逐步清晰、深刻，也取得了一些成绩，对项目区的经济社会发展和全省生态清洁小流域建设起到了较好的示范带动作用。

9.1.4　生态清洁小流域的作用意义

2010 年以来，中央一号文件连续三年提出要建设生态清洁型小流域的要求，各省（市）结合实际，以水源保护和水生态环境安全为核心，在生态清洁小流域建设中与时俱进，探索创新，开辟了防治非点源污染、保障饮水安全、改善人居环境等方面的新经验，生态清洁小流域建设对区域经济社会的发展起着越来越重要的推动作用。

1. 清洁小流域建设与区域水生态环境安全

生态清洁小流域建设涵养了水源，清洁了水质，保护了水资源质和量的安全。生态清洁小流域的提出是立足于我国水资源短缺和水环境局部恶化的实际，建立在当地一定的经济发展水平之上的，目前全国生态清洁小流域建设处于初步阶段，各地都在摸索创建中，生态清洁小流域建设范围大都在水源区，与传统小流域综合治理相比较，各地生态清洁小流域的开展核心都以水源保护为前提或核心，通过综合运用生态治理和有关保障措施的实施，涵养了水源，保护了水质，特别是近自然治理措施及一系列清洁类措施的实施，促进了河流的自净化能力，保护了生物多样性，维护了河库健康生命，促进了小流域水生态系统的健康发展。

2. 生态清洁小流域建设与新农村建设

生态清洁小流域建设在推进"三农"发展方面发挥了重要的作用。一方面，项目的实施使农村生产、生活环境的改善得到了很大的提升，各地在建设中突出了"生态"和"清洁"的特点，在传统小流域综合治理的基础上，将农业基础设施改善扩展到农村整体环境治理基础设施的改善，填补了农村当前经济发展有所改善但环境保护设施不足甚至空缺的格局，满足了农村经济和物质文化发展过程中对生态文明的强烈需求；另一方面，生态清洁小流域建设促进了农村经济社会发展，生态清洁小流域从试点示范抓起，在产业结构调整中依托地方资源优势，不但发展了高效优质的绿色清洁产业，而且促进了旅游业等其他第三产业的发展，增加了农民的经济收入，有力地推进了新农村建设和农村经济社会的发展。

3. 生态清洁小流域建设与食品安全和低碳经济的发展

随着经济社会的快速发展，非点源污染对环境的危害日益严重。在当前发展形势下，人们往往急于追求高产和经济效益而忽视了质量，小流域内农业生产过程中过量施用化肥农药司空见惯。过量施用行为本身构成浪费，而且还造成土壤板结，土地肥力下降；同时，农作物吸收利用率很有限，农药的利用率只有 30% 左右，化肥的利用率也只有 35%，大量散失的化肥、农药或挥发到空气中，或沉降到土壤中，或流失于水中，大量氮、磷等污染物质形成非点源污染、土地污染，甚至空气污染；农村中禽畜粪便中含有大量的氮和磷，它们进入土壤后，会转化为硝酸盐和磷酸盐，过高的含量会使土地失去生产价值，进而造成地表水和地下水污染，使水中的硝氮、硬度和细菌总数超标，且氮和磷含量过高使水体富营养化，大量滋生蚊蝇，藻类过量繁殖，水中氧含量减少，鱼、虾等水生生物因缺氧而死亡（刘冬梅等，2008）；受污染的水体和土地在生产物质循环过程中又将污染物转移到水产品、粮食和蔬菜中，再通过食物链的富集作用转移到人体，直接造成对人类生存的威胁。近年来，在一些媒体报道中，屡见环境污染损害人类健康的事件，在粮食产量提升过程中，人类离健康、绿色、安全的食品生产却越来越遥远。

生态清洁小流域建设正是针对以上环境和粮食安全问题而开展环境保护和治理，在控制水土流失的基础上，以非点源污染防治为目标，通过一系列治理和调整措施，旨在引导人们中断这种长期过量地滥施化肥农药的饮鸩止渴式生产方式，提倡推广循环经济模式发展清洁产业、培育清洁产品，着力于打破非点源污染这种长期的恶性积累怪圈，守住水源保护和合理的土地承载力底线，使小流域生态环境良性循环发展，因此生态清洁小流域建设是对粮食生产安全和食品安全从源头上治理的一个抓手。同时，在生态清洁小流域中对沼气、太阳能等的清洁能源的开发利用，践行着低碳经济节能降耗的要求；清洁产业发展中有关资源节约式循环农业的发展，又是从调整经济结构、提高能源利用效益角度对低碳经济的推行。

4. 生态清洁小流域建设与生态文明建设

近年来，我国政府对环境保护日益重视，党的十七大和十八大均把"生态文明"放在了国家经济社会发展的突出位置，同时从多个方面做出了深入细致推进生态文明的部署。我国经济的发展历经从黄色的农业文明走向黑色的工业文明，继而走向绿色的生态文明，生态文明倡导可持续发展模式，为正确处理人与自然的关系，保持人与自然和谐、协调发展指明了前进方向。

水土保持是协调人与自然关系的重要手段，是可持续发展的前提，在多种形式的生态环境建设中，水土保持小流域综合治理以小流域为单元，以水土资源的承载为基础，以产业结构和土地利用结构的合理调整为重要内容，为有效改善生态环境和新农村建设构建了一个综合体系，它所构建的兼容生态与经济的可持续发展模式成为实现生态文明的一条可实践的途径。生态清洁小流域是传统小流域综合治理的完善和发展，是水土保持由粗放型向集约型转变的具体体现，是水土保持综合特点的集中体现，也是实施可持续发展战略的体现。因此，生态文明是构建和谐社会的一种理念和追求，是人类社会要达到的目标；小流域综合治理是水土保持生态环境建设的内容和载体，而生态清洁小流域的实施是实现可持续发展和生态文明的重要方法和途径。

9.2　当前生态清洁小流域发展过程中存在的问题

9.2.1　当前生态清洁小流域建设中存在的问题

党的十七大和十八大关于生态文明的倡导，2010 年以来，中央一号文件连续三年提出建设生态清洁型小流域的要求，这一系列的大政方针和战略为生态环境建设和生态清洁小流域提供了良好的发展机遇，然而机遇与挑战并存，在这一新生事物发展过程中，还面临着观念认识、理论基础、关键技术、组织管理、管护运行等方面的诸多问题，主要表现在以下几个方面：一是对生态清洁小流域与非点源污染的联系认识不足，由此导致对生态清洁小流域建设中防污治污理念思路不清；二是在项目规划实施中没有建立比较完善的措施布局体系，有关防污治污的措施办法与创新性不足；三是当前生态清洁小流域的投入不足；四是管护不到位。这些都是当前小流域建设中存在的比较突出的问题，需要各有关方面加大投入，积极探讨、研究和解决问题。

9.2.2　国内外小流域综合治理发展阶段划分及启示

生态清洁小流域是在传统小流域治理基础上丰富、发展起来的，追根溯源，要解决当前生态清洁小流域面临的这些问题，应首先对小流域综合治理逐步进行梳理。

世界上开展小流域治理较早的国家有欧洲阿尔卑斯山区的奥地利、法国、意大利、南斯拉夫、瑞士等，以及亚洲的日本。奥地利早在 15 世纪就开始了小流域综合治理，在当地称为荒溪治理。国外的小流域综合治理划分为三个阶段，即防治山洪泥石流阶段、流域综合治理阶段和流域中人与自然和谐相处阶段（刘信儒，2005）。在我国，山区农民很早以前为了利用沟道进行农林业生产，就开始了闸沟垫地、打坝淤地等活动，这些活动是对小流域实行坡沟兼治、综合治理的雏形，小流域综合治理的概念在我国正式提出是在 20 世纪 80 年代初，即 1980 年 4 月在山西省吉县召开的全国小流域治理工作座谈会上，随后，水利部在全国不同地貌开展试点工作。按照经济社会发展步伐，全国小流域综合治理按照发展划分为四个阶段：1950～1979 年的探索阶段，1980～1991 年的确认与试点阶段，1992～1997年以经济效益为中心发展的阶段，1998 年至今的大规模化防治阶段（王雪，2008；刘震，2005）。

从国内外小流域综合治理划分阶段来看，都是按照一个纵向的历史发展进程，经历了从分散的防护型治理，转向以自然水系为单元的、集中连片的、规模化的、全方位立体的小流域综合治理，治理理念也上升到了人与自然和谐相处的更高阶段，人类生态环境治理和保护正在向可持续发展不断迈进。因此，提出生态清洁小流域建设正符合当前社会经济发展状况，也是从传统的小流域综合治理向人与自然和谐相处阶段的过渡和迈进。在这个转折节点处需要更好地解决当前生态清洁小流域建设过程中面临的一些问题。很重要的一个前提就是必须先理清生态清洁小流域与传统小流域的关系，特别是搞清楚其与传统小流域综合治理的区别，进而分类指导，逐步推进，因地制宜地解决生态清洁小流域建设中面临的困难和问题，从而达到保水、保土、保生态安全，全面推进生态环境建设，促进经济社会可持续发展的目的。

9.3　生态清洁小流域与传统小流域综合治理的区别

生态清洁小流域与传统小流域紧密联系，它是传统小流域综合治理的丰富和发展，是基于当前社会发展要求从实践应用角度提出的概念，其建设理念新、要求高、技术性强、涉及面广，那么它与传统小流域综合治理的区别到底表现在哪些方面？

2008 年开始，作为西部省份之一的陕西省，在国家南水北调中线工程的水源区——陕南丹汉江水源区开展了生态清洁小流域的试点工程（王星，2012）。通过近年来大量的探索实践工作，与传统小流域综合治理相比，生态清洁小流域在建设目标上以水土流失防治目标为基础，增加了防治非点源污染的目标，因此决定了其理念、规划、措施、管护要求方面的不同。同时，生态清洁小流域在传统小流域治理促进区域经济社会发展目标的基础上，确立了促进经济社会可持续发展的建设目标。

生态清洁小流域在理念上以人与自然和谐相处的可持续发展为指导思想，相比于传统小流域的综合治理，以水土流失治理来改善生态环境的理念更科学和深入。

在规划方面，生态清洁小流域在传统的基础上增加了对非点源污染本底的调查，措施规划上以水土流失治理和非点源污染防治的双重目标展开对小流域产业结构和土地利用结构的调整，从而促进小流域经济社会的可持续发展。

在措施方面，生态清洁小流域相比于传统小流域综合治理措施更丰富、多元化，布局体系在水土流失治理基础上，综合考虑非点源污染的立体防治，从不同重点部位对非点源污染进行了防治部署；在产业发展方向上，以清洁产业为导向培育清洁产品，大力倡导有机循环农业的生产方式；在重点措施上，突出了对小流域化肥农药控制、农村垃圾、污水、畜禽粪便等污染的治理；在措施体系作用发挥方面，传统小流域综合治理在控制水土流失的同时，部分措施对非点源污染也有防治作用，但局限于一种无意识的、自发的局部防护治理，而生态清洁小流域在防治水土流失基础上强调措施体系的系统性、完整性，因此其对非点源污染防治作用更系统，对生态环境的保护更有力。

在管护方面，生态清洁小流域要对整体防治措施体系开展好管护，相比于传统小流域管护范围更广，管护深度和层次要求更高，它强调要积极保护并扩大清洁产业和清洁产品，加强管护机制创新改革，以促进地方政府、群众、相关企业以更高的积极性投入到清洁产业及产品的发展、运营维护中，从而形成建管互促的良性循环。

下面将生态清洁小流域与传统小流域综合治理的区别分类归纳总结如下，以供探讨，更好地开展生态清洁小流域建设工作。

9.3.1　防治目标、理念不同

1. 防治目标不同

传统小流域综合治理的目标主要有两个：一是控制水土流失，改善当地的生态环境；二是促进经济社会的发展，以服务农业为主来提高土地生产能力和经济效益，推动项目区经济社会发展。

生态清洁小流域防治目标主要有三个：一是控制水土流失。二是防治非点源污染。三是促进经济社会的可持续发展。

通过比较可以发现，生态清洁小流域与传统小流域综合治理的目标不同，主要表现在两个方面：一是生态清洁小流域增加了防治非点源污染的目标；二是同样是以促进经济社会发展为目标，传统小流域综合治理是以服务于农业为主来提高土地生产能力和经济效益，相对而言是一种粗放式的发展提高；而生态清洁小流域能够在水土流失控制基础上，进一步对非点源污染开展防治，探索发展环境友好型的清洁产业发展，追求的是绿色、低碳经济的发展，而不只是传统治理中单纯的只追求收入增加意义上的经济效益提高，是一种新型的水土资源高效、集约保护开发利用模式，是对生态环境更高层次的治理，同时也是对生态环境问题更彻底的治理。可见，生态清洁小流域追求的是促进、建立一种良性互动的、可持续的经济社会发展，是一种螺旋式的发展提高，其发展层次的要求更高。因此，生态清洁小流域与传统小流域综合治理目标不同，也决定了两者治理理念的不同。

2. 防治理念的不同

1）传统小流域综合治理的理念

传统小流域综合治理根据特定的历史条件，在山、水、田、林、路的治理过程中，突出的是对环境的治理改造，治理目标和方式以控制水土流失为核心，表现出了传统小流域综合治理理念比较简单化，仅局限于以水土流失治理来改善生态环境、促进区域经济社会发展。

2）生态清洁小流域建设的理念

人与自然和谐相处的可持续发展思想理念是生态清洁小流域建设的思想灵魂。生态清洁小流域在传统小流域综合治理的基础上，围绕非点源污染防治目标，开展了高效的水土资源保护与利用活动，促使小流域治理的内涵不断扩大，治理模式不断向可持续发展理念迈进。与传统小流域综合治理相比，二者都强调了对土地资源的保护与合理开发利用，但生态清洁小流域的内涵更丰富，生态清洁小流域在传统小流域综合治理的基础上，以发展清洁产业和清洁产品的培育为导向，将化肥农药控制、农村生活污水和垃圾处理等非点源污染防治措施应用于小流域综合治理，使小流域的生态系统良性循环，水生态环境和食品安全不断改善，经济社会发展向绿色、低碳不断前进。生态清洁小流域建设理念更新、更科学，更符合当前经济社会的发展特点，能够站在系统论的、可持续发展的高度来认识小流域。当然，这是与经济社会发展水平和特定的历史条件紧密关联的。

对于生态清洁小流域关于人与自然和谐相处的理念，可从以下两个方面来认识和理解。

（1）人与自然和谐相处理念之一——在治理进程中认识到人是小流域的一部分，人应该与小流域整体保持协调一致。

伴随着社会的进步发展，人类在治理环境的过程中不断提高人与生态环境间关系的认识，逐步深化小流域建设的理念，已经能够从系统论的角度认识小流域。小流域是一个开放的系统，包含自然系统和人工系统。小流域综合治理以流域内的水资源、土资源、生物资源承载力为基础，在这个自然系统的基础上，通过工程实施、植物和耕作措施的实施及各项政策法规制度的约束和保护构建了人工系统，自然系统与人工系统的组合构成了小流域综合治理的生态防护体系。人是小流域这个整体中的一部分，小流域内因为有人就会有生产、生活活动，而有生产、生活活动就会对环境产生影响；同时，人又是小流域治理的主体，因此人类认识自我是小流域大系统中的一个关键要素，因为认识的提高，所以要在人类活动中强调自我约束与环境的协调，而生态清洁小流域正是在一定的经济社会发展水平基础上，在人类能够以系统的角度来认识小流域和正确地自我认知，在此平台上突出"人与自然的和谐""绿色"和"低碳"来开展防治活动，不断发展起来的。因此，生态清洁小流域建设突出的是人与自然的和谐理念，强调生态保护优先原则，提倡人口、资源、环境协调的可持续发展模式，是人们从系统论的角度正确地认识人类自己这个局部与小流域整体间相互关系的行动。

（2）人与自然和谐相处理念之二——坚持近自然化治理理念。

生态清洁小流域是随着我国的经济社会发展，各地在实践摸索中提出的概念，关于生态清洁小流域的概念前已述及，在此梳理一下。

　　通常生态清洁小流域是指流域内水土资源得到有效保护、合理配置和高效利用，沟道基本保持自然生态状态，行洪安全，人类活动对自然的扰动在生态系统承载能力之内，生态系统良性循环、人与自然和谐，人口、资源、环境协调发展的小流域，这是人们在建设实践摸索中最早对于生态清洁小流域概念的总结，是从流域治理要达到的一种理想境界，即从要实现的一种理想目标状态来定义的。其中，其强调了"沟道基本保持自然生态状态、人类活动对自然的扰动在生态系统承载能力之内，生态系统良性循环"等要求，体现出了一种近自然治理理念。

　　水利部2013年1月22日发布、4月22日开始实施的《导则》对生态清洁小流域定义为，在传统小流域综合治理基础上，将水资源保护、非点源污染防治、农村垃圾和污水处理等结合到一起的一种新型综合治理模式。《导则》指出，生态清洁小流域的建设目标是，沟道侵蚀得到控制、坡面侵蚀强度在轻度（含轻度）以下、水体清洁且非富营养化、行洪安全、生态系统良性循环。通过比较发现，《导则》中所提的定义是在近年实践基础上对生态清洁小流域的高度概括和总结，特别明确地从建设内容的角度界定了生态清洁小流域的范畴，初步阐明了非点源污染防治是生态清洁小流域建设的重要目标，是生态清洁小流域建设各项措施配置的出发点，也是保护水资源、水生态环境，乃至生态安全的一个关键点。建设目标对重点部位水土流失控制、水质达标及安全行洪提出了要求，从而使小流域保持生态系统良性循环。

　　陕西省通过实践对生态清洁小流域进行概括，以人与自然和谐相处的可持续发展思想为理念，明确了水土流失治理、非点源污染防治及促进经济社会发展是生态清洁小流域建设的目标，在传统小流域综合治理的基础上，提出了"三个注重"，即从预防保护的角度提出了注重发展清洁产业、有机循环农业以减少非点源污染的来源，注重培育发展清洁产品以促进保障食品安全，从治理的角度提出了注重科学，系统地将生物沟、湿地、植物过滤带、生物河岸建设及水系自净化能力保护等非点源污染防治措施有机融入小流域综合治理，强调了非点源污染防治措施与常规水土保持措施有机搭配，从而科学地建立起系统的防治水土流失和非点源污染的生态防护体系。该定义从非点源污染防治如何开展的角度深入地解释了生态清洁小流域，指出了抓好生态清洁小流域建设的突破口是发展清洁产业、培育清洁产品，以循环农业为发展模式，通过传统小流域治理的三大措施与防污治污类清洁措施的有机结合，特别是从河流水系角度科学地、系统性地保护和治理，促使小流域的生态系统良性循环，水生态环境和食品安全不断提升，经济社会发展向绿色、低碳不断前进。该定义对于非点源污染的一系列措施的提出，是以近自然治理为理念的，强调通过科学、系统地治理，发挥水系的自然保护和自净化能力，从而保护好水生态环境，促进生态系统良性循环。

　　纵观生态清洁小流域的定义，对其的概括和理解都是建立在一定的经济社会发展水平之上的，同时建立在不同发展阶段对生态清洁小流域探索实践和认知的基础上。对水土资源合理、有效地保护与开发是其共通之处，而随着社会发展进步，水系治理中的近自然治理理念成为河流系统健康发展的建设准则，也构成人与自然和谐的重要组成部分。近自然治理理念是欧洲在对山区溪流生态治理的实践中总结出来的先进的河流系统治理方法，强调从整体水系的生态平衡角度思考问题，尊重河流流域的自然状况，将工程学与生态学相结合开展拟自然化的河流治理，以保护河流生态系统生物多样性为重点来设计工程，同时强调充分发挥自然界自我修复、自我净化功能及河流自然美学价值。由此可见，亲近自然的治理理念与实践探索中的生态清洁小流域的核心理念是紧密结合的，目前我国对于河流的治理正向水资源、水环境、水生态功能的需求拓展，从过去只重视防洪排涝、城市治污转向综合考虑防洪排涝、自然环境、地域文化等多种功能。随着经济社会生活水平的提高，陕西省陕南丹汉江、关中的渭河治理，特别是堤岸治理措施也正向多元化发展，在防护基础上更注重生态性、亲水性和景观性，治理正以可持续发展的观念使人与自然、人与经济社会更加和谐。

综上所述，概念的发展也体现出了生态清洁小流域建设的理念精髓和思路。在理念方面，要牢固树立生态优先的思想认识，特别是要坚持人与自然和谐相处的可持续发展指导思想，要坚持清洁、生态、绿色、亲水、协调、低碳等理念，积极地将人类活动对自然的扰动约束在生态系统承载能力之内，促使生态系统良性循环。从其思路上来理解，生态清洁小流域强调以近自然化治理为主，在传统水土流失治理的基础上，从非点源污染防治角度进一步明确了小流域治理的核心目标。因此，在生态小流域建设中，通过实践的检验和总结，理念更清晰了，就是强调人与自然的和谐相处，治理思路更明确了，就是要将非点源污染防治纳入小流域综合治理体系，实现一种高效集约的治理，使山、水、田、林、路、村的治理在品质上不断提高，小流域综合治理水平不断得以提升，从而实现水、土资源可持续发展的保护与开发模式。

9.3.2　规划不同

生态清洁小流域建设与传统小流域综合治理目标理念的不同决定了其规划的不同。

小流域综合治理的规划思路是以小流域的自然、社会经济条件及水土保持现状为基础，因地制宜，通过工程、生物及耕作措施的配置来调整产业结构和土地利用结构，建立径流的拦、蓄、排、灌、节防护体系，达到有效地控制水土流失、改善生态环境的目的。在产业调整和土地利用结构调整中，注意结合水土流失治理来发展经济效益高的产业，提高群众收入和区域的社会总产值。

生态清洁小流域的规划思路由于其防治目标增加了非点源污染防治而有

所不同。

　　首先，在基本情况调查中，除了传统的自然、社会经济和水土流失及水土保持情况外，特别要对小流域的城镇化发展和非点源污染现状进行调查和摸底。

　　其次，在摸清本底情况的基础上有的放矢，在生态防护体系建设方面，根据实际有机地配置各项措施来防治水土流失和非点源污染，清洁小流域强调的措施合理、优化配置表现在产业结构调整、土地利用结构调整中，不拘泥于以发展经济效益为核心的调整，而是更为主动、积极地开展以非点源污染防治为目标的结构调整，是对水土资源更深层次的保护和利用。规划中将水土流失治理中径流的拦、蓄、排、灌、节防护体系与非点源污染防治的源头预防、减量—过程全方位阻截、净化，汇流集中处理相结合，找准结合点实施具体措施，这个结合点既指清洁产业和清洁产品的发展，同时又是重点防治不同部位传统治理措施与防污治污措施的有机结合，而建立起生态环境保护的立体防护体系。

　　再次，生态清洁小流域在产业调整过程中强调要紧紧围绕非点源污染防治的核心，探索发展农村循环经济的思路，以建立资源循环利用机制来提升小流域建设水平；产业结构的调整要根据地方地理、资源、环境等方面的优势及主导产业的发展来推进有机循环农业或其他清洁产业的发展，通过形式多样的产业示范园建设来发展小流域的生态清洁产品，通过非点源污染防治来提高生态清洁产品品质和经济附加值；在治理对象中要强调对农业化肥农药过量施用的防控、对农村生活污水垃圾的治理，多管齐下，从而促进生态清洁小流域的生态、经济、社会的可持续发展。

　　最后，生态清洁小流域规划要做好运行管护和监测体系建设规划，以工程措施的硬件和措施制度的软件环境兼具来保障项目最大效益的发挥。

　　综上所述，生态清洁小流域规划与传统小流域规划相比，需要统筹考虑更多的层面，要针对非点源污染开展更广泛的调查搞清楚小流域的基本情况，要结合非点源污染随机性强、影响因子复杂，分布范围广、影响深远，形成过程复杂、机理模糊，潜伏周期长、危害大等特点，以及其与水土流失的联系进行综合考虑来配置措施，同时要考虑不同小流域的特点，突出重点来进行措施布局和建设，形成各自的不同的"生态"与"清洁"亮点和特色，还要考虑如何从制度建设方面加强防污治污效益的长效发挥，促进小流域水土资源更高效、集约的利用和保护，从而推进生态清洁小流域综合效益最大化的发挥，这些都是生态清洁小流域与传统小流域综合治理在规划上的具体区别。

9.3.3　治理措施不同

　　生态清洁小流域与传统小流域综合治理在措施上的不同是由其防治目标的不同而产生的，主要表现在措施布局体系不同，产业发展方向及生产方式不同，具体应用的重点措施不同，措施体系发挥的作用不同。

1. 措施布局体系不同

1）传统小流域综合治理措施布局体系

传统小流域综合治理在措施布局体系上主要是应用径流聚散理论，通过三大措施的有机配置建立起径流调控的拦、蓄、排、灌、节防护体系，从而控制水土流失、改善生态环境、服务农业生产。

2）生态清洁小流域综合治理措施布局体系

生态清洁小流域的布局体系则不同，它立足于水系角度全流域整体规划，统筹考虑上下游、左右岸的关系，将水土流失和非点源污染的双重防治结合来布局措施体系，在传统水土流失治理的基础上统筹考虑非点源污染防治，更注重将水土保持治理中径流调控的拦、蓄、排、灌、节防护体系与非点源污染防治的源头预防减量、过程阻截净化和末端的汇流集中处理有机结合，形成一个更有效的多重生态保护立体防护体系，更全面、更系统地开展小流域内水土资源的可持续发展的保护和利用。

生态清洁小流域建设按照海拔从上至下分为三个大模块，即生态修复区、综合治理区和沟（河）道及湖库周边整治区。生态清洁小流域更侧重于从全流域水系角度来布设非点源污染措施体系，在对山、水、田、林、路、村的治理中，不仅重视坡面治理、沟道治理，更重视在不同地貌部位来加强非点源污染防治措施体系配置。下面从不同的重点治理部位对生态清洁小流域建设措施体系进行探讨。

（1）封禁区治理。生态清洁小流域的生态修复区治理与传统小流域综合治理基本一致，都是大力推崇封禁治理。在中高山区及低山人烟稀少地区的陡坡地段主要开展封育治理、人工治理和自然修复相结合，以大面积封育为主，适当补植疏、幼、残林，并加强管护，对该区域综合治理的定位是以生态修复促进水源涵养功能。但随着建设，生态清洁小流域对该区实施封育治理的同时，更强调以移民促修复和以能源替措施巩固生态修复的思路和趋势。如果条件允许，该区可以施以生态移民，对中高山区生活生产条件恶劣、不适宜人类居住的人家进行搬迁，这样既可以改善山区群众的生活条件，从生态的角度讲，又减少了人为活动对生态环境的干扰和破坏，以充分发挥大自然的自我修复功能。另外，从非点源污染防治的角度来理解，此举减少了污染源，从某种程度来说推进了城镇化的发展，从而便于污水的集中处理，是从源头上对生态环境的保护。封禁治理是一种以"堵"的方式进行治理的办法，为加强生态修复，在以移促修的同时，应疏导有方，结合村落整治中建沼气池、改建节柴灶等能源替代或减量排放等方式来改善生产方式，这又是一种"疏"的治理办法，在提高群众生活质量和水平的同时，也是对生态修复作用的强化和稳固。从而多管齐下，充分发挥自然修复和水源涵养功能，以人工促进自然更新，从源头建立好生态清洁小流域立体防护的头道关口。

（2）坡面治理。小流域的坡面经过治理一般分布着坡耕地或林果地，坡面是水土流失的策源地，在小流域治理中加强坡面治理已成为共识。但同时，坡耕地因农作物的种植又可能会施用大量化肥农药，林果地为提高产量也经常施以化肥农药，因此坡面产生降雨径流时，大量氮、磷等污染物会随着水土流失输移运动，形成更广范围上的非点源污染，坡面也是产生非点源污染的源头。因此，生态清洁小流域和传统小流域综合治理一样，都要对坡面这个重要部位加强治理，要综合考虑其地貌、种植习惯和水土流失等特点来布设措施。

在生态清洁小流域坡面治理应用中，要综合考虑地形地貌和径流方向来配置措施，既要发挥分级蓄水保土的作用，同时从非点源污染防治角度与植物措施的结合强化对农田径流中的污染物的过滤、净化作用的发挥。一方面，实施梯田措施改善坡耕地时，应该注意配套设施田坎、截排水沟与植物措施的结合。因为径流会沿着坡面从梯田上部流向下部，所以清洁小流域建设强调与径流垂直方向布设生物过滤带植物或植物篱，即因地制宜地在不同层级梯田下端，结合田坎来布设生物过滤带或植物篱，顺着径流方向可结合截排水沟来布设水草沟，以更有效地阻拦、滞留污染物，进一步发挥过滤、消解并净化污染物的作用。另一方面，坡面实施林果地措施时也同样可以按照径流流向考虑横向过滤带、纵向水草沟的配置原则，同时还应该恢复果树间地面草被来加强对坡面的治理，以发挥自我生态修复、过滤净化污染物的作用。当然未实施治理的天然坡面也可以按此方式来布置过滤带、水草沟等措施来加强整体小流域的过滤和自净化能力。与传统小流域综合治理不同的是，生态清洁小流域特别强调坡脚处加强非点源污染治理，在坡脚下与径流域垂直方向，根据实际设置形式多样的生物过滤带或植物篱式的农田防护带，对坡面农田径流中携带的污染物进行拦截、滞留、消纳，达到过滤净化的作用，与传统措施布设比较，在坡面最下端的关键位置增加了一道防线来进行水土流失暨非点源污染治理。

因此，生态清洁小流域与传统小流域综合治理坡面的不同主要表现在两点，一是生态清洁小流域能够统筹考虑地貌特点、径流方向，特别强调在传统措施基础上与生物软措施的结合来发挥非点源污染防治作用，具体草灌搭配类别及植物品种可根据实际情况来考虑；二是在坡面从上至下不同高度台级的梯田的关键部位，以径流流向为参照，按照横向过滤带、纵向水草沟或小湿地的配置原则与常规水保坡面治理措施相结合，同时加强坡脚治理，发挥多级防护作用，建立起坡面生态防治措施体系。

（3）河（沟）道治理。河（沟）道是水土流失治理的最后一道防线。坡面水土流失产生的泥沙大部分淤积于沟道之中，致使沟床抬高，行洪能力降低，沟道常流水变成潜水，给农业生产和人民群众的日常生活带来不便。传统小流域综合治理中河沟道治理措施包括河堤硬化、谷坊、拦水坝及岸边绿化等措施，其主要功能还是水土保持。

生态清洁小流域将河（沟）道及湖库周边整治区划为一个整体，在传统治理河道措施应用的基础上，生态清洁小流域在该区治理中强调以下几点。

一是在治河方面坚持近自然治理理念的指导思想，对整个水系进行全面科学规划，尊重河道和周边区域的自然情况，统筹考虑上下游、左右岸的自然社会经济情况，治理尽可能地保持沟道自然状态。对自然保护较好的原生态河流不要破坏，保持其天然特性和生态平衡，结合实际在水流平缓、河岸宽阔的自然河道地带可实施河道封育；对需要治理的河段，在保证防洪标准的前提下，将硬化与绿化相结合，增加护岸的生态性、亲水性，尽量实施生物化河岸治理，以发挥河流的自净化能力。

护岸是治理中很关键的一项措施，是为防止边坡受冲刷，在河道坡面上所做的各种铺砌和栽植，是河流生态系统与陆地生态系统进行物质、能量、信息交换的一个重要过渡带，成为两者之间相互作用的重要纽带和桥梁。堤岸治理提倡尽量应用生物化措施治理河道，当前有些地方进行河道综合整治进入一个误区，大规模地将河道两岸硬化，切断了河流生态系统与陆地生态系统进行物质、能量、信息交换，不利于生物多样性和生态环境的保护。常见的护岸方式有浆砌石、干砌石铺砌和喷混护岸，沿河城区段主要以混凝土护岸为主，建议水力冲刷作用强的地段以硬化为主，水流平缓地带可考虑生态护岸方式。生态护岸包括块石植物护岸、乔木护岸、草本护岸、土壤生物工程护岸和复合护岸几种方式，木本植物深根对边坡岩土体有锚固作用，草本植物浅根对襟边坡岩土体有加筋作用，植被覆盖层可以防止坡面冲刷。生态清洁小流域建设要因地制宜，将传统护岸与生态护岸有机结合，这是其一。另外，将护岸与拦水坝、谷坊、植物过滤带等小型水利水保工程相结合，谷坊可适当设置一些透水型的谷坊，如石谷坊、柳谷坊等；植物过滤带结合实际地形地貌可灵活布设，河岸上方沿河可考虑布设植物过滤带，河流中垂直流向的上下游不同位置可与谷坊结合布设横向的过滤带，形成近自然治理化的多级河流治理防护体系，以更好地发挥河流自净化能力，促进生物多样性。

二是在河流水系治理中建设多级湿地体系。生态清洁小流域特别强调湿地治污，湿地被喻为地球之肾，能够进行水陆间物质和能量的循环，它具有很强的调节地下水的功能，可以有效地蓄水、抵抗洪峰；它能够净化污水，调节区域小气候；湿地还是水生动物、两栖动物、鸟类和其他野生生物的重要栖息地，在保持生物多样性方面发挥着重要作用。因此，在生态清洁小流域建设中要特别重视发挥湿地的作用。首先，保护好河流原有湿地以持续发挥调节作用。其次，从河流上游至下游，在不同高度可建立多级湿地。如果条件允许，可结合具体地形从上游至下游实施形式不同、大小不一的多级湿地，特别是最后在流域出口低洼处进入主河道口前可适当考虑建设大型人工湿地来进行末端汇流的污水处理净化，达到层层过滤、分级净化水质的作用，从而保护进入主河道水质的安全。最后，水库是河流在某个水系点位上形成的收纳聚集上游水量的汇水区域，有些库区周边小流域可能会涉及汇水区域，要加强这个区域的水系消落带湿地建设，可参照"乔木林—灌丛—草地—挺水植物—沉水植物"的格局布置岸边植被缓冲带或人工湿地，建立非点源污染最后的生态截污防线。

总之，生态清洁小流域通过各种措施的有机配合，在有效防护的基础上拦截、过滤污染物，减轻污染物对水质的影响，改善河道水质环境，从而满足河（沟）道水系区的防护功能、生态功能需求，其次可兼顾景观功能的需求，构建好小流域净化水质、拦蓄泥沙的生态防护净化体系。与传统小流域综合治理相比，生态清洁小流域在治河方面更强调坚持近自然化治理理念，在关键部位层层设防，从上下游、左右岸全方位地对河道开展系统的非点源污染治理，在保护生物多样性、充分发挥河流系统自净化能力及保护水生态环境方面发挥了重要作用，促进了河流系统的健康发展。

（4）村镇聚居区治理。村镇聚居区治理是生态清洁小流域建设的重中之重，同时也是传统小流域综合治理中比较薄弱的地方。传统小流域综合治理在治村中的主要措施表现在对村落道路、截排水沟等农村基础设施的硬件配置上，部分地区也实施了沼气池和改灶的措施。

生态清洁小流域在传统措施基础上加大了治村的综合整治力度。首先，在村容村貌治理上首先突出"清洁"，对农村污水垃圾进行防治，从改水、改灶、改厕到沼气、太阳能等清洁能源的探索应用（太阳能热水器、太阳能灯、太阳能污水处理、沼气灶、节能灶），都反映出了生态清洁小流域"清洁"和"低碳"的特点。其次，突出"美化"的特点，生态清洁小流域加强了对道路、村落的绿化、美化，行道树、篱笆、绿植、花卉等措施在新农村中大量应用，部分村庄对院落墙壁统一粉刷，有的还结合宣传制成漫画墙，表现出了生态清洁小流域人与自然的和谐美。最后，生态清洁小流域注重结合村容村貌的治理提升及地方生态、历史文化或区位等资源优势，发展农家乐、生态休闲观光游等地方特色旅游业。

生态清洁小流域建设建立在一定的经济社会发展水平上，系统了解生态清洁小流域措施体系与传统小流域综合治理措施体系布局的区别后，不仅要抓好清洁小流域建设，还要分清轻重缓急，做好生态清洁小流域的选点工作，有重点、有步骤地稳步推进生态清洁小流域建设。生态清洁小流域治理与传统小流域综合治理选点的侧重点不同，传统小流域一般会选择水土流失严重的区域或对经济社会发展起重要作用的大江大河或水源区，其主要防治目标是针对水土流失而开展的。生态清洁小流域的选取点则不同，一般会选取符合沿水、沿路、沿城的"三沿"

原则的流域，小流域治理基础比较好，交通便利，或者靠近旅游区，对经济社会发展比较敏感、重要的区域或水源区，同时对城镇化水平有一定要求，要求自来水普及到户，民居改造比较统一，以便于生活污水处理。同时，村级基层组织能够积极开展管理工作，以便于生态清洁小流域各项效益的长久发挥。

2. 产业发展方向方式不同

1）传统小流域综合治理产业发展方向方式

传统小流域综合治理在产业发展方向上，以水土流失治理为基础，主要考虑经济效益较高的农业类产业为其发展方向，有的小流域也有过畜—沼—田等循环经济发展的探索，但大多数小流域治理的产业发展方向强调的仍然是以经济效益为主要导向。

2）生态清洁小流域综合治理产业发展方向方式

生态清洁小流域在产业发展方向上不但考虑水土流失控制，更立足于其防治非点源污染的目标，所以它强调发展高效、集约的环境友好型绿色清洁类产业，结合地方主导产业或资源优势培育清洁产品，在生产方式上探索资源节约、高效的产业发展模式，最终生态清洁小流域以其良好的生态环境，循环经济模式的生产方式，输出品质好、经济附加值高的生态清洁产品。

3）生态清洁小流域强调发展绿色清洁类产业、培育清洁产品

生态清洁小流域在措施配置时强调发展绿色清洁类产业，立足于从生产方向上促进环境保护。绿色清洁类产业强调生产过程不用化肥农药，而是采用农家肥或有机肥，对环境没有污染、产品价值高是该产业的特点。绿色清洁类产业以无公害的绿色产业或有机农业为导向，清洁小流域可分类为清洁畜牧业、清洁林果业、清洁种植业、清洁养殖业（陆地养殖、水产养殖）。另外，在生态清洁小流域中，生态观光旅游业替代了农田种植业，减少了大量化肥农药的施用，所以生态观光旅游业也可以作为小流域的绿色清洁类产业来发展，但该产业的发展会产生的一定量的生活垃圾、污水，要注意合理规划、统筹处理好，不能形成新的污染源对环境产生压力。

当前，食品安全问题已经构成对人类生存的巨大威胁，人类要将这种餐桌上的担忧和隐患排除掉，必须从源头抓起，积极地培育、保护生态清洁小流域中清洁产品的发展。清洁产品指生态清洁小流域中绿色清洁产业发展培育的产品。清洁产品包括无公害的绿色产品，或是更高品质的有机农产品，涵盖粮食、蔬菜、瓜果、药材等多个范畴，同时清洁产品还可涉及林产品、畜产品、水产品等农产品。另外，根据地方特色，清洁产品还可包括生态旅游业等第三产业的产品，只要是对小流域不产生非点源污染，对防治非点源污染起到有效作用的产品，在生态清洁小流域中都可以发展。"无公害""绿色""有机"正在成为标示农产品安全、

健康、环境保护的新概念，也是生态清洁小流域清洁产品的发展导向。陕西省陕南在当前的生态清洁小流域建设中，逐步形成了各具特色的清洁产品，如旬阳的狮头柑、西乡的樱桃、洋县的梨、宁强的茶叶、石泉的杨梅，这些农产品品质好、价值高、市场前景好，正在成为陕南标识性的生态清洁产品。

4）生态清洁小流域强调以有机循环经济模式发展产业

立足循环经济模式发展循环农业是生态清洁小流域常见的产业发展模式。生态清洁小流域实践探索中的常见模式是将养殖业与种植业结合起来循环发展，如畜-沼-田、种植业-秸秆-养殖业-沼气-种植业、沼气-家用能源-有机肥-生态农业。这类模式在生态清洁小流域中针对污染严重的散养户地区或规模养殖地区开展，将种、养殖与清洁能源应用联系起来，充分利用养殖资源以养生沼，为生产生活提供能源，综合利用沼气资源，以沼促种，还肥于地。实现畜禽粪便无害化和资源化，改善农村生产生活环境。鼓励农民变"三废"（畜禽粪便、农作物秸秆、生活垃圾和废水）为"三料"（肥料、饲料、燃料），是一种节水、节肥、节药、节种的农业循环经济模式，促进农业废弃物综合利用，解决农村清洁能源，同时治理农村环境污染。

果园养鸡，稻田养鱼（稻鱼兼作），鸡-猪-蝇蛆-鸡、猪，鸡-鱼、藕，水禽-水产-水生饲料等都是非常好的循环农业发展模式，在实践中可以结合实际情况进行参考。总之，生态清洁小流域中循环农业发展模式的应用以资源循环利用为重点，大力开发节约资源和保护环境的农业技术，推广废弃物综合利用技术、相关产业链接技术和可再生能源开发利用技术，使产业发展方向向立体、生态化方向发展，很大地促进了非点源污染治理。

3. 重点措施不同

1）传统小流域综合治理重点措施

传统小流域综合治理以小流域自然情况、水保现状为基础，以水土流失控制为目标来展开重点措施配置，小流域具体情况不同，则重点措施也不同，但以控制水土流失为核心展开的。在具体措施方面由于防治目标的单一性决定了措施相比生态清洁小流域类型少、简单化，由于其治理理念、目标和思路的局限，没有涉及非点源污染防治，虽然部分措施不自觉地对非点源污染防治有一定作用，但在化肥农药控制及农村生活污水垃圾处理方面几乎是空白。

2）生态清洁小流域建设重点措施

生态清洁小流域在综合治理区不但开展对水土流失的治理，而且以非点源污染防治目标为重心来进行措施配置。因此，生态清洁小流域与传统小流域相比一个最大的区别表现为，生态清洁小流域在具体措施应用方面，特别强调突出化肥农药控制、农村生活污水垃圾处理类措施，以此为核心和重点来开展项目。在化肥农药控制、垃圾污水处理方面，坚持无害化、减量化、资源化的原则，以"预防—治理"为主线来实施这些清洁类措施。这些核心重点措施的具体应用思路如下。

（1）化肥农药控制。针对小流域中化肥、农药大量施用引起的非点源污染，生态清洁小流域对化肥、农药控制可以考虑以下四种递进式的处理方式。

一是彻底不施化肥、农药，发展有机农业。

二是找替代产业或产品，如在生态清洁小流域中发展无公害生态种植园、养殖园或发展生态旅游业，应用减量化原则从面积和种植方式上减少化肥、农药施用，发展绿色无公害农业；利用生物农药实施病虫害防治，清洁、高效而无污染，实现无害化治理。

三是实行科学施肥、施药，提高化肥农药使用效率，减少化肥、农药施用量。可结合农技部门指导加强测土配方施肥，制定化肥、农药使用推荐种类目录及其使用方法，在如何科学、合理地施肥方面加强应用研究和指导，实现精准施肥、合理用药。

四是对已经污染的区域，结合小流域实际，实施生态清洁小流域一系列的措施体系，来治理化肥、农药施用引起的非点源污染。

（2）污水处理。

一是从"防"的角度考虑如何减量化，如加强节约用水及水的再利用方面的宣传教育，从良好生活习惯培养做起，从水资源的有限及爱护环境意识理念的树立等角度加强宣传教育。

二是从"治"的角度对生活污水实施分级治理，考虑是集中处理还是分散处理，结合具体情况运用沼气池、小型污水处理设施、人工湿地等措施来分级处理生活污水。注意抓住源头治理、过程治理、末端治理三个层次，源头治理突出减量化原则，过程治理突出对径流逐层的控制，以达到对污染物的稀释、过滤、降解及其资源化原则（循环经济发展）的应用，末端治理突出汇流治理，着重强调流域出口低洼处人工湿地措施的应用，是径流进入河流水体前的集中去污治理。

（3）垃圾处理。生态清洁小流域在垃圾处理方面要突出无害化、减量化和资源化的防治思路，对垃圾实施分类处理。

一是实施垃圾分类，使部分垃圾可回收利用的垃圾变资源，产生价值，实现循环利用。例如，陕西省宝鸡市的凤县作为一个著名的生态旅游县，近来在垃圾分类方面做了一种很好的尝试。凤县在凤州镇建立了专门的垃圾兑换超市，实行"村民收集分类、定点兑换物资、政府补贴差价"。在这种新型垃圾处理模式下，试点区的农民自发地将塑料瓶、空玻璃瓶、废旧电池、废纸、包装箱、废塑料纸等垃圾收集好去超市兑换，而超市并没有现金结算，而给群众兑换了常用的洗衣粉、肥皂和食用盐等日常用品作为结算。据统计，试点区塑料、玻璃、废纸、废旧电池以及农药瓶等可回收垃圾占垃圾总量的25%，通过兑换回收，从源头上对垃圾进行无害化、减量化处理，同时还可以开发再利用实现其资源化价值，有效地保护了生态环境。

二是对可分解的垃圾，如农村的柴草、菜根、树叶等可分解垃圾，可利用沼气池或堆肥措施变废为宝成为有机肥，但要按照堆肥技术要求来操作，特别注意不能使堆肥成为二次污染源。上例中提到的凤县试点区，对占垃圾总量40%的人畜粪便、秸秆等垃圾，通过堆肥和沼气池进行分解，很好地解决了垃圾污染环境问题，为凤县生态旅游县的创建发挥了很好的作用。在清洁小流域建设中，通过利用垃圾变废为宝的循环经济发展方式，搭建了清洁产业与企业结合的协作平台，达到了清洁产业发展带动地方经济社会发展目标，值得不断地探索与推广。

三是对于不可分解的垃圾实行统一专门处理。不可分解的垃圾可堆放的时间也相对较长，可在配置垃圾筒、垃圾台等基础设施的基础上进行统一收集、运送和处理。当前大部分清洁小流域建设中实行的是这种处理方式，将收集起来的垃圾统一运送至县城专门处理垃圾的填埋场。有的小流域考虑到离专门处理的垃圾点距离远、运输成本高，在项目建设时还修建了填埋场，对不可分解的垃圾进行填埋处理，这种方式有效地从终端解决了垃圾处理问题，比较彻底地解决了垃圾的非点源污染问题。但与此同时，要注意综合考虑垃圾填埋场的建设在选址、容量及其与小流域整体景观的协调性，同时做好后期管护，不能使它成为一个新的点源污染源。

生态清洁小流域在综合治理区以清洁类措施为重点，与民生发展相结合，通过对化肥农药的控制、农村生活污水和垃圾的治理，达到防污治污的目的，使综合治理过的村庄散发出"清洁"和"生态"美，有力地推进城镇化建设水平和新农村建设。

4. 发挥作用不同

1) 传统小流域综合治理措施体系作用发挥

通过前面对生态清洁小流域与传统小流域综合治理措施体系、重点部位防治和重点措施配置的对比可知，传统小流域在非点源污染防治方面也发挥着一定的作用。这是因为非点源污染是以水土因子为载体，伴随着水土流失的发生而发展漫延，因此传统小流域综合治理在控制水土流失的同时，对非点源污染防治也发挥着无意识的、不自觉的净化治理作用，所以传统的小流域综合治理的措施体系对非点源污染防治也有着积极的贡献和影响，但这种作用发挥很有局限性。

2）生态清洁小流域建设措施体系作用发挥

生态清洁小流域是站在流域水系的一个整体的角度，主动地、有意识地针对污染的发生、发展过程开展积极的治理。从时间角度分析，生态清洁小流域不同部位措施相互配合，经历着一个入渗、滞留径流的过程，这个过程使得径流流速减缓，为其本身或下游位置的措施争取到更多的时间来消解、净化水质；从空间角度考虑，不同部位的措施或发挥着滞留、拦截径流和污染物的作用，或本身具有净化作用，分级保护，层层设防，建立起了源头治理—过程阻截—末端处理的一个完整的空间体系处理过程，所有措施的有机配合为整体体系作用发挥贡献力量。

因此，与传统小流域综合治理相比，生态清洁小流域防治措施体系更全面、更系统，它能够更积极、主动地、有意识地针对非点源污染防治开展治理，从而更有效地防治了非点源污染，对水土资源的保护利用更为有效，促进了小流域的水源保护、水生态安全及当地新农村的建设发展，对区域经济社会的长远发展起到了很好的推动作用。

9.3.4　管护不同

1. 传统小流域综合治理的管护

小流域治理具有改善生态环境的作用，所生产的产品具有公益的特性，传统小流域在竣工验收移交后，要求对各项水土保持设施开展管护，以发挥项目效益。

2. 生态清洁小流域的管护

生态清洁小流域治理与传统小流域综合治理相比，管护的措施范围更广，管护深度和层次要求更高，管护宣传内容更多且更广。

1）生态清洁小流域管护的措施范围更广

生态清洁小流域治理相比于传统小流域综合治理措施更丰富、多元化，不仅要对常规水土保持措施进行管护，还要对所建设的一系列防污治污的措施管护好，才能更好地发挥项目效益。在当前生态清洁小流域建设中，生活污染处理的清洁类设施的运行管护尤为重要，污水、垃圾处理的后期运行管护如果责任落不实，小流域环境质量改善和品质的提升会受到严重影响。

2）生态清洁小流域要求的管护深度和层次更高

生态清洁小流域强调要积极保护扩大清洁产业和清洁产品，加强管护机制创新改革，以促进地方政府、群众、相关企业以更高的积极性投入到清洁产业和产品的发展、运营和维护中，从而形成建管互促的良性循环。

生态清洁小流域要求对整体防治措施体系开展好管护，以发挥好项目建设时整个措施体系作用的发挥，因此它不仅单纯强调治理措施的管护，还需要保护好这些措施有效发挥效益的政策法规、制度办法的配套支持，需要加强相关管护机制的改革创新。对于生态清洁小流域清洁产业和清洁产品的发展，可考虑从以下两个方面加强管护深度探索。

（1）生态清洁小流域管护要保护、扩大清洁产业的发展。因为生态清洁小流域所倡导的清洁产品无污染、品质高，产业发展不但不会对环境产生负面影响，还会以资源节约式的循环经济模式发展，所以政府应该加强扶持，加大力度引导清洁产业的发展，结合地方实际精心培育清洁产品，使清洁产业和新产品发展形成一定规模，像一村一品式的发展，成为地方经济的支柱、群众的摇钱树，激发地方发展以更高的积极性投入到对清洁产业和产品的维护当中，从而达到有经济能力和更高的积极性自觉自愿管护清洁产品和小流域的基础设施的目的，继而以这种资源节约式的环境与经济双赢开发模式，继续推动清洁产品的发展。

（2）探索管护机制改革创新。牢固树立建管并重、加强管护的意识，建立专门运行管理制度；与时俱进，加强后期运行管护机制改革，从界定权属、落实责任主体方面改革创新，如可结合清洁产业发展考虑公司的集中运作、土地的流转，或以公司加农户等多种形式投入，以及公司自发地高科技投入和自觉的运营管护等机制变革的方法或举措，来带动清洁产业和产品的发展，同时从根本上解决建后管护问题。

3）生态清洁小流域加强管护的宣传内容更多、更广

在管护中加强宣传教育工作是传统小流域治理和生态清洁小流域建设强调的重要工作。所不同的是，传统小流域综合治理主要是从水土流失的角度开展对小流域水土资源保护利用的宣传教育。生态清洁小流域因为是一项新事物，人们对其认识还不十分清楚，特别是对非点源污染的概念和危害、非点源污染与水土流失的关系，以及如何从生态清洁小流域建设角度更好地防治水土流失和非点源污染等方面的认识都还不到位，还需要加大宣传教育，对不同层次的人群展开多层次、多形式的宣传教育和培训，以激发人们更强烈的保护环境的责任心和积极性。同时加强乡规民约及其他环境保护和设施保护配套制度的制定及落实，以更好地促进生态清洁小流域建设成果的保护和项目效益的持久发挥。

通过分析可见，生态清洁小流域无论是从目标理念、措施体系、产业发展方向方式、重点措施类别、作用发挥及运行管护方面，都与传统小流域综合治理有所不同，生态清洁小流域是对传统小流域综合治理的丰富和拓展，在认识二者的联系和区别后才能够更好地根据小流域的实际情况，不断探索、深化生态清洁小流域的发展道路，推进经济社会的可持续发展。

9.4　生态清洁小流域的内涵与目标

9.4.1　清洁小流域的内涵

根据陕西省水土保持局制定的《导则》，生态清洁小流域的定义是，流域内水土资源得到有效保护、合理配置和高效利用，沟道基本保持自然生态状态，行洪安全，人类活动对自然的扰动在生态系统承载能力之内，生态系统良性循环、人与自然和谐，人口、资源、环境协调发展的小流域（吴敬东，2010）。

建设生态清洁小流域是适应经济社会发展对生态环境建设的新要求，是水土保持工作的重大创新。其最突出特点是，将控制非点源污染、改善人居环境作为小流域治理的主要目标和建设内容，与防治水土流失有机地结合起来，以满足人民群众对清洁水源和良好人居环境的迫切需要，实现水土资源的可持续利用和生态环境的可持续发展（王星，2012）。

9.4.2　清洁小流域规划建设原则与目标

1. 清洁小流域建设原则

根据当前水土保持的发展趋势，结合丹汉江流域的实际情况，生态清洁型小流域规划的原则如下。

（1）坚持以小流域为单元，以水源保护为中心，以控制水土流失和非点源污染为重点，山、水、林、田、路、河、村综合治理的原则。

（2）坚持各项措施与当地景观相协调的原则，体现人水和谐与生态优先。

（3）坚持与水土保持重点治理项目相结合的原则。

（4）坚持与产业开发有机结合的原则，坚持与生态旅游业有机结合的原则。

（5）坚持预防保护与综合治理并重的原则，各项措施的布局要做到因地制宜，因害设防。

2. 生态清洁小流域建设的指导思想

坚持以科学发展观为指导，以人与自然和谐为主线，以民生水保为基础，以非点源污染综合防治和农村清洁能源开发利用为抓手，通过水资源的合理配置，维护小流域生态系统的良性循环，保障水源区的生态安全和水质安全，促进小流域的经济社会可持续发展。

3. 生态清洁小流域建设的防治目标

清洁小流域建设以"水量可调度、水质可控制、生态可监测、防洪生态化、生物多样化、河滩湿地持续化"为总目标,具体目标如下。

（1）水资源涵养功能稳定,并且可持续能力强。

（2）水土流失得到有效控制,无人为水土流失。

（3）固体废弃物、垃圾或其他污染物得到有效治理。

（4）农田中化肥、农药及重金属残留物的含量符合相关规定,推广了有机农业。

（5）水土资源得到有效保护和合理利用,实现人与自然和谐发展。

9.5 丹汉江水源区清洁小流域建设功能布局

根据陕西省丹汉江流域实际,流域景观格局一般按照"山顶—山脚—村庄—农田—河谷"的顺序布局。由于流域天然条件具有差异,人类活动影响有不同差异,农业生产与生活条件较好的流域,农村生产生活沿着河道分布,深入流域深处,深长型农业生产流域如图9.1所示。农业生产与生活条件较差的流域,农村生产生活仅局限于近山浅山等流域出口地区,浅山农业生产集中流域如图9.2所示。

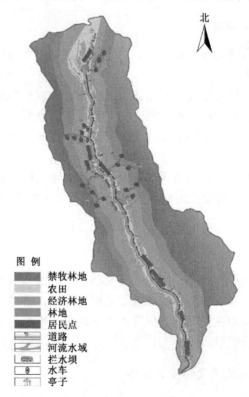

图 9.1 深长型农业生产流域示意图

图 9.2　浅山农业生产集中流域示意图

从景观生态学的角度进行分析可知，陕南大多数地区大多数流域的农村生产、生活区域和设施是靠近河道的，而这种土地利用格局是最不利于水土保持和非点源污染控制的土地利用格局。因此，该区域水土流失与非点源污染防治的重点部位集中于流域的中心地带或者山前聚集区。

因此，在丹汉江地区，必须重视流域的中心地带或者山前聚集区等综合治理区的治理工作。在布局方面，这一区域需要布设生态农业区，考虑村镇非点源污染增加了村镇污染防治区等关键区域；结合陕南地区地质灾害多发的实际，增加水土安全调控区。

9.5.1　生态农业区

在农田、果园等范围，农业生产中利用新技术、推广新品种，鼓励施用有机肥，采用生物方法防治病虫害，减少化肥和农药施用量。加强基本农田测土配方施肥指导，大力施用饼肥、草木灰等有机肥，推广种植绿肥，降低农业耕作土壤与水质的污染程度。实施农作物秸秆返田，提高耕作土壤的有机质含量。按照农药推荐种类目录及其使用方法，施用易降解、低残留的农药，以及采用频振式杀虫灯防治病虫害，控制和减少农业污染。

9.5.2　村镇污染防治区

在村民集中居住区进行人居环境综合整治，整治村庄卫生，美化村容村貌，改善人居环境，有效降低水土流失与非点源污染程度。大力推广太阳能、沼气等清洁能源，加强对"三沼"（沼气、沼液、沼渣）的综合利用，引导农户改灶和改厕。

对生活污水和生活垃圾、秸秆等，进行分类集中堆放、无害化处理、资源化利用等，减少其随地表径流的入河量。生活垃圾处理：控制生活污染物排放，实现生活垃圾集中管理，按自然村建立垃圾台，对垃圾进行分类处理，易分解垃圾指定地域进行填埋处理，其他垃圾实行清运和专门处理。生活污水处理：实行禽畜圈养，推广沼气池、化粪池等实用技术，人畜禽粪便进行无害化处理。对于居民比较集中和有条件的地区，可在流域中心村建立生活污水站，生活污水处理达标后排放。

9.5.3　生态缓冲带区

缓冲带是指临近受纳水体，有一定宽带，具有植被，在管理上与农田分割的地带。缓冲带一般分为水体岸边缓冲带、草地化径流带、等高植物篱缓冲带等。缓冲带通过滞缓径流、沉降泥沙、强化过滤、增强吸附等功能控制农业非点源污染，不仅简单有效、费用低廉，而且对农业景观在视觉上和生态上有很大改善，增加了野生动物的栖息地（张雅帆等，2008）。

9.6　加强生态清洁小流域建设的保障措施

生态清洁小流域是今后水土保持工作发展的重要方向，要建设好生态清洁小流域，不但要从微观的、具体的建设层面来认识生态清洁小流域建设，还要重视从国家的大政方针的宏观战略层面给予扶持和指导，加强各项政策法规、制度办法建设，从生态清洁小流域的投入、建设、管理、运行机制体制创新等方面加强保障，才能更好地开展各项建设工作。

现结合探索实践，提出以下保障措施来加强生态清洁小流域建设：①在政府主导作用发挥方面，建议要建立健全水土资源相关的生态环境保护法律法规制度建设，加大综合协调和资源整合力度。②在小流域投入体制创新方面要积极探索建立生态补偿制度，加大国家对生态清洁小流域投资的力度，特别是对国家南水北调水源区等对国民经济影响重大地区的投资倾斜力度，同时以政府投资为杠杆吸纳社会投资，拓宽小流域治理的投入渠道。③在管理体制创新方面要运用现代项目管理的理念坚持全面质量管理，加强对各层次参与项目人员的培训，加大项目宣传力度；同时根据农村社会结构特点加强施工组织管理的创新，不断规范、提高水土保持工程建设水平。④在运行管理方面要界定权属，发挥各方能动性，落实管护责任，保护、培育清洁产品，带动管护运行，促使项目效益最大化发挥。

参 考 文 献

刘冬梅, 王育才, 管宏杰, 2008. 陕西水资源污染农业非点源贡献分析[J]. 西北农林科技大学学报(社会科学版), 8(5): 92-96.

刘宁, 2012. 认真贯彻中央水利工作会议精神扎实推进生态清洁型小流域建设[J]. 中国水土保持, 1: 1-3, 23.

刘信儒, 2005. 国内外山区小流域综合治理概况[C]//中国水土保持探索与实践——小流域可持续发展研讨会论文集. 北京: 中国水土保持学会.

刘震, 2005. 我国水土保持小流域综合治理的回顾与展望[J]. 水土保持, 22: 17-20.

蒲朝勇, 高媛, 2015. 生态清洁小流域建设现状与展望[J]. 中国水土保持, (6): 7-10.

田增刚, 孟凡荣, 李国会, 2014. 新时期生态清洁流域建设的机遇和挑战[J]. 南昌工程学院学报, 33(4): 111-114.

王星, 2012. 陕西省丹汉江流域生态清洁小流域建设技术与实践[J]. 中国水土保持, (2): 11-13.

王雪, 2008. 京郊山区农村环境综合整治模式研究[D]. 北京: 北京林业大学.

吴敬东, 2010. 北京蛇鱼川生态清洁小流域水环境承载力研究[D]. 北京: 北京林业大学.

阳文兴, 闵祥宇, 2014. 生态清洁小流域实践推广的思路与方法[J]. 中国水利, 20: 21-23, 60.

张雅帆, 2008. 非点源污染最佳管理措施的环境经济评价——以密云县太师屯镇为例[D]. 北京: 首都师范大学.

第 10 章　丹汉江清洁流域关键技术与治理布局

10.1　生态沟措施对非点源污染的作用

10.1.1　生态沟渠简介

农田排水沟渠相当于农田沟渠湿地系统，它可以是天然的湿地，也可以是人工湿地的一个实际应用。台湾从 1998 年正式引进生态工法，改变了以往工程建设的观点。在沟渠设计中，排水沟不再限于以往"提高排水效率"的目标，而必须兼顾"生活环境的营造与生态环境的维护"，要求农业排水沟应考虑以构建完整的农田生态系统为目标，符合生态保育和生物多样性目的，以发挥农田水利设施在生产、生态、生活等各方面的多样化功能。

1. 生态沟渠的内涵

生态沟渠的内涵就是在沟渠设计过程中，将生态环境的保护作为衡量工程设计质量的一项重要指标，从水力稳定与生态稳定的角度，科学地确定并建立既稳固安全、输排水高效，又具有生态景观效应的沟渠平面形态与断面形式；合理选择符合生态化要求的工程材料，并针对不同自然条件地区的特点，统筹协调功能性、生态性、经济性等各方面要求，使设计符合经济可行、生态最优和农民可接受的多重目标，在保育生态环境、维护生物多样性，以及营造乡村景观的同时，提升农产品品质。在设计过程中基于对生态系统的认知，采取以生态为基础、安全为导向的工程方法，减少对自然环境的损害，以达持续发展的目标。

2. 设计思路

总结国内外沟渠生态化设计的研究经验，对于各项工程，在安全规划设计以内，须尽力营造表面粗糙化、高坝低矮化、坡度缓坡化、材质自然化、界面透水化和流态多样化的自然生态环境。主要采用的设计思路有以下几点。

（1）道路尽量采用透水性材料，水路环境（包括护岸、渠底）提供多孔质空间，以供动物栖息与繁殖，如创造洞穴、石堆空间、铺设卵石、不加封底、设置聚氯乙烯（PVC）管、空心砖和凹洞等。

（2）提供充分的缓冲空间供生物栖息，并创造多种类的环境，以孕育出多样的物种，如复式断面、多阶段跌水工、渠底地形多样化和营造弯曲水路等扰流结构。

（3）创造连续性的空间，尽可能地建造各斑块间的栖息走廊，避免各生物族群间的隔离，建立出整体性的生态网络，如沟渠较缓的坡度设计、涵洞，以及道路下埋设涵管等供田间动物穿行的通道等。

3. 设计原则

根据沟渠生态化精细型设计的内涵，并参考生态工法设计的相关规范，在沟渠生态化精细型设计过程中所遵循的基本原则如下。

（1）沟渠生态化精细型设计应同时兼顾工程建设的需求和环境生态的维护，即在工程建设方面需符合其建设功能、安全需求和经济效益，在环境生态方面则需满足其生态功能、环境需求、景观融合和材料供需。

（2）沟渠生态化精细型设计应在充分资料搜集和环境调查的基础上，分析确认预期的生态目标，可以是一种或多种标的生物，也可以是自然环境的营造，以作为生态化精细型设计的设计基准。

（3）沟渠生态化精细型设计必须因地制宜，在规划设计时需先了解、确认区域的自然环境条件及工程材料。沟渠生态化精细型设计由于地区不同，标的生物及工程所需考虑的气候、土壤等自然条件也不同。此外，在设计时，自然材料的取得需考虑当地环境生态的维护。

（4）沟渠生态化精细型设计所需的工程材料，需尽量符合"原生""自然"，应尽量避免使用制式单调的人工材料。选择能创造多孔性空间的材料，土壤应使用"原地表土"土壤，在植栽的选取上也应以"当地原生物种"为主。

（5）沟渠生态化精细型设计需同时考虑施工方式及完工后的维护管理，施工计划应特别注重环境保护及生态维护，维护管理计划则应注重工法的成功及维护的便利。

4. 典型设计

生态沟是丹江流域坡耕地中常见的坡面措施，具有重要的水文和生态功能，在农业非点源污染物运移过程调控中发挥着重要作用。其为探讨生态沟布设的坡位变化对坡面土壤侵蚀造成的影响提供科学依据与理论支持。应用 GIS 软件提取研究区的坡耕地的平均水平投影坡长为 60m，平均坡度为 20°，如图 10.1 所示。

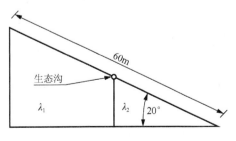

图 10.1　典型坡面示意图

其中，λ_1 为生态沟在坡面布设位置的水平投影距离（m）；λ_2 为坡长水平投影距离减去生态沟投影距离（m）。

生态沟是径流结束的地方，根据修正通用土壤流失方程：$A=R \cdot K \cdot L \cdot S \cdot C \cdot P$ 可知，生态沟通过截断径流、缩短坡长来对坡面土壤侵蚀产生影响。

在修正通用土壤流失方程（RUSLE）中，L 为坡长因子，由小区资料表明，坡长为 λ（m）坡地上的平均侵蚀量按如下公式变化

$$L=(\lambda/22.1)^m \tag{10.1}$$

式中，22.1 为 RUSLE 采用的标准小区坡长，m；λ 为水平投影坡长；m 为可变的坡长指数（Meyer et al.，1971），具体由下式计算

$$m=\beta/(1+\beta) \tag{10.2}$$

当土壤对细沟侵蚀和细沟间侵蚀的敏感性相同时，细沟侵蚀与细沟间侵蚀的比率 β 由下式计算（McCool et al.，1987）

$$\beta=(\sin\theta/0.0896)/[3(\sin\theta)^{0.8}+0.56] \tag{10.3}$$

式中，θ 为坡度，给定一个 β 值，就可由式（10.2）计算出坡长指数 m。

使用式（10.1）～式（10.3），在 20° 坡的时候，坡长指数 m 的计算结果为 0.6757，如果没有生态沟渠，坡长为 60m、坡度为 20° 的坡长因子 L 原始为 1.9638。在坡面的不同位置布设一条生态沟，并计算整个坡面的平均坡长因子，见表 10.1。

表 10.1　生态沟不同布设长度对坡面土壤侵蚀模数的影响

λ_1/m	λ_2/m	L_1	L_2	$L_{平均}$
0	60	0.0000	1.9638	1.9638
2	58	0.1972	1.9193	1.8619
4	56	0.3151	1.8743	1.7704
6	54	0.4144	1.8288	1.6874
8	52	0.5033	1.7828	1.6122
10	50	0.5852	1.7362	1.5443
12	48	0.6619	1.6889	1.4835
14	46	0.7346	1.6410	1.4295
16	44	0.8039	1.5925	1.3822
18	42	0.8705	1.5432	1.3414
20	40	0.9348	1.4932	1.3070
22	38	0.9969	1.4423	1.2790
24	36	1.0573	1.3906	1.2573
26	34	1.1161	1.3379	1.2418
28	32	1.1734	1.2842	1.2325
30	30	1.2294	1.2294	1.2294
32	28	1.2842	1.1734	1.2325
34	26	1.3379	1.1161	1.2418

续表

λ_1/m	λ_2/m	L_1	L_2	$L_{平均}$
36	24	1.3906	1.0573	1.2573
38	22	1.4423	0.9969	1.2790
40	20	1.4932	0.9348	1.3070
42	18	1.5432	0.8705	1.3414
44	16	1.5925	0.8039	1.3822
46	14	1.6410	0.7346	1.4295
48	12	1.6889	0.6619	1.4835
50	10	1.7362	0.5852	1.5443
52	8	1.7828	0.5033	1.6122
54	6	1.8288	0.4144	1.6874
56	4	1.8743	0.3151	1.7704
58	2	1.9193	0.1972	1.8619
60	0	1.9638	0.0000	1.9638

由修正通用土壤流失方程：$A=R \cdot K \cdot L \cdot S \cdot C \cdot P$ 可知，布设生态沟对坡面土壤侵蚀模数有一定的影响。具体结果如图 10.2 所示。

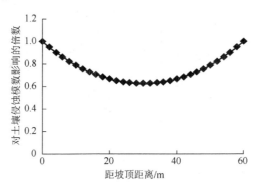

图 10.2　生态沟对土壤侵蚀模数的影响

由图 10.2 可知，当生态沟位于坡面正中间的时候，坡面土壤侵蚀模数降至最低，且为未修建生态沟坡面的 0.626 倍。如果在此坡面上修建两条生态沟，根据上述分析，应该修建为三等分整个坡面，经过计算，坡面土壤侵蚀模数能降至原来的 0.4760，修建 3 条生态沟，降至原来的 0.3919；修建 4 条生态沟，降至原来的 0.3371；修建 5 条生态沟，降至原来的 0.2980。考虑到经济、景观及生活要求等因素，在坡面布设 2~3 条生态沟为宜。

10.1.2　生态沟对河道非点源污染作用的分析

沟渠系统是农业小流域非点源污染物向地表水体运移的重要通道，承担降雨径流和养分占流域输出的 60%~90%（李凤博等，2012）。对于农业生态系统来说，沟渠溪流组成的源头运输通道对污染物有相当大的截留作用（徐红灯等，2007）。但目前国内研究沟渠系统对农田流失的氮、磷的迁移转化规律仍较少。

沟渠系统污染物的输出将直接关系着受纳水体水质，因此了解沟渠系统中氮、磷的输出规律非常迫切；同时，沟渠系统内的水草和底泥对农田流失的氮、磷具有一定的截留和吸附作用，从而可以减少农业非点源污染对水体的危害。

1. 试验设计

（1）监测断面设置：在后沟小流域内选择一条南北走向的沟渠，在沟渠中主要设置对照断面 1 个、控制断面 2 个和削减断面 1 个，共 4 个监测断面，沟渠断面示意图如图 10.3 所示。

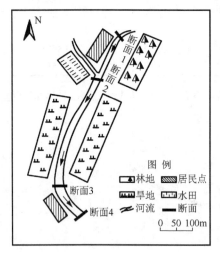

断面 1 设置在靠近生态沟渠的上游，居民点以上 100m 处，该断面附近山坡和沟道坡面零星分布少量的坡耕地，无水土保持措施；断面 2 设置在居民点下游 50m 处和农田内的一条支沟的交界端，支沟为农田排水沟，平时干涸，仅在降雨时有径流，在该断面以下的沟渠内生长有挺水植物（芦苇、蓼草和稗草等）；断面 3 设置在有水草沟渠的下段 5m 处，该断面为无草水沟的顶端；断面 4 设置在无水草沟渠的下游 50 m 后沟小流域出口处（把口站）。

图 10.3　沟渠断面示意图

断面 1～断面 2 为自然状态下的沟道，农村居民点区域基本上无任何生活垃圾处理设施，两者距离大约 0.5km；断面 2～断面 4 两侧的沟渠坡面被浆砌石硬化，两侧旱地的回流水通过浆砌石缝隙间的排水口注入沟渠，两者之间的距离大约为 2.0km。在上述 4 个断面对 2011 年 6 月 16 日、7 月 5 日、8 月 3 日和 9 月 16 日 4 场降雨事件的水质全过程进行监测，主要监测指标为水体的 TN、NO_3^--N、NH_4^+-N 和 TP。

（2）取样设置：每次用玻璃采样瓶在设定的生态沟渠断面中心采集水样 500mL；在每场降雨期内和降雨过后每天采集水样三次，采样时间分别为 8：30、13：30 和 17：30，直到沟道水位基本恢复到降雨前的水平。

2. 沟渠不同断面径流氮、磷含量分析

表 10.2 为生态沟渠各断面水中氮、磷含量的统计资料，从上游至下游设置 4 个断面统计进行观测。从表中可以看出，不同断面径流中的氮、磷含量存在明显的差异。

表 10.2　生态沟渠各断面水中氮、磷含量

测试项目	断面	样本数/个	最小值/（mg/L）	最大值/（mg/L）	平均值/（mg/L）	方差	标准差	变异系数/%
TN	1	33	0.83	2.65	1.60	0.26	0.51	31.56
	2	33	3.62	6.89	5.29	0.42	0.65	12.20
	3	33	3.28	5.27	4.23	0.27	0.52	12.23
	4	33	1.63	6.29	3.92	1.60	1.26	32.25
$NO_3^- $-N	1	33	0.62	1.66	1.06	0.046	0.21	20.24
	2	33	1.98	3.77	2.69	0.20	0.45	16.62
	3	33	1.87	2.81	2.30	0.05	0.22	9.71
	4	33	0.89	4.96	2.85	1.49	1.22	42.88
$NH_4^+ $-N	1	33	0.05	0.21	0.12	0.001	0.04	32.41
	2	33	0.12	0.88	0.45	0.032	0.18	40.27
	3	33	0.10	0.62	0.31	0.016	0.13	40.79
	4	33	0.04	0.55	0.29	0.018	0.13	46.11
TP	1	33	0.03	0.18	0.07	0.001	0.03	48.32
	2	33	0.10	0.53	0.21	0.014	0.12	56.47
	3	33	0.05	0.65	0.19	0.022	0.15	79.34
	4	33	0.02	0.85	0.16	0.052	0.23	113.66

首先，不同断面的氮、磷平均含量存在差异。断面径流中 TN、NH_4^+-N 和 TP 含量总体上表现为：断面 2>断面 3>断面 4>断面 1；而对于 NO_3^--N 来说，总体表现出断面 4>断面 2>断面 3>断面 1 的特征。从上游断面 1 到下游断面 4 水中氮、磷含量呈现波动变化的趋势，说明水体流经沟渠时，受到生态沟渠自净作用或水草拦截和净化。而断面 4 的 NO_3^--N 含量最高，甚至高于其上游的断面 2 和断面 3，说明断面 4 受到侧面农田壤中流的干扰，导致其含量明显升高，因此沟道中 NO_3^--N 的迁移过程验证了前文壤中流中 NO_3^--N 负荷较大的结论。

其次，不同断面水中氮、磷含量的变异系数差别很大。径流 TN、NH_4^+-N 和 NO_3^--N 在断面 1 和断面 4 变异较高，断面 2 和断面 3 变异较低；TP 则是在断面 1 和断面 4 变异较大，在断面 2 和断面 3 变异较小。TP 变异系数较大，尤其在断面 4 表现明显，达到 113%，这是因为在不同时段 TP 受泥沙颗粒吸附。水体 NO_3^--N 变异系数较小，在断面 3 表现最为明显，仅为 9%左右，在所有断面和各形态氮、磷含量统计中，径流 NO_3^--N 的变异系数在总体上最小，说明 NO_3^--N 主要以水溶态形式存在，在泥沙表面吸附较少。

3. 生态沟渠径流氮、磷含量随时间变化特征

不同降雨过程下的沟渠氮、磷含量随时间变化曲线如图 10.4 所示，可以看出，生态沟渠径流中 TN、NH_4^+-N 含量呈现降低的趋势。在采样首日，TN、NH_4^+-N 的平均含量为最大值，分别为 4.03mg/L 和 0.36mg/L，随后其含量逐渐降低，直到

采样结束，两者含量并未出现明显反弹。其中，在每场降雨过程中，沟渠径流 NH_4^+-N 含量的下降速度要快于 TN。说明 TN 与 NH_4^+-N 的含量由于受泥沙沉积、底泥释放等的影响而很不稳定，但随着时间的持续，各种影响两者含量的作用逐渐平稳，TN 与 NH_4^+-N 的含量也呈现逐渐降低，并趋于平稳的特征。

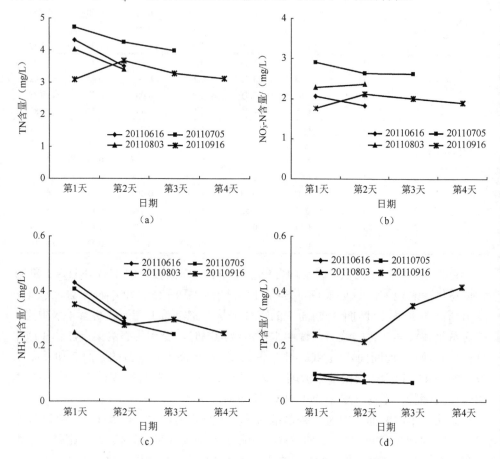

图 10.4 不同降雨过程下沟渠氮、磷含量随时间变化曲线

在四场降雨过程中，沟渠径流 NO_3^--N 含量的变化规律不明显，总体有波动稍增趋势，说明生长水草的沟渠内部呈现好氧和厌氧交替的环境条件，使硝化和反硝化作用交替进行，另外，沟渠两侧农田的回流水和渗漏水，结合底泥和植物的作用，可能是导致 NO_3^--N 含量呈波动变化的主要原因。

由图 10.4 可知，沟渠径流磷含量时间变化特征为，沟渠径流 TP 含量很不稳定，变化趋势不明显。在 20110616、20110705 和 20110803 三场降雨事件中，TP 含量波动趋势较小，总体上呈现下降的趋势。

而对于 20110916 降雨事件中，前 2 天 TP 的变化趋势是下降，后 2 天的变化趋势是显著上升，在该场降雨过程中，TP 含量从第一天的 0.24mg/L 上升到第 4 天的 0.42mg/L。主要由于植被覆盖度降低，泥沙流失量巨大，导致 TP 吸附在泥沙颗粒表面流入沟道，然后释放进入沟渠径流，说明在降雨停止后，随着采样时间延长，沟渠水量减少，径流 TP 的含量呈现增加的趋势，此阶段为 TP 含量发生明显"浓缩"的过程。

4. 生态沟渠非点源污染调控作用

沟渠不同处理断面径流中氮、磷含量变化如图 10.5 所示，可以看出，断面 1 到断面 2，沟渠右侧支沟有农田回流水，导致断面 2 氮、磷负荷急剧增加，断面 2 是断面 1 中径流氮、磷含量的 2.0～5.0 倍。

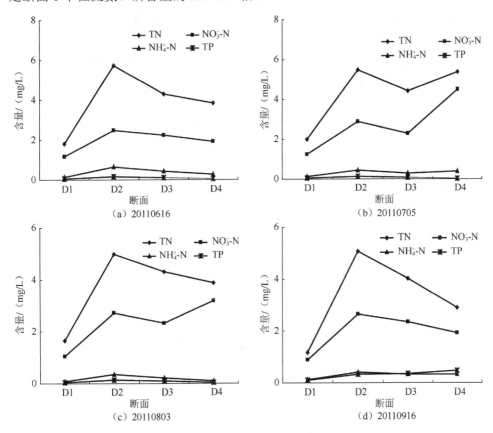

图 10.5　沟渠不同处理断面径流中氮、磷含量变化

断面 2 到断面 3，无明显侧面地表径流来水，仅有从沟道侧面浆砌石排水孔流出农田壤中流，而且沟道中生长大量水草，沟渠中水流速度变缓，因此从上游到下游，水中的氮、磷含量基本上是递减的。其中，在 20110616 降雨事件中，

TN 含量从 5.74mg/L 减少为 4.29mg/L，NH_4^+-N 含量从 0.66mg/L 减少为 0.42 mg/L；在 20110705 降雨事件中，NO_3^--N 含量从 2.88mg/L 减少为 2.27mg/L，TP 含量从 0.14mg/L 减少为 0.09mg/L，氮、磷降幅最为明显，说明水生植物拦截沟渠段会对径流氮、磷起到阻滞和净化作用。NH_4^+-N 和 TP 被阻滞的比例为 30%～35%，而 TN、NO_3^--N 被阻滞的比例为 20%～25%，NH_4^+-N 和 TP 被阻滞的比例明显高于 TN 和 NO_3^--N。

断面 4 地处断面 3 之下，原本水中氮、磷含量应该最低，但是由于断面 4 侧面有农田渗漏水和少量居民点废水，而且断面 3 与断面 4 距离较近，自净和氮、磷转化能力较弱，另外，侧面流入水的氮、磷含量高于沟渠径流氮、磷含量，导致断面 4 径流氮、磷含量增高，甚至高于断面 2 和断面 3 中的氮、磷含量。

就不同处理对不同形态养分的净化效果来看，水草拦截处理对 TN、NO_3^--N 和 NH_4^+-N 的净化效果尤为明显，降低幅度分别为 20.0%、31.1% 和 14.5%，而对 TP 的净化效果相对较小，降低幅度仅在 9.5% 左右，说明沟渠内的水草能够有效地把随泥沙携带的颗粒态氮或水溶态氮大量拦截滞留和净化吸收。生态沟渠自然净化处理方式对 TP 的净化效果相对明显。

生态沟渠不同处理断面间氮、磷含量降低程度见表 10.3，可以看出，水草拦截在生态沟渠的生态净化中有重要功效。断面 2 和断面 3 之间为水草拦截处理区，水中氮、磷从断面 2 到断面 3 有明显降低，氮、磷养分形态从断面 2 到断面 3 都降低 5.0% 以上，甚至达到 38.0%；断面 1 和断面 2、断面 3 和断面 4 之间为无水草拦截的沟渠段，是水流自然净化区，水中氮、磷含量总体上是显著升高的，一方面沟渠有侧面农田回流水，断面 3 和断面 4 的养分虽然有降低趋势，但幅度很小，几种养分形态从断面 3 到断面 4，TN 的降低幅度最大，为 7.8%，NO_3^--N 和 TP 含量上升的幅度较为明显。因此，生态沟渠中的植物在截留和净化过程中起到重要作用；此外，植物减缓流速、截留泥沙和对养分吸收也是净化氮、磷的有效途径。

表 10.3　生态沟渠不同处理断面间氮、磷含量降低程度

测试项目	断面 1		断面 2		断面 3		断面 4
	含量/（mg/L）	降幅/%	含量/（mg/L）	降幅/%	含量/（mg/L）	降幅/%	含量/（mg/L）
TN	1.6	−231.3	5.3	20.0	4.23	7.8	3.9
NO_3^--N	1.1	−145.5	2.7	14.8	2.30	−26.1	2.9
NH_4^+-N	0.1	−400.0	0.5	38.0	0.31	3.2	0.3
TP	0.1	−100.0	0.2	5.0	0.19	−5.3	0.2

由断面 1 到断面 2 沟渠径流 TP 降低幅度可知，TP 含量的增加幅度远远低于氮的增加幅度，说明沟渠内自然净化和沟渠泥沙的沉积对削减磷具有显著作用。而沟渠自然净化作用对氮素的净化效果相对较弱，说明氮净化必须增加一些林草、工程措施进行降低。

10.1.3　生态沟对坡面沟渠非点源污染的削减作用

坡面土壤在降雨-径流冲刷作用下，产生了大量的径流和泥沙，这些径流和泥沙溶解携带氮、磷等养分，通过区域径流过程进入相邻收纳水体，并且在水体中大量富集，导致水体污染。李宪文等（2002）研究了地表径流作用下的坡面侵蚀产沙、养分随地表径流和泥沙迁移转化的规律，即土壤氮素主要随径流流失，磷主要随泥沙流失，且泥沙中的养分有明显的富集现象；有研究表明，氮、磷等是水体发生富营养化的主要养分因子，因此，本小节在自然降雨的条件下，针对不同覆盖度及不同联集方式的农田生态沟系统水体中养分的流失进行分析，以期寻找到生态沟对农业非点源污染的调控作用。

1. 生态沟及坡面水体样品采集

本小节研究内容的主要集水区水质采样点示意图和典型坡面生态沟水质采样点示意图分别如图 10.6 和图 10.7 所示。图 10.6 中，农 1、农 2 采样点是在本次研究的集水区内布设；草 1、草 2 采样点是在另外选取的以草地为主的集水区内布设，用以对比生态沟在不同用地类型下对水质的生态调控作用。图 10.7 为第 5 章中坡面 1#生态沟水质采样点，在坡中和坡下两条生态沟等距离布设 3 个水样采集点，结合与其相连接的生态纵沟说明不同类型的生态沟沟渠内部对水质的影响。

2. 不同土地利用类型集水区生态沟径流养分统计分析

集水区各断面径流养分含量见表 10.4，为两个典型对比集水区内从上游至下游 6 个断面径流氮、磷、总有机碳含量基本情况的统计资料，其中每种用地类型断面计算一个均值表示该土地利用类型的水质标准。从表中可以看出，不同断面径流中的氮、磷、有机碳含量存在明显的差异。具体采样方式如图 10.7 所示。

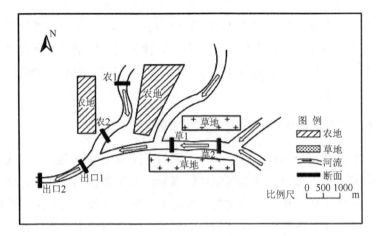

图 10.6 主要集水区水质采样点示意图

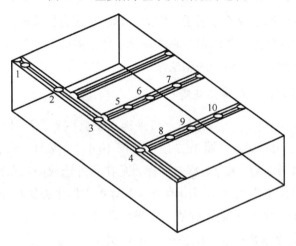

图 10.7 典型坡面生态沟水质采样点示意图

表 10.4 集水区各断面径流养分含量

测试项目	断面	样品数/个	最小值/(mg/L)	最大值/(mg/L)	均值/(mg/L)	标准差	CV/%
NH_4^+-N	草地	8	0.055	2.120	0.385	0.718	186.71
	农地	8	0.058	0.765	0.278	0.254	91.33
	出口	5	0.058	0.568	0.217	0.218	100.79
NO_3^--N	草地	8	1.342	3.339	2.403	0.651	27.09
	农地	8	1.286	3.180	2.324	0.643	27.67
	出口	5	0.983	3.943	2.495	1.389	55.67
PO_4^-	草地	8	0.020	0.063	0.041	0.013	31.48
	农地	8	0.020	0.060	0.041	0.013	30.80
	出口	5	0.004	0.034	0.018	0.011	63.60

续表

测试项目	断面	样品数/个	最小值/（mg/L）	最大值/（mg/L）	均值/（mg/L）	标准差	CV/%
	草地	10	0.006	0.064	0.042	0.023	55.24
TP	农地	10	0.005	0.063	0.044	0.021	47.41
	出口	7	0.001	0.063	0.038	0.026	67.45
	草地	10	1.421	5.886	3.650	1.472	40.33
TN	农地	10	1.756	5.198	3.577	1.227	34.32
	出口	7	1.800	5.469	3.888	1.180	30.35
	草地	10	0.493	1.104	0.738	0.233	31.58
TOC	农地	10	0.578	1.093	0.851	0.205	24.06
	出口	7	0.610	1.122	0.922	0.206	22.30

由表 10.4 看出，不同断面的氮、磷、总有机碳平均含量存在差异。不同土地利用类型断面径流中的 NH_4^+-N 表现为草地>农地>出口；而 NO_3^--N 和 TN 的变化状态一致，均表现为出口>草地>农地，其氮素在不同断面的变化由于 NH_4^+-N 与 NO_3^--N 之间相互转化使得 NO_3^--N 与 TN 的关系更为紧密；PO_4^- 则表现为出口含量最大，草地和农地断面含量相同；TP 含量总体上表现为农地>草地>出口，从平均含量数值上可以看出，径流中无论是游离态还是全态的磷含量都很少，且含量均小于 0.02mg/L，这是由于其受到泥沙颗粒的吸附作用；TOC 含量的变化则表现为出口>农地>草地，且 3 个出口的含量值相差不超过 0.1mg/L 的范围内。总体来看，不同断面水体养分虽有较大差异，但经过集水区生态沟的过滤等作用，出口断面的 PO_4^- 及 NH_4^+-N 等指标有所降低。

另外，不同断面水体中氮、磷、有机碳含量的变异系数差别很大。径流中 NH_4^+-N 的变异性最高，在草地和出口的变异性达到了强变异性，在农地也达到了中等变异，这是由于径流中的 NH_4^+-N 不稳定，易发生转化，其含量在不同断面的变化起伏较大，规律性较差。NO_3^--N 的变异性相比于 NH_4^+-N 要弱得多，3 个断面均属于中等变异，其草地和农地断面的变异系数基本相同，在 27%左右，仅出口断面的变异性增大到 55%左右，这说明农地和草地的 NO_3^--N 流失有相似之处，出口的聚集作用使得 NO_3^--N 含量变化受到较大的影响，从而提升了出口的变异性。PO_4^- 和 TP 的变异性变化表现得较为一致，均为出口>草地>农地，且均属于中等变异，但变异系数值相差较大，这说明磷素在径流中流失的规律性不强。TN 和 TOC 的相关性较大，两者的变异性出现相同的变化规律，草地>农地>出口。总体来看，典型集水区内的水体除 NH_4^+-N 的含量变异性达到强变异，其余指标均为中等变异，说明不同土地利用类型的土壤是典型集水区水质变化的重要影响因素。

3. 不同土地利用类型次降雨径流养分含量变化特征

图 10.8 为 2013 年 7 月 18 日降雨事件中对典型集水区生态沟 6 个断面径流养分的分析，采样方式如图 10.6 所示，其中，图例中的指标 1、2、3 表示降雨初期、中期、降雨结束的 3 个采样时段。从养分的分析结果看，不同土地利用类型的集水区生态沟中径流养分含量有一定的差异。总体来看，硬化沟的各养分含量均高于集水区生态沟内的含量。

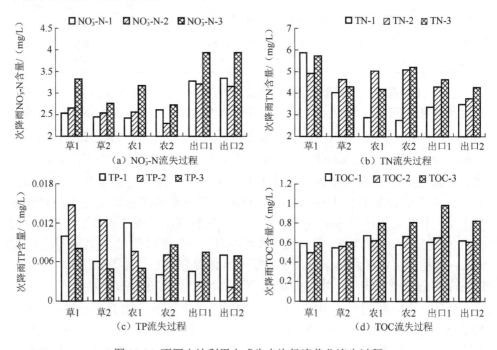

图 10.8　不同土地利用方式生态沟径流养分流失过程

图 10.8 中显示，降雨初期，雨量较小，不同沟渠中刚开始产生径流，此时生态沟中的 NO_3^--N 和 TOC 含量在草地、农地、出口处的变化趋势呈现上升的状态，这是由于降雨初期淋溶出土壤的养分含量较大，汇集到出口处的含量自然上升；而 TN 在生态沟的 6 个断面在降雨初期的变化则呈现出草地>出口>农地；TP 在集水区中不同断面的规律性较弱，这是由于磷素与土壤泥沙颗粒结合更为紧密，初期的降雨淋溶作用较弱，因此不同土地利用类型的土壤伴随径流进入水体中的磷素不稳定，致使水中含量变化起伏较大，但从总体来看，其在出口断面的含量呈现下降的趋势。

降雨中期，降水量增大，并且经过一定时间的淋溶和冲刷作用，生态沟的 6 个断面的养分含量普遍增高，除 NO_3^--N 在出口断面的含量增高之外，其余三种养分在出口断面的含量均呈现出降低的状态，其主导原因是降水量的增加虽加快了土壤中养分的流失，但雨量增强的稀释效率强于淋溶效率，同时，生态沟的拦截作用也起到了一定的效果。降雨结束后，虽降雨停止但径流依然存在，随着沟渠中水量减少，径流中各项养分指标含量较降雨期间的含量有所增大，但出口处的含量降低，说明生态沟起到了一定的过滤作用。

综合对比次降雨下生态沟的养分含量变化可知，在出口断面监测到的径流养分，除 $NO_3^- -N$ 含量增大外，其余均减小，说明生态沟具有一定的拦截和削减作用，沟渠自身的净化能力较强。

4. 覆盖度对集水区径流养分的影响分析

本小节中所指覆盖度分别为：低覆盖度为<25%，高覆盖度为>80%。按照图 10.6 的方式采样，在 2013 年 5 月和 8 月进行采样。图 10.9 为不同覆盖度下集水区径流的养分流失过程。

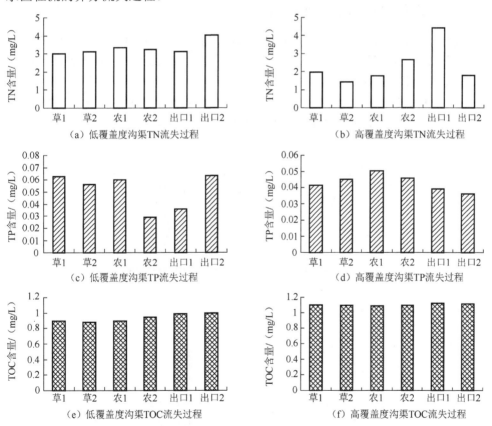

（a）低覆盖度沟渠TN流失过程　　　　（b）高覆盖度沟渠TN流失过程

（c）低覆盖度沟渠TP流失过程　　　　（d）高覆盖度沟渠TP流失过程

（e）低覆盖度沟渠TOC流失过程　　　（f）高覆盖度沟渠TOC流失过程

图 10.9　不同覆盖度下集水区径流养分流失过程

图 10.9 是研究区 2013 年 5 月和 8 月两个不同时期的水样采集处理结果，由图 10.9 看出，采样期的沟渠覆盖度是影响生态沟净化水质效果的重要原因。对比

不同覆盖度下同一生态沟渠径流中氮、磷、有机碳的含量可知，TN 和 TP 所受影响较大，而水溶性有机碳含量变化较为平缓，说明生态沟渠对有机碳的治理效果并不明显。对比不同覆盖度下的氮、磷含量在不同断面的变化可知，5 月生态沟渠的农地和草地 4 个断面径流的 TN 含量要比 8 月的高，这明显体现了植物对生态沟渠水质的影响，而在出口的两个断面上出现的不规律变化，可能是由于出口是径流较为集中的地点，其养分变化受到很多不定因素的影响。出口 2 的 TN 变化更进一步说明植被能对径流的养分含量变化产生一定的调节作用。相比之下，低覆盖度下的 TP 变化规律没有高覆盖度之下的好，高覆盖度沟渠中 TP 在出口表现为递减状态，这是由于沟渠中的植物通过其根系及茎叶能更好地拦截沟渠中径流携带的泥沙，并将其转化为植物能够吸收的养分，进而起到了过滤的作用。总的来说，高覆盖度沟渠的净化作用要比低覆盖度的沟渠效果更佳。

5. 坡面生态沟水样养分的变化分析

典型坡面上生态沟径流 TN、TP 和 TOC 含量变化分别如图 10.10～图 10.12 所示，均为 2013 年 8 月 2 日降雨事件中对典型坡面生态沟 10 个断面水体的养分分析，具体采样方式如图 10.7 所示。图中 H1、H2 和 Z 分别代表坡面上的两条横沟和一条纵沟，并以 H1 和 H2 并联后串联入 Z 的方式连接起来。每条横沟分别布设 3 个断面，纵沟布设 4 个断面，且 H1、H2 分别在 Z-3 和 Z-4 处链接进入纵沟系统。

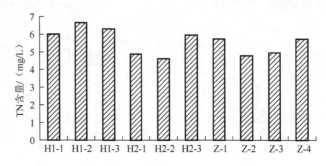

图 10.10　典型坡面上生态沟径流 TN 含量变化

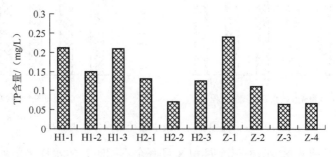

图 10.11　典型坡面上生态沟径流 TP 含量变化

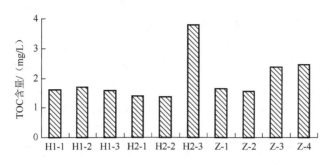

图 10.12　典型坡面上生态沟径流 TOC 含量变化

　　研究结果表明，不同布设方式的坡面生态沟水样养分变化存在一定的差异。坡面生态沟 H1 位于 H2 的坡面上部，因此 H1 在 3 个断面的水体的氮、磷含量要普遍高于 H2 的含量，但在同一沟渠内部，不同断面的氮、磷含量有轻微的变化，这说明生态沟具有一定的潜层渗流作用。图 10.10 表明水体中的 TP 在不同布设方式的生态沟中的变化大体呈现波动的下降趋势，TP 在横沟中的规律大致是沿断面方向呈"V"字状变化，在纵沟的沿程变化中，其递减现象更为明显。对比每条横沟的进口与出口处的水体 TP 含量可知，H1 的 TP 拦截率为 0.94%，H2 的 TP 拦截率为 5.34%，是 H1 的 5 倍左右。

　　对比 TP 来看，生态横沟 H1、H2 对 TN 的净化效果并不是很理想，其在各沟渠内的变化程度并不大，但没起到净化作用，横沟 H1 的出口含量比进口含量高出 0.323mg/L，H2 为 1.092mg/L，且在纵沟的沿程变化呈现出由上至下的聚集状态，这与 TP 呈相反的变化趋势，主要原因是横沟 H1、H2 分别在 Z-3 和 Z-4 处汇入纵沟，导致该两点处的 TN 含量升高。TN 与水流结合更紧密，在不同坡度的坡面上径流流速有所不同，虽然沟渠中的植物能增加径流的滞留时间，但水流流速受坡度的影响更大，致使田间生态沟对于 TN 的治理效果没有 TP 明显。图 10.12 为不同断面的 TOC 变化，其变化与 TN 的变化极为相似，仅在 H2-3 处出现含量异常偏高的现象，可能与该处生长的植物关系密切。

　　综合以上分析可知，降雨产生的坡面径流被分配到不同的生态沟中，其径流的流动路径增长，从而增加了流动时间，并且沟中的植物形成的过滤带，不但增大了地表水流的水力粗糙度，还降低了水流速度，以及水流作用于土壤的剪切力，进而降低污染物的输移能力，最终达到净化作用。对比不同布设方式下的生态沟，其均对 TP 的治理效果最好，而对 TN 和 TOC 的治理效果欠佳。

10.2　小流域综合治理技术措施改进与发展

10.2.1　生态袋梯田坎设计

　　生态袋具有透水、不透土的过滤功能，能够防止填充物（土壤与营养成分混合物）流失，又能实现水分在土壤中正常交流，植物生长必须保证水分有效保持和及时补充（陈湘，2014）。同时，植物可以通过生态袋体自由生长。三维排水联结扣使单个生态袋体联结成为一个整体的受力系统，有利于结构的稳定和抵抗破坏。生态袋及其组件具备抗潮湿、抗化学腐蚀、抗老化、抗紫外线、抗生物降解和动物破坏、抗高温低温、抗紫外线、环保性好、对植物友善、不降解、无毒、抗酸碱盐及微生物侵蚀等特点，并且可以回收。生态袋筑坎梯田完工后，既可以保持水土，防止田坎坍塌，又可以提高土地利用率，增加群众经济收入。图 10.13 为生态袋梯田坎效果图。

图 10.13　生态袋梯田坎效果图

1. 布设原则

（1）水平梯田布置于 25° 以下的坡耕地上，在土质较好、离村庄近、地块集中、交通较方便的地块，建设高产稳产基本农田。

（2）梯田坎沿等高线布设。做到大弯就势、小弯取直、熟土盖面、集中连片和规模治理。

（3）梯田地块相对集中。设计中水平梯田附属建筑物要综合考虑，田间道路顺排洪沟边墙沿梯田埂进入耕作区，做到地地有沟、沟沟有池、分台拦沉和就地利用。

2. 设计标准

根据《水土保持综合治理技术规范　坡耕地治理技术》（GB/T 16453.1—2008），按 10 年一遇 6h 最大暴雨防御标准设计。

3. 断面设计

5°～10° 坡面聚丙烯（polypropylene，PP）织物袋梯田筑坎 3.09hm²，坎高 1m，田面宽 12m，3 条，坎长 2575m，使用织物袋 12876 个，坎埂种植黄花 12875 株。5°～10° 坡面 PP 织物袋筑坎梯田断面设计见图 10.14。

10°～15° 坡面 PP 织物袋梯田筑坎 1.72hm²，坎高 1.2m，田面宽 10m，6 条，

坎长 1720m，使用织物袋 10320 个，坎埂混凝土盖板压顶 860m（隔条压顶），坎埂种植黄花 8600 株。10°～15°坡面 PP 织物袋筑坎梯田断面设计见图 10.15。

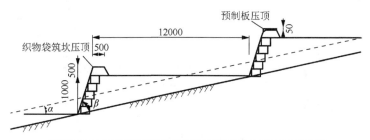

PP织物袋筑坎梯田工程量表				
序号	地面坡度（α）	每亩		每公顷	
	度	长度/m	土方/m³	长度/m	土方/m³
1	5°～10°	66.7	83.3	1000	1250

PP织物袋筑坎梯田断面规格表				
序号	地面坡度（α）	坎高（B）	顶高（d）	田面宽度（b）	外坡比
	度	m	m	m	
1	5°～10°	1	0.5	12	0：0.3

图 10.14　5°～10°坡面 PP 织物袋筑坎梯田断面示意图（单位：mm）

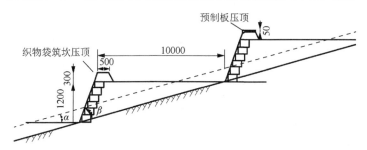

PP织物袋筑坎梯田工程量表				
序号	地面坡度（α）	每亩		每公顷	
	度	长度/m	土方/m³	长度/m	土方/m³
1	10°～15°	83.3	100	1250	1500

PP织物袋筑坎梯田断面规格表				
序号	地面坡度（α）	坎高（B）	顶高（d）	田面宽度（b）	外坡比
	度	m	m	m	
1	10°～15°	1.2	0.5	10	1：0.3

图 10.15　10°～15°坡面 PP 织物袋筑坎梯田断面示意图（单位：mm）

　　15°～20°坡面 PP 织物袋梯田筑坎 1.89hm²，坎高 1.4m，田面宽 8m，8 条，坎长 2363m，使用织物袋 16541 个，坎埂混凝土盖板压顶 788m（隔两条压顶），坎埂种植黄花 11815 株。15°～20°坡面 PP 织物袋筑坎梯田断面设计见图 10.16。

　　20°～25°坡面 PP 织物袋梯田筑坎 0.49hm²，坎高 1.6m，田面宽 6m，4 条，

坎长 817m，使用织物袋 6536 个，坎埂种植黄花 4085 株。20°～25° 坡面 PP 织物袋筑坎梯田断面设计见图 10.17。

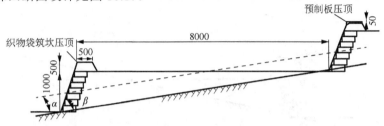

PP织物袋筑坎梯田工程量表				
序号	地面坡度（α）	每亩		每公顷	
	度	长度/m	土方/m³	长度/m	土方/m³
1	15°～20°	111.2	133.3	1666.7	2000

PP织物袋筑坎梯田断面规格表				
序号	地面坡度（α）	坎高（B）	顶高（d）	田面宽度（b）	外坡比
	度	m	m	m	
1	15°～20°	1.4	0.5	8	1∶0.3

图 10.16 15°～20° 坡面 PP 织物袋筑坎梯田断面示意图

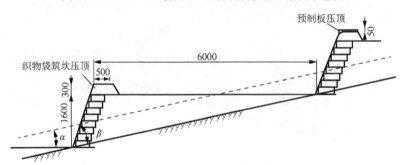

PP织物袋筑坎梯田工程量表				
序号	地面坡度（α）	每亩		每公顷	
	度	长度/m	土方/m³	长度/m	土方/m³
1	20°～25°	133.3	133.3	2000	2000

PP织物袋筑坎梯田断面规格表				
序号	地面坡度（α）	坎高（B）	顶高（d）	田面宽度（b）	外坡比
	度	m	m	m	
1	20°～25°	1.6	0.5	6	1∶0.3

图 10.17 20°～25° 坡面 PP 织物袋筑坎梯田断面示意图

4. 施工流程

1）装袋

（1）装填物必须去除其中的尖锐物体以免破坏袋子强度。

（2）装袋时：每装 1/3 时，要将袋内的填料抖紧，填料一定要尽量装得满实。

（3）土壤颗粒不宜过大（不宜大于 5cm），尽量选择含水率较佳的料。

（4）根据土质不同、改良方案不同，土质达到透水性要求为准。

2）封口

绑扎封口，必须使用专用的扎带，集中袋口后绑扎并尽力拉紧扎带扣，扎带封口后应距袋口 10cm 处。

3）码放

（1）PP 织物袋垒砌摆放时，应挂线施工，上下层错缝码放，联结扣层层骑缝放置。

（2）底层码放时注意：基础做好后在地面上先放置一层联结扣（如是混凝土基础，联结扣提前安置到水泥砂浆基础中，以便使 PP 织物袋、联结扣、基础形成整体）。

（3）搬运：装填好的织物袋必须离地搬运，不能拖拉或滚动搬运，以免破坏袋体。

（4）铺设 PP 织物袋时，注意把 PP 织物袋的缝线一侧向内摆放，码放时"袋与袋"之间应紧密相连，压实后的 PP 织物袋应首尾相接，不能产生搭接现象，外侧应修整拍平，使坎面整齐美观。

（5）确保各个联结扣刺穿 PP 织物袋，形成紧密的互锁结构，以确保整个结构的稳定。

（6）设计要求和特殊部位码放时要有"丁"袋固定。

4）回填夯实

（1）不得使用膨胀土作为回填土（土质过差时要进行改良土质）。

（2）回填方必须做夯实处理，每码放一层 PP 织物袋后立刻进行回填夯实处理。

5）浇水沉降

一般情况下，码放袋子时，每码放三层织物袋后应对回填土进行浇水沉降，以织物袋外侧有水析出为准，加速土体稳定速度。

6）整形

每道生态坎码放完毕后对坎体进行整形，使坎外观整齐、美观。

7）顶层织物袋上处理方案

（1）土埂式：在顶层织物袋上筑造土埂，土埂的长、宽、高根据实际设计土坎高度计算。

（2）压顶式：在顶层织物袋上压制预制板。

（3）坎埂绿化：在土埂种植树木或农作物，种植树木可以采用织物袋种植。

8）坎面绿化

（1）坎面建议采用首蓿绿化。

（2）埂坎建议采用黄花菜或桑树绿化。

9）绿化方式

（1）穴播：在袋体外侧戳一些小孔，将植物种子压入小孔中。

（2）插播：在 PP 织物袋外侧首先用锥状物开孔，尺寸与插播植物相当，然后将植物苗放入。

（3）压播：施工过程中将植物幼苗压挤在 PP 织物袋的袋缝之间。

5. 施工要求

根据地面坡度、梯田坎高、田面宽度，自上而下确定埂坎的基点，实地放出埂坎线，清基 0.5m 深度，PP 织物袋筑坎土料装填均匀，强度要达到标准，梯坎厚度大于或等于设计厚度，田面平整后坡度小于 3°，同时布设排水系统，保证暴雨和连阴雨后梯坎安全稳固。

对于梯田坎埂采取植物护埂措施，品种为黄花，每 5 株一簇，间距 50cm，行距 50cm。

6. 管护要点

坡改梯工程竣工后，水务局要和受益乡镇、村及农户签订管护合同，对垮坎及时维修，定期清理排水系统淤积物，以减少垮坎发生。

10.2.2 生态边坡治理与维护措施设计

1. 边坡治理设计原则、依据、标准和设计方法

1）设计原则

（1）因地制宜，适地适树，根据不同的边坡情况布设合理的治理措施。

（2）工程投资省，土石方量少。

2）设计依据

（1）《水土保持综合治理技术规范 坡耕地治理技术》（GB/T 16453.1—2008）、《水土保持综合治理技术规范 荒地治理技术》（GB/T 16453.2—2008）、《水土保持综合治理技术规范 沟壑治理技术》（GB/T 16453.3—2008）、《水土保持综合治理技术规范 小型蓄排引水工程》（GB/T 16453.4—2008）、《水土保持综合治理技术规范 风沙治理技术》（GB/T 16453.5—2008）、《水土保持综合治理技术规范 崩岗治理技术》（GB/T 16453.6—2008）。

（2）《长江示范园水土保持技术手册》。

3）设计标准

防洪标准定为 10 年一遇 6h 最大暴雨防御标准。

2. 自然攀援边坡治理设计

1）适用范围

适用于公路旁、沟道边的陡坡上破碎的坡面，用植物材料来保护坡面，即护坡绿化。

2）树种选择

根据适地适树的原则，主要以本土树（草）种为主。选用藤蔓攀援植物藤三七和爬山虎。

3）种植点的配置

沿公路、沟道一字形配置的方式。

4）栽植

（1）苗木规格：采用一年生或两年生壮苗栽植，采用一年生壮苗。

（2）栽植：苗木带土栽植，沾泥浆护根，运输时用保水物质包装，栽植时用小铁桶等容器提苗，并注意随起苗随栽植，尽量做到当天起苗当天栽植。采用地栽。将三七、爬山虎栽种在地上的坑穴内，土层厚度大于 50cm，保证植物的生长。为了尽快收到绿化效果，栽植株距为 100cm，自然攀援边坡治理效果如图 10.18 所示。

（a）改造前　　　　　　　　　　（b）改造后

图 10.18　自然攀援边坡治理效果图

5）设计结果

根据上述设计标准和方法对示范园内窑沟沟道东岸（气站水毁遗址）—长台沟口以北的边坡进行设计，边坡现状为裸露土坡，坡度为 1∶0.3，高 4～6m，长 85m。设计采用自然攀援边坡治理，治理面积为 425m^2。需移动土方 21.2m^3，种苗 340 株。

3. 植孔边坡治理设计

1）适用范围

适用于公路旁、沟道边坡度缓（1∶1～1∶1.5）的坡面。

2）树种选择

根据适地适树的原则，采用紫穗槐。

3）种植点的配置

沿坡面在植孔内均匀布置。

4）施工要点

（1）苗木规格。采用 1 年生或两年生壮苗带土栽植，沾泥浆护根，运输时用保水物质包装，栽植时用小铁桶等容器提苗，并注意随起苗随栽植，尽量做到当天起苗当天栽植。

（2）多孔植生砼预制块。用 C20 无砂砼预制块，碎石粒径为 10～20mm，连接钢筋采用镀锌防锈 ¢12，植生块空隙率＞15%，抗压强度＞18MPa，表层椰子纤维厚度为 10mm。

（3）从护脚逐层向上，要求接缝平直，坡面平整，表面用带根系的喷土回填后，拍打密实。

5）设计结果

根据上述设计标准和方法对示范园的公路、沟道边坡进行设计，沟道东岸（气站水毁遗址）一长台沟口以北的边坡进行了设计，边坡现状为裸露土坡，长 240m，高 3～10m，坡度 1∶1～1∶1.4。其中，长度 60m 区段裸露土坡，高 3～5m，坡度 1∶1.3。长度 80m 区段裸露土坡，高 6～8m，坡度 1∶1.3。长度 100m 区段裸露土坡，高 6～10m，坡度 1∶1～1∶1.2。设计对长度 60m 区段裸露土坡采用植孔边坡治理，治理面积为 394m^2。需清理移动土方 118.2m^3，填土料 23.6m^3，护坡砖 4330 块，种籽 3.9kg。

4. 生态袋边坡治理设计

1）适用范围

适用于公路旁、沟道边坡陡（1∶0.6），高度较低的坡面。

2）树种选择

根据适地适树（草）的原则，采用在生态袋上表面喷播三叶草的方法。

3）施工要点

（1）草籽：纯净度、出芽率达到 95% 以上。

（2）生态袋：每 4m^2 生态袋墙体中有一袋填粗砂排水，将生态袋结构扣水平放置于两袋之间靠近袋子边缘，使第一个标准扣刺穿袋子的中腹正下面；把袋子缝线结合一侧向内摆放，每垒三层，生态袋铺一层加筋格栅，加筋一端固定在生态袋结构扣内。墙顶把生态袋长边方向水平垂直于墙面摆放，压顶固定。采用液压喷播时加盖无纺布，浇水进行养护，生态袋边坡治理效果如图 10.19 所示。

图 10.19　生态袋边坡治理效果图

4）设计结果

根据上述设计标准和方法对示范园窑沟福梁公路的外边坡、窑沟沟道西侧边坡两条台阶路边的地坎、科教中心南侧土坡和部分田坎道边坡进行了设计，采用生态袋边坡治理 7 处，治理面积为 7047.5m²。需清理移动土方 2114m³，填土料 4228m³，生态袋 49332 个，种籽 98.7kg。

5. 喷播边坡治理设计

1）适用范围

适用于公路旁、沟道边风化程度较高的岩土、土夹石，坡度较缓的边坡坡面。

2）树种选择

根据适地适树（草）的原则，采用在边坡表面喷播三叶草的方法。

3）施工要点

（1）草籽：纯净度、出芽率达到 95% 以上。

（2）液压喷播：喷播基材是保证喷播成功的重要因素。泥炭土是喷播的好材料，和木纤维（或纸浆）按一定的配比混合使用，喷播厚度在 10～30cm。保水剂及黏合剂用量：保水剂可根据气候条件及现场特点的不同做相应的调整；黏合剂可根据石壁的坡度而定。草种根系发达、生长成坪快、抗旱、耐贫瘠及耐冻。利用草种的互补性进行混合喷播。采用液压喷播时加盖无纺布，浇水进行养护。

4）设计结果

根据上述设计标准和方法对示范园的公路、沟道边坡进行设计，其液压喷播护坡设计图如图 10.20 所示，对沟道东岸（气站水毁遗址）—长台沟口以北的边坡进行设计，边坡现状为裸露土坡，长 240m，高 3～10m，坡度 1∶1～1∶1.4。其中，长度 60m 区段裸露土坡，高 3～5m，坡度 1∶1.3。长度 80m 区段裸露土坡，高 6～8m，坡度 1∶1.3。长度 100m 区段裸露土坡，高 6～10m，坡度 1∶1～1∶1.2。

设计对长度 80m 区段采用液压喷播治理，治理面积为 918.4m^2。需清理移动土方 275.5m^3，填土料 92m^3，基层混合材料 91m^3，种籽 12.9kg。

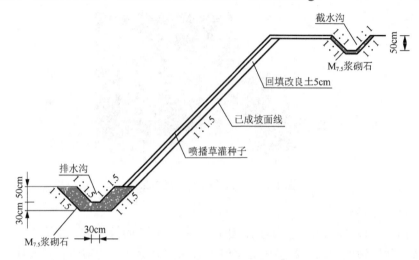

图 10.20　液压喷播护坡设计图

6. 三维网边坡治理设计

1）适用范围

适用于公路旁、沟道边的岩石边坡（坡度小于 1：1）的坡面。

2）树种选择

根据适地适树（草）的原则，采用在边坡表面喷播三叶草的方法。

3）施工要点

（1）草籽：纯净度、出芽率达到 95% 以上。

（2）挂三维网：施工时可用小竹竿或小木棍穿于整卷网垫中，顺势拉出网垫，四周用竹钉，木钉或用塑料钉钉住，钉子间距 30cm，每平方米 10 只钉子。钉子的长度为 15cm（距离地面），疏松地表加长钉子长度，高坡铺设上坡使用的钉子长度长于下坡的长度。地形突变处或地形较复杂处，保持网垫平整，增加钉子的密度，搭接长度为 2cm，搭接处钉子应顺势钉入，钉子密度要增加一倍，搭接处上层网垫要靠紧，不留间隙。钉子上端宽度应为网垫孔径的 3 倍。草籽播种深度在网垫中，草籽播种后，表土覆盖深度应以盖住网垫为主，不要使网垫暴露在阳光下，以延长使用年限。草籽播种后，土层的含水率为 40%～50%。在土表层加压，利于草籽发芽。网垫在护坡顶端铺设时，网垫纵向连接处为 60° 夹角，埋入土中 30cm，坡底有 50cm 以上水平面。在离网垫 20cm 坡顶处顺势开一条水沟，以利于灌水。铺设时机选择在雨季前 3～4 个月进行，利于草皮生长，详见图 10.21 和图 10.22。

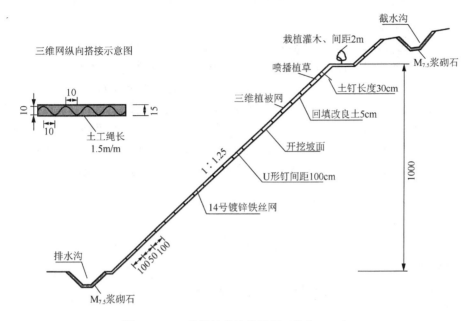

图 10.21　三维植被护坡设计图（单位：cm）

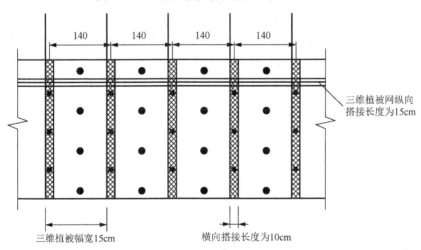

三维植被网坡面布置图　　　　　比例为1：100

图 10.22　三维植被护坡施工详图（单位：cm）

4）设计结果

根据上述设计标准和方法对示范园的公路、沟道边坡进行设计，对沟道东岸（气站水毁遗址）—长台沟口以北的边坡进行设计，边坡现状为裸露土坡，长 240m，高 3～10m，坡度 1：1～1：1.4。其中，长度 60m 区段裸露土坡，高 3～5m，坡度 1：1.3。长度 80m 区段裸露土坡，高 6～8m，坡度 1：1.3。长度 100m 区段裸露土坡，高 6～10m，坡度 1：1～1：1.2。设计对长度 100m 区段裸露土坡采用挂三维网边坡治理，治理面积为 1043m²，需清理移动土方 312.9m³，填土料 104.3m³，基层混合材料 104m³，种籽 14.6kg，镀锌铁丝网 730kg，锚钉 281kg。

7. 挂网边坡治理设计

1）适用范围

适用于公路旁、沟道边的岩石边坡（坡度小于 1：1）的坡面。

2）树种选择

根据适地适树（草）的原则，采用在边坡表面喷播三叶草的方法。

3）施工要点

（1）草籽：纯净度、出芽率达到 95% 以上。

（2）喷播基材用泥炭土和木纤维（或纸浆）按一定的配比混合使用，喷播厚度在 10～20cm。保水剂可根据当地气候条件及石场特点的不同进行相应的调整；黏合剂可根据石壁的坡度而定。草种根系发达、生长成坪快、抗旱、耐贫瘠且耐冻。利用草种的互补性进行混合喷播。

现场设安全防护区，选择安全防护措施。清除作业面杂物及松动岩块，对坡面转角处及坡顶的棱角进行修整，使之呈弧形，作业面的凹凸度平均为 ±10cm，最大不超过 ±15cm；对低洼处适当覆土夯实回填或以植生袋装土回填，在作业面上每隔一定高度开一横向槽，以增加作业面的粗糙度，使客土对作业面的附着力加大。根据作业面水流量的大小设置坡面排水沟。先把锚钉按一定的间距固定在石壁上，然后挂网、钉网，采用高镀锌棱形铁丝网或高强塑料加强土工网，网孔规格为 5cm×5cm。岩石处用风钻或电钻按 1m×1m 间距梅花形布置锚杆和锚钉。锚杆长 90～100cm，锚钉长 15～40cm。挂网施工时采用自上而下放卷，相邻两卷铁丝网（土工网）分别用绑扎铁丝连接固定，两网交接处至少要求有 10cm 的重叠，锚钉每平方米不少于 5 只。网与作业面保持一定间隙，并均匀一致。

较陡岩面处，用草绳按一定间隔缠绕在网上，以增加附着力，使客土厚度得到保证。喷播前浇水湿润坡面，将泥炭、腐殖土、草纤维、缓释营养肥料等混合材料经过专用机械搅拌后喷播在铁丝网上，厚度为 2～8cm。喷射厚度为设计厚度的 125%。乔、灌木种子用 80℃ 热水（含浸种剂）浸种 1 天，草本植物种子在喷播前浸种 1～2h 使种子吸水湿润。将处理好的种子与纤维、黏合剂、保水剂、复合肥、缓释肥、微生物菌肥等经过喷播机搅拌混匀成喷播泥浆，在喷播泵的作用下，均匀喷洒在工作作业面上。为保证雨季植物种子生根前免受雨水冲刷，寒冷季节植物种子和幼苗免受冻伤害，以及正常施工季节的保温保湿，采用无纺布（或稻草帘）覆盖促进植物的生长。植物种子从出芽至幼苗期间，要浇水养护，开始每天早晨浇一次水（炎热夏季早晚各浇水一次），浇水时应将水滴雾化（有条件的地方可以安装雾化喷头），随后随植物的生长可逐渐减少浇水次数，并根据降水情况调整。在草坪中的草逐渐生长过程中，对其适时施肥和防治病虫害，施肥坚持"少量多次"的原则。喷播完成后一个月，应全面检查植草生长情况，对生长明显不均匀的位置予以补播。挂网护坡设计图详见图 10.23。

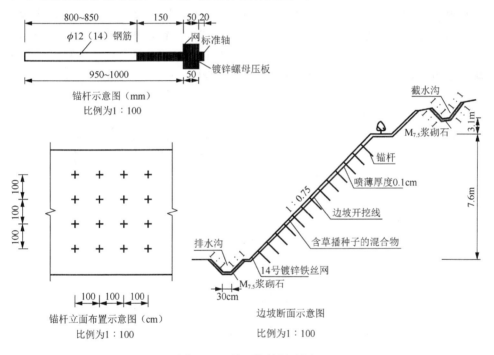

图 10.23　挂网护坡设计图

4）设计结果

根据上述设计标准和方法对示范园的公路、沟道边坡进行设计，对沟道东岸（气站水毁遗址）—长台沟口以南的边坡进行设计，边坡现状为裸露土坡，长 80m，高 6～8m，坡度 1∶0.5。设计对长度 80m 区段采用挂网治理方法，治理面积为 627.2m^2。每平方米需清理移动土方 188.2m^3，填土料 62.7m^3，基层混合材料 62.7m^3，种籽 8.9kg，镀锌铁丝网 439kg，锚钉 251kg，锚杆 1128kg。

8. 砼框边坡治理设计

1）适用范围

适用于公路旁、沟道边坡易坍塌、溃曲变形、坡面起伏大的强风化边坡坡面（坡度 1∶0.5～1∶1.5）。

2）树种

根据适地适树（草）原则，采用在边坡表面喷播三叶草的方法。

3）施工要点

（1）草种：纯净度、出芽率达到 95% 以上，采用三叶草。

（2）砼框：框架用 C20 砼现浇（2m×2m，断面尺寸 0.3m×0.3m），小框用空心六角砖，C20 砼预制，边长 0.15m，壁厚 0.04m，框格节点用 M$_{7.5}$ 砂浆连接。小框内填种植土，用木槌夯实。框架节点处设锚杆，铺设热镀锌铁丝网，用螺栓固定，表面喷播有机材料植树绿化。其中，砼框边坡设计图、空心六棱砖设计图和砼框边坡砼骨架土工格室坡面布置图分别见图 10.24～图 10.26。

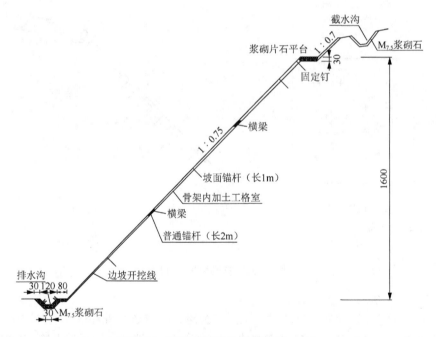

图 10.24　砼框边坡设计图（单位：cm）

4）设计结果

根据上述设计标准和方法对示范园的公路、沟道边坡进行设计，打柴沟道东坡（储家房后）边坡现状为裸露风化石质坡，长 100m，高 5～6m，坡度 1∶0.5。

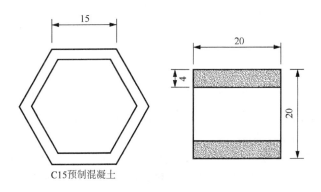

图 10.25 空心六棱砖设计图 (单位: cm)

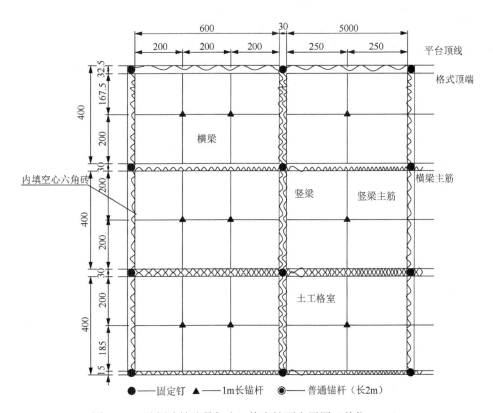

图 10.26 砼框边坡砼骨架土工格室坡面布置图 (单位: cm)

设计对长度 100m 区段采用砼框边坡治理, 治理面积为 672m²。需清理移动土方 201.6m³, 填土料 67.2m³, 基层混合材料 67.2m³, 种籽 9.4kg, 镀锌铁丝网 470.4kg, 锚钉 268.8kg, 锚杆 1209.6kg, 砼预制空心六角砖 4704 个, 砼 43.3m³。

10.2.3 谷坊

1. 生物谷坊

根据"预防为主、保护优先、全面规划、综合治理、因地制宜、突出重点、科学管理、注重效益"的方针，谷坊初步设计为以土谷坊为主体，生态袋砌筑边坡，并密植沙棘的生物谷坊。

所谓生物谷坊，类似于在土谷坊上设计，先用生态带垒筑，然后在生态袋上种植沙棘，利用植物根、干、枝和叶的综合作用，按照水工建筑物的坝工原理，经 2～3 年后形成既能透水还能溢流的天然植物柔性坝，其目的是将泥沙就近拦截在沟壑中。采用该技术可最大限度地加大沟壑糙率，并可对暴雨形成的强劲股流进行连续分散直至削减，平化为漫流，使洪水中的泥沙滞积于植物群丛中或其上游，从而达到缓洪、削峰、防冲促淤和就近拦截泥沙的效果，实现"以柔克柔"和"以柔消能"的目标，最终恢复或改善区域生态环境。生物谷坊是一项水土保持新举措，是利用自然、保护自然和改造自然的绿色工程。

2. 柳谷坊

1）柳谷坊型式

柳桩编篱、填土、砾石透水性生物谷坊。

2）柳谷坊间距

沟道比降为 1/20～1/10，谷坊高 1.5m，间距为 15～30m。

3）柳谷坊分布位置

柳谷坊主要分布在大碱沟、小碱沟、庙沟、西沟、东沟、许家沟、何家沟、余家长沟及直沟等处于两条支毛沟交汇处，具体选址在口小肚大的部位。

4）柳谷坊断面尺寸

柳谷坊具体尺寸见桃花谷相关设计说明。

5）柳谷坊施工

（1）桩料选择：柳桩，并种植沙棘。

（2）埋桩：埋深 1m，注意桩身与地面垂直，打桩时勿伤柳桩外皮，牙眼向上，各排桩位呈"品"字形错开。

（3）编篱和填石：以柳桩为经，从地表以下 0.2m 开始，安排横向编篱；与地面齐平时，在背水面最后一排桩间铺柳枝后 0.1～0.2m，桩外露枝梢 1.5m，作为海漫；各排编篱中填入卵石（或块石）靠篱处填大块，中间填小块。编篱顶部做成下凹弧形溢水口；编篱与填石完成后，在迎水面填土，高与厚各约 0.5m。

10.3　人居环境综合整治工程

10.3.1　土壤渗滤床

1. 概述

对于右岸居住的分散农户，综合考虑目前生活污水处理的运行情况、运行管理难易程度、项目所在地的自然条件等因素，遵循投资小、管理方便、运行费用低、可靠以及出水水质有保证的原则，确定桃花谷采用生态土壤渗滤床生活污水处理工艺，生态土壤渗滤床单元工艺构造图如图 10.27 所示。

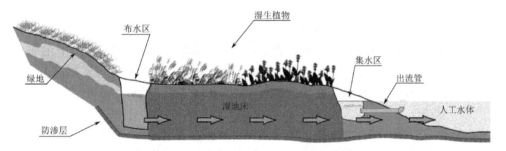

图 10.27　生态土壤渗滤床单元工艺构造图

生态土壤渗滤床污水处理技术是利用土壤-植物-微生物这一复合生态系统中物理、化学和生物的三重协同作用，通过过滤、吸附、沉淀、离子交换、植物吸收和微生物分解，实现对污水的高效净化，同时通过营养物质和水分的循环，促进绿色植物生长，实现污水的资源化与无害化。特别是把污水的收集、净化、回用三者结合起来，构成一个污水处理与绿化、景观相结合的生态系统，是一种低投资、节能、运行管理简单且适应性广的污水处理技术。

2. 工艺流程

生态土壤渗滤床污水处理工艺流程如图 10.28 所示。

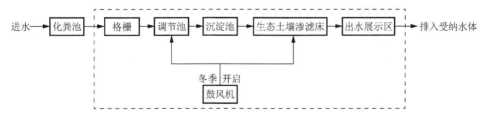

图 10.28　生态土壤渗滤床污水处理工艺流程

生态土壤渗滤床是一种人工强化的污水生态工程处理技术，生活污水先进入化粪池，在化粪池里先经过厌氧消化，化粪池上清液自流进入调节池中，调节池起到调节水量、均衡水质的作用（冬季时调节池内启动曝气系统加强预处理效果）（金丹越等，2007）。调节池出水自流进入沉淀池进行泥水分离，沉淀池出水自流进入生态土壤渗滤床，在生态土壤渗滤床里通过填料上附着的微生物作用，绝大部分有机物被降解成无机物，污水中的 NH_3-N 和 P 等无机盐被植物吸收，从而保证出水中 TN 和 TP 达标（田光明，2002）。生态土壤渗滤床的出水自流进入出水展示区，出水展示区的出水直观展示出水的水质处理效果，生态土壤渗滤床出水排放到受纳水体。

3. 处理单元简介

1）化粪池

化粪池是处理粪便并加以过滤沉淀的设备，其原理是固化物在池底分解，上层的水化物体进入管道流走，防止管道堵塞，给固化物体（粪便等垃圾）有充足的时间水解。化粪池是将生活污水分格沉淀，以及对污泥进行厌氧消化的小型处理构筑物。每户单设化粪池，化粪池有效容积为 $1.3m^3$，即 $V_{设计}=1.6m^3$。

2）格栅

格栅是在调节池前端设置的活动式截污装置，截留大的悬浮物，保证进入调节的污水有较好水质，并保证水流的通畅，从源头上避免对后续处理单元的不利影响。格网规格为 $10mm×10mm$，材质为防腐碳钢。

3）调节池

污水来水具有不均匀性，为了有效地收集污水，调节池首先对污水进行储存、沉淀等预处理，同时也起到缺氧的水解酸化作用。调节池设计水力停留时间为 12h，调节池有效容积为 $2.5m^3$，$V_{设计}=3.0m^3$。考虑到北方地区冬季植物衰败，降低了植物参数与水质净化功能，在调节池中增加高效填料和曝气设备，冬季时段开启，增强前段预处理净化功能。

4）沉淀池

调节池出水自流进入沉淀池，在沉淀池内进行泥水分离，上清液自流进入下一个构筑物，污泥定期清理，调节池有效容积为 $1.6m^3$，$V_{设计}=2m^3$。

5）生态土壤渗滤床

生态土壤渗滤床是生态水处理的主处理单元，采用模块化的设计，设计两个并联独立单元，长宽比为 2∶1。床体净深 900mm，床体结构为砖混结构，底部素土夯实，铺设防渗膜。床体中填充高效复合填料，孔隙率高，易于微生物附着，可承受高负荷污染物。独特的配水和集水系统设计使床体内的水流更加均匀，无沟流、短流现象。床体表面种植具有净水作用的水生、深生植物，在实现污水净化的同时营造优美的景观效果。

10.3.2 "四位一体"沼气池

应用沼气池能够对农村的人、蓄粪便进行有效处理，使其成为优质有机肥料，避免对河流产生污染，同时，又能够为农户提供沼气燃料，解决山区农民的烧柴问题，减少人为活动对植被的破坏（段秉礼等，2002）。为使沼气池能够四季均能使用，解决冬季温度低的问题，同时发展庭院经济，本小节采用水压式"四位一体"沼气池设计（孙贝烈等，2008）。

1. 设计原则

（1）坚持"四结合"原则。"四结合"是指沼气池与畜圈、厕所、日光温室相连，使人畜粪便不断进入沼气池内，保证正常、持续产气，并有利于粪便管理，改善环境卫生，沼液可方便地被运送到日光温室蔬菜地里作肥料使用。

（2）坚持"圆、小、浅"的原则。"圆、小、浅"是指池型以圆柱形为主，池容量为 $6\sim12m^3$，池深 2m 左右。

（3）坚持直管进料、进料口加箅子、出料口加盖的原则。直管进料的目的是使进料流畅，也便于搅拌。进料口加箅子是防止猪陷入沼气池中。出料口加盖是为了保持环境卫生，消灭蚊蝇滋生场所和防止人、畜掉进池内。

（4）沼气池场地应建在宽敞、背风向阳、没有树木或高大建筑物遮光的地方，一般选择在农户房前。总体宽度为 5.5～7m，长度为 20～40m，最长不宜超过 60m，一般面积为 80～200m²。工程的方位坐北朝南，东西延长，如果受限制可偏西，但不能超过 15°。对于庭院面积较小的农户，可将猪舍建在日光温室北面，在工程的一端建 15～20m² 猪舍和厕所（1m²），地下建 8～10m² 沼气池。沼气池距离农舍灶房一般不超过 15m，做到沼气池、厕所、猪舍和日光温室相连接。

2. 沼气池容积的计算

容积的大小原则上应根据用途和用量来确定。为保证生产、生活的需要，每人平均按 $1.5\sim2m^3$ 的有效容积计算较为适宜（有效容积一般指发酵间和储气箱的总容积）。根据这个标准建池，人口多的家庭，平均有效容积少一点，人口少的家庭，平均有效容积多一点。例如，一个五口人的家庭，建造一个 $8\sim10m^3$ 的沼气池，管理得好，所产沼气基本上能满足一家人一年四季煮饭、烧水和照明的需要。因此，一般家庭养猪存栏 6～10 头，日光温室面积为 100～150m²，建 $6m^3$、$8m^3$、$10m^3$ 的沼气池为宜。对于建在野外的四位一体生态型大棚模式，一般面积为 667m² 左右，这时养猪头数可增加，沼气池容积大一些为好。

3. 沼气池设计技术

1）设计标准

设计容积为 6～8m³，满足 3～5 口家庭的年用气需求。地面按平均荷载 5kN/m²设计，地基承载力标准值 PX 大于等于 100kPa。形状均为圆形，直径为 1.21m，高 1.66m，池墙材料采用 75#水泥砂浆砌砖，池底用 C15 砼，厚 0.06m。进料管采用直径 200mm 的砼预制管。

2）断面设计

沼气池由发酵间、水压间、酸化池、出料搅拌器等构成，该池型根据沼气发酵分步理论，将沼气池发酵原料的水解产酸和产甲烷分别在不同的池子内完成，实现了粪草分离、连续循环运转的两步发酸自动高效运行状态，并增加料液自动循环搅拌装置、太阳能增温装置和出料装置，达到提高产气理、出料轻松和管理方便的目的。

4. 施工技术要点和注意事项

（1）料液循环管上口距池顶与池墙交面 200mm 为宜，此距离过小，会使气室留得大，启动阶段排杂气时间加长，且加料时，若液体加得过多，将管口埋入料液之中，发挥不了该池自动循环和搅拌的功能；此距离过大，会使水间压和酸化池无效容积增大，浪费材料和工时。但是，从水解酸化秸秆等纤维原料的角度看，这种无效容积还是有益的，它可以扩大秸秆原料的投料量和水解酸化强度，有利于提高产气量。

（2）酸化池隔墙上回流口的下沿距离零压面 500mm 为宜，此距离过大，气压波动较大，影响正常使用，同时，也减少了料液的循环量和回流量，不利于搅拌和提高产气量；此距离过小，会使料液回流搅拌强度减弱。

（3）修建时间应注意使主池垂直，以免引起各主要关键尺寸发生误差。为了保证这些尺寸的准确性，修建时，应选取基准零点，从零点测量各相应距离。

（4）进入发酵间的原料采用原始人、畜粪尿，要求不含泥土、塑料袋、杂草、秸秆、薪柴等杂物，秸秆等纤维原料可直接投入酸化池进行水解酸化。

（5）水压间和酸化池应面南布置，同时要做好安全保障，以防人、畜掉入池内的情况发生。

10.3.3　化粪池

化粪池采用玻璃钢整体生物化粪池，避免砖混结构化粪池的渗漏、运行工况不佳、使用寿命短暂以及地下水遭受污染等问题。

1. 化粪池结构

玻璃钢整体生物化粪池由两大部分组成。

1) 沉淀区

沉淀区的主要功能和作用是对来自暗井的生活污水进行沉淀，以去除废水中的可沉淀物和粗大物，同时废水在此进行化粪作用，并借助于废水中所含粪便的大量微生物的作用，在厌氧条件下进行微生物的接种和驯化培养。

2) 处理区

处理区的功能是使废水在此区域内得到处理，将废水中的 COD 转化为无机物。该区域是本设备的关键组成部分，采用的工艺形式为混合型刮膜系统。经过一定的时间培养，大量微生物附着生长于载体的表面，从而在厌氧或缺氧的条件下实现对废水的有效处理。

本次设计采用容积为 $2m^3$ 的玻璃钢整体化粪池，直径为 1200mm，长 1770mm，进水管底标高 1450mm，出水管底标高 1350mm，坑基开挖尺寸为 3370mm× 2800mm×1450mm。

2. 设备安装

化粪池安装施工图见图 10.29。

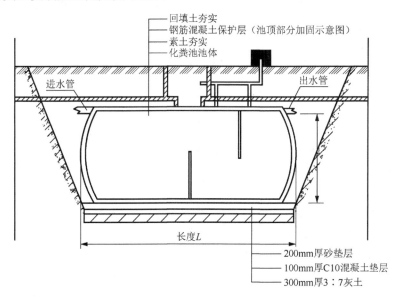

图 10.29　化粪池安装施工图

化粪池基地与建筑水平的净距，不应小于化粪池基地与建筑基地高度差的 2 倍。

1）放工作业程序

放灰—挖基槽排放地下水—垫层找平密实吊装—池体充水—分层回填—砌连接井检查井—现场初步验收。

2）放线挖基槽

施工时应根据设计施工图纸中标识的罐体型号，按型号尺寸、标高、放灰线开挖基槽，并符合国家有关施工规范的各项规定。在地下水位较高的情况下，开挖基槽必须排水。坡度按现行的建筑规范要求。

3）处理基地垫层

（1）地基采用3∶7灰土处理（厚度不小于300mm），并分层夯实。

（2）浇制素砼，厚度不小于100mm。

（3）用200mm黄砂垫层找平，砂中不得有较大的尖角砖石及硬杂物。

4）设备就位

（1）检测基地垫层是否找平。

（2）找准设备进出水方向，确认无误后根据罐体上标示的进出口方向吊装就位。

（3）就位后检查、调整进出水管标高，使其符合设计图纸的要求。

（4）本产品吊装就位后，测定水平度，调整局部垫层使之水平。

5）分层回填、罐体充水

就位符合要求后，应及时回填，底部两侧应用黄砂填实，并向设备内充水使之稳定，回填土应分层夯实，禁止局部猛烈撞击。

6）砌检查井

当回填达到施工规范后，砌筑进出口连接井，连接井的做法按照现行国家标准图集施工，尺寸、规格按设计图纸执行，具体做法按照现行国家标准图集。

10.3.4　堆肥场

根据北方地区特点，推荐使用阳光棚—条垛式—地上式堆肥，根据该堆肥的工艺流程，需修建下列场地。

1）原料堆放场

绿化废弃物体积较大，其在某一季节（如大量剪枝季节）产生量大，原料堆放场需要大一些。树枝和树叶处理方式不同，最好能分开堆放；草末容易变质腐败，收集后需要马上堆制，或分成小堆铺开。

2）粉碎场地

粉碎场地需要能放下粉碎机械和满足粉碎后材料的暂时堆放。许多堆肥场在粉碎机出料口建有一个密闭的简易房，有效防止了作业时尘土飞扬的情况；还可以在房顶装配上喷淋头，不但防尘，还能为原料补充水分。

3）堆肥发酵场

堆肥发酵场是将原料堆放起来进行发酵的场地。在北方地区，冬季室外温度低，气候干燥，水分丧失很快，影响堆肥的升温、保湿；而冬季正好需要处理大量枯枝落叶，因此堆肥发酵场地最好建在室内。对于条剁式堆肥，将原料堆成条剁状，使用条剁式翻堆机翻堆；这种场地的特点是建设比较简单，建一块足够大的空地就可以了，但场地的利用率较小。

4）后期腐熟陈化场

堆肥原料经过高温发酵阶段后，温度会逐渐下降，不再上升，湿度也会下降到一定程度，其进入堆肥的后期低温腐熟陈化阶段。后期腐熟陈化场没有特别的功能，主要满足堆放的功能；对于条垛式发酵场地，原料可以就地腐熟。表 10.5 为堆肥技术参数。

表 10.5 堆肥技术参数

参数	最佳参数值
C/N	25：1～30：1
颗粒大小	0.5～2.5cm
水分含量	45%～65%
氧气浓度	10%～18%
温度	55～60℃保持 3 天
搅动情况	简易堆肥周期性翻堆而不搅动，机械系统堆肥时应搅动
pH 控制	一般不用调节（pH 为 5.0～8.0）
堆体大小	任意长，高 1.5m，宽 2.5m，适用于自然通风堆肥

堆肥工艺流程如图 10.30 所示。

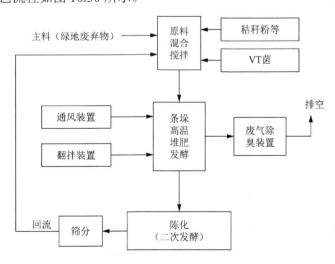

图 10.30 堆肥工艺流程图

10.3.5 农村垃圾处理措施

近些年来，随着项目区农村经济的快速发展，消费水平不断提高，由于缺少处理设施，产生的大量生活垃圾大部分未经有效处理，随意堆放或填埋，有些甚至被倒在河道旁，给河水带来严重污染，对此，迫切需要对农村生产、生活产生的垃圾进行处理。

1. 国外经验

1) 欧盟：随意乱倒垃圾是犯罪

在欧盟国家的一些村庄里，张贴着"随意乱倒垃圾是犯罪，此类行为将记录在案"的告示。同样，如果地方政府不能为农村社区居民提供垃圾收集的服务，或不按分区规划、管理新住宅的开发，也将受到农村社区居民的起诉。欧盟所有的农村社区生活垃圾都由市政当局集中收集和处理（李国建，2007）。垃圾箱和垃圾收集处理的费用由地方政府征收的房地产税及其他税收支付。农民家中一般有两个不同颜色的垃圾箱，一个装有机垃圾，另一个装无机垃圾。工作人员收取垃圾时，如果发现没有按规则对垃圾进行分类，或把不适当的东西放到垃圾里，将会拒绝收集这些垃圾箱，甚至罚款（常超等，2009）。

2) 美国：垃圾公司深入乡村

美国农村的垃圾处理一般由规模不大的家庭公司来承担。公司的员工也是农民，他们开着小垃圾车，到各家各户收取垃圾，同时也收取一定费用。每家每户都有一个带轮子的垃圾箱，每天早晨送到公路边，由专车带走分类垃圾（张瑞久等，2007；孙立明等，2004）。虽然美国的农民住得分散，但是垃圾公司会深入到每个乡村的每个角落。

3) 日本：各种垃圾分类回收

在日本，垃圾分类非常清楚，能回收的垃圾与不能回收的垃圾都分开投放，各放其箱。对有些地方每周回收不同的垃圾，包括玻璃制品、不燃物质（塑料、橡胶、皮革等）、金属和家电等。这样做的好处是，垃圾车装运同一种垃圾，可直接送到处理厂去处理，省工、省时（郭广寨等，2005）。日本运送垃圾的垃圾车也很讲究，全部是自动封闭式、自动加压式的，装车的垃圾可以自动压实，易拉罐之类的废弃物可以压扁成片。

2. 垃圾处理技术

1) 垃圾处理工程

农村垃圾的治理需结合农村的特点，将垃圾处理与可再生能源结合起来。农村垃圾除了生活垃圾，还有大量的在农业生产过程中产生的垃圾，如畜禽粪便和农作物秸秆等。建设沼气池、日光温室（或大棚），将种植、养殖、粪便和生活垃圾处理与利用集成在一起，形成农业生产和废物再生利用的有效机制（李国建，2007）。

竹林关镇片区的农村垃圾乱堆乱弃问题日益突出。人们的垃圾处理观念欠缺，生活垃圾随处丢弃，权宜堆放，占地填河，造成严重问题。生活垃圾的减量化、资源化和无害化是处理农村垃圾的目标。将农村生活垃圾中的有机部分堆肥并就地施用，有机垃圾堆肥后还田，剩余的小部分垃圾进入焚烧厂或填埋厂，或其他综合设施。

2）垃圾分类收集池

按照农民住宅的分布情况，在居住区修建 $2m^3$ 的小型垃圾分类收集池，收集池分两格，一边为可回收池，一边为不可回收池。根据实际设计、修建垃圾分类收集池，按 10～15 户修建一座，修建在交通便利、易于清理运输、处在片区中心位置的地带，便于群众将生活垃圾入池。要及时清理垃圾池，由各组组长负责组织村民轮流清理。

3）垃圾填埋场

在适宜的地段修建垃圾填埋场，利用天然沟道，在沟道口修建挡墙，形成有一定容积的库。将收集来的垃圾按层堆放，分层覆土填埋。垃圾填埋场由村委会负责管理，管理费用从街道卫生费中开支。

3. 现行农村垃圾处理模式

1）农村生活垃圾处理传统模式

传统生活垃圾处理模式中，垃圾被随意抛弃、露天堆放，有的甚至被堆放于河道两旁，形成了垃圾绕村围河的现象。生活垃圾任意露天堆放，任雨水冲淋，形成了大面积的水源污染，这也是造成水体富营养化的一个重要原因；垃圾中含有的有毒物质，以及在堆放过程中产生的有害物质被雨水冲刷后，混合流入农村居民的地表饮用水源，对农村居民饮用水健康造成了极大威胁。随着新农村建设，不少农村居民已经意识到生活垃圾的危害性，为了达到"村容整洁、环境卫生"的目标，对堆积于村内的生活垃圾进行了清理，对清理出村的垃圾进行填埋、焚烧等处理，但仍有部分尚未处理，仅是将污染物进行了地点转移，没有做到垃圾处理的减量化、资源化、无害化目标。焚烧和填埋也只是露天焚烧、简易填埋，没有任何防护措施，不仅污染了大气和土壤，也为以后的环境健康埋下了隐患。

2）垃圾收集池式集中清运处理模式

垃圾收集池式集中清运处理模式相对于农村生活垃圾处理传统模式，在村中建造了若干水泥式垃圾收集池，每个收集池辐射服务周围的约十几户农村居民，每户将自家生活垃圾混合收集后投放于垃圾收集池中，然后每户定期轮流派人将池中垃圾清运到远离村庄的垃圾集中处理点，进行填埋或焚烧。这种管理模式基本上改变了垃圾在村中乱扔乱放的局面，生活垃圾清运处理管理有了一套较为稳定的路线。调查中的大部分农村生活垃圾处理采用了这种模式。这种模式的缺点是垃圾在收集池中仍处于一个露天堆放状态，如果不及时清理，不仅影响村容，堆放久了还会产生臭气，而且水泥建造的垃圾收集池由于没有采用任何防渗防漏措施，在雨水冲淋下仍会对环境卫生健康产生威胁。

3）村、户收集相结合集中清运处理模式

村、户收集相结合集中清运处理模式是目前新农村中垃圾收集清运比较成功的一个例子。首先，每户家里都各自有一个垃圾桶，每天的垃圾用垃圾袋混合收集于垃圾桶中，同时在村主要道路上设置若干垃圾收集箱，主要为来村庄观光旅游的游人投放垃圾提供方便，村里设有专门的垃圾收集人员定时将每户和垃圾箱中的垃圾集中收集运输到垃圾收集点进行处理。这种模式主要在建设生态旅游、文化旅游的村庄中推广较多，这种生活垃圾处理管理模式收到了很好的效果，垃圾袋装化也便于清运人员收集运输，村容较整洁，垃圾乱堆乱放的现象很少见。但垃圾的最终处理还不是很理想，简易填埋的方式还仅是将污染物转移，没有实现垃圾的资源化和无害化。

4. 解决问题的政策建议

垃圾分类收集是综合利用垃圾资源、减少垃圾处理费用和减少对环境的污染，实施可持续发展战略的重要措施。农村垃圾有别于城市垃圾，其中有大量可回收利用的成分，分类收集不仅有助于回收大量废弃材料、减少垃圾量，而且可以降低垃圾处理和运输费用，简化垃圾处理的过程。针对以上调查内容及现状分析，提出以下建议。

1）政府加大投入，重视垃圾分类的相关工作

（1）通过立法手段确保农村垃圾分类工作有法可依。我国在现行阶段并没有针对农村垃圾分类处理的相关法律法规，因此首先应建立有关农村生活垃圾分类回收法律法规，进一步完善管理机制，在遵循国家法律法规的前提下，从实际出发，加快关于农村垃圾分类回收的立法工作进程。

（2）建立健全卫生评比制度，有效提高村民对垃圾分类回收的积极性。为了有效实施相关政策法规，提高村民对于垃圾分类回收的积极性，建立相应的卫生评比制度十分必要。目前，农村存在的普遍状况是，如用完的包装纸随手一扔，喉咙不舒服随地吐痰。因此，必须建立针对村民与家庭的卫生评比制度，在农村设卫生监管员，定期进行家庭垃圾分类工作的检查，并分散于农村公共场所，对不遵守卫生制度的村民给予提示劝解。由村委会牵头组织，定期对各住户进行计分评比，进行合理的奖惩处理。

（3）建立完善的收运体系。我国现行"村收集、镇运送、县处理"的农村垃

圾收集体系，而真正完善并执行这套体系的基层单位并不多，原因仍然在于资金短缺、设施技术不完备。农村缺少垃圾收集基础设施，乡镇不能及时运送，县城没有合格垃圾处理场，造成了农村垃圾的堆积。因此，建立健全完备的垃圾收运体系是十分必要的。各县级单位必须建立合格的垃圾处理厂，镇级单位应投入足够资金运送垃圾，而农村则必须在规定时间内将垃圾分类集中。

2）加强垃圾分类宣传教育

宣传先行，在农村垃圾分类处理方面需要多做宣传。政府及相关单位应切实通过基层组织来告知村民，目前面临垃圾问题的严重程度，应该执行什么级别的垃圾分类标准，个人的行为会对垃圾分类处理产生非常关键的作用，生态环境改善对于农村也会得到很多实惠。在大量的宣传引导中，使村民逐步实现垃圾分类的习惯，乱丢乱扔自然会受到道德谴责，甚至会受到周围群众的谴责。

农村垃圾分类回收的宣传工作有别于城市，农村居民居住较集中，职业种类单一化，对于宣传工作的开展有一定好处。基层村委会应定期对村民进行环境保护知识教育，开展环境保护知识讲座，张贴海报，提高村民环境保护意识，使其养成良好的卫生习惯，从而从根本上缓解"垃圾围村"现状。

3）完善垃圾收集处理技术

农村垃圾要得到彻底的分类处理，技术也是关键，要支持把农村生活垃圾处理适宜技术研发纳入相关科技计划，加大支持力度。针对我国农村生活垃圾点多量大、布局分散、地域差异大等特点，系统开展村镇生活垃圾处理的收运、处理和管理技术研究，为实现农村生活垃圾处理规划目标，提供可复制、可推广应用的技术支撑和工程示范。

10.4　丹汉江水源区清洁小流域建设技术体系

根据生态清洁小流域建设原则、指导思想，确定丹汉江水源区生态清洁小流域建设技术体系是以水土保持措施体系为基础，以农村生产、生活等非点源污染控制措施为主体的新型小流域生态建设技术体系，包括水土保持综合治理工程、化肥农药污染控制、河道综合整治和人居环境整治等措施的小流域治理技术体系，见表10.6。

表 10.6　生态清洁小流域技术体系

治理类型	治理目标	具体措施	技术创新
小流域 综合治理工程	水土流失治理和基础生态 环境改善	梯田、水平沟、谷坊、蓄水池、 水保林、经果林、灌木林、人工 种草、封禁治理、小型水利水土 保持工程	生态埂坎梯田 湿地谷坊 生态沟渠

续表

治理类型	治理目标	具体措施	技术创新
化肥农药污染控制措施	农业产业结构调整	发展生态旅游	区域定位
		农家乐	
	农业特色产业发展	农业种植业示范园	生态清洁产品
		农业养殖业示范园	绿色产品
		生态休闲观光园	有机产品
		农家肥、有机肥的使用	无公害农业示范园
		生物农药的使用，低效低残留农药的使用	
河道综合整治工程	河岸防护	生物护岸	生态防护
		生态护坡	
	增强水体自净能力	植被过滤带	浮岛技术
		植被草床	
		植被缓冲带	
	建设生态河道，维护河库自然健康	封育河床	谷坊，湿地
		小谷坊	
		小型拦沙坝	
人居环境综合整治工程	发展清洁能源，引导农户改灶、改厕	太阳能利用、节柴灶、沼气池	太阳能沼气池
	生活垃圾处理	清理，对历史垃圾进行一次集中清理	垃圾分类处理
		建立垃圾台，实施垃圾分类处理	垃圾处理运行与奖励机制
		垃圾填埋场，难以分解的垃圾指定地域进行填埋处理	
		垃圾清运管理，建立具有可长期运行能力的清运机制	
	对禽畜实行圈养	畜禽圈养改造	设施养殖、生态养殖
	生活污水处理	污水收集	生态渗滤
		人工湿地	水体净化
		氧化塘	雨水净化
		太阳能曝气装置	滨河/湖景观设计
	村庄美化	村庄行道树	生态文明村、镇、县建设
		排水沟渠	
		村庄便道建设	
		庭院美化	
宣传教育工程	建立健全村级清洁制度建设，宣传教育活动		

10.5　丹汉江水源区清洁小流域治理分区

生态清洁小流域综合防治体系的思路是，以流域内水资源、土地资源、生物资源承载力为基点，以农村"水质清洁、生态优美、生产发展"为目标，以非点源污染防治为抓手，以小流域综合治理为重点，以改善农村生产生活条件和生态环境为着力点，层层布设各项综合治理措施，并进行长效管理。

10.5.1　清洁小流域治理分区

近年来，北京市在以建设生态清洁小流域的实践中总结出了筑构"生态修得、生态治理、生态保护"三道防线的综合治理理念。陕西省根据丹汉江流域实际情况，确定了生态自然修复区、综合治理区、沟（河）道及库区周边治理区三个生态清洁小流域治理分区。

1. 生态自然修复区

小流域内人为活动和人为破坏较少，自然植被较好，分布在远离村庄、山高坡陡的集水区上部地带，通过对其进行封禁保护或辅以人工治理即可实现水土流失基本治理。主要治理方法与途径如下。

（1）封禁：在汇流区减少甚至杜绝一切人为生产和生活活动，消除全部人为破坏及其造成的影响，使自然植被覆盖率达到95%以上，保证原有的水源涵养能力不降低而且持续上升，使流域内总体水资源量长期保持稳定。

（2）封禁措施布设：一是对人类活动的封禁，禁止所有人进入封禁区域活动，包括迁入居住、开荒、割草、修枝等；二是禁止一切放牧、砍伐、林下养殖、林下副产品采摘等活动；三是保证封禁持续时间足够长，范围足够广，集中连片。

（3）生态修复工程管理：小流域内各行政村制定水源和封育保护村规民约，明确相关的奖惩措施；成立水源和封育保护组织，聘请专职管护员；通过标语、专栏、碑牌、公告等宣传形式提高村民生态保护意识；在生态修复区域周边设立明显标志和网围栏，封山禁牧，防止人畜任意进入。

2. 综合治理区

小流域内人类活动较为频繁、水土流失较为严重，分布在村庄及周边、农林牧集中的集水区中部地带，需采用工程、植物和耕作等综合措施，方可实现水土流失基本治理的区域。主要治理方法与途径如下。

（1）水土流失和非点源污染防治可根据其（水土流失或污染源）所处的地貌部位、坡度、土层厚度和土地利用现状等，进行土地适宜性评价分析，配置水土流失和非点源污染防治措施。

（2）小流域综合治理工程。采用梯田、水平沟、谷坊、蓄水池等工程措施，与水保林、经果林、种草、植物篱、封禁治理等生物措施相结合，使小流域形成一个完整的水土流失防御体系，基本控制地表土壤不下山，增加土壤含水量，保证植物需水供给，有效促进林草生长，快速恢复植被，维持森林良好的生态系统。

（3）非点源污染防治工程。做好村镇规划，创建绿色生态家园。大力推广太阳能、沼气等清洁能源，加强对"三沼"（沼气、沼液、沼渣）的综合利用，引导农户改灶和改厕。加强对生活垃圾和污水的处理，制定村庄环境卫生保洁制度，美化村容村貌，改善人居环境。具体包括：①采取有效措施激励村镇调整当地农业经济发展方式，扶持农户开展农家乐、生态观光游、观光农业等生产活动，扶持农户发展生态种植和养殖产业园区建设；通过发展和生产清洁产品的方式，减少农药化肥的使用。②生活污水处理。实行禽畜圈养，推广沼气池、化粪池等实用技术，对人畜禽粪便进行无害化处理。在居民比较集中和有条件的地区，可在流域中心村建立生活污水站，生活污水处理达标后排放。

农村生活污水优先考虑由城镇污水集中处理系统统一处理；不能纳入城镇污水集中处理系统的，宜建设小型集中污水处理设施，确保污水通过处理达标后排放或回用；小型的集中污水池设施应尽可能选择无动力的、分散式的处理方式，以保证此类设施长期、有效发挥作用。

（4）生活垃圾处理。控制生活污染物排放，有条件的应首先考虑由城镇统一集中收集处理，实现生活垃圾集中管理，按自然村建立垃圾台，对垃圾进行分类处理，易分解垃圾指定地域进行填埋处理，对其他垃圾实行清运和专门处理。

不能纳入城镇垃圾处理范畴的，应按照减量化、资源化、无害化和可再生利用的原则，建设垃圾分类收集和处置设施，进行集中收集清运处理，严禁采用集中焚烧的方式处理生活垃圾。

（5）生态农业建设工程。加强基本农田测土配方施肥指导，大力施用饼肥、草木灰等有机肥，推广种植绿肥，实施农作物秸秆返田，提高耕作土壤的有机质含量。按照农药推荐种类目录及其使用方法，施用易降解、低残留的农药，以及采用频振式杀虫灯防治病虫害，控制和减少农业污染。

3. 沟（河）道治理区

大力实施河道综合整治工程，禁止河道采沙，杜绝人为破坏，加强河道管理和维护，对土壤侵蚀量较大的河岸或渠道增加护坡，对泥沙和垃圾淤积严重的河段进行清淤，确保河流畅通。在河库周边植被稀少区域设置植物缓冲带，种植具有吸收有机污染物能力的乔木、灌木和草本植物。在水库水位变化的水陆交错地带种植适水树种和草本植物，增强水体的自净能力。在满足防洪的要求下，进行封河育草、育灌，发挥自然生态系统涵养水源、净化水质的作用，维护河库自然健康。

（1）自然生态功能完好的沟（河）道，应以保护为主，除可建设必要的点状安全防护工程外，不宜采取大规模的沟（河）道整治措施，尽可能保持河道的自然行洪能力。

（2）自然生态功能被改造的沟（河）道，功能严重丧失的应适度恢复其自然行洪功能，对于功能损失不是很严重的沟（河）道尽可能采取一些补救措施，并使各类治理措施与周围景观协调一致：①沟（河）道两侧，应营造植被过滤带，以滞留、过滤、吸纳、消解各类污染物进入河道。②沟（河）道当中应尽可能保留和恢复水潭、水泽等河道自然景观，同时，可因地制宜地适度种植水生植物，建设或恢复人工湿地。

4. 库区周边治理区

水是生命之源，保障饮用水的安全既是国家稳定的基础，也是国家政治的需要。目前，水源库区的生态治理主要以水源地保护、水土流失防治及非点源污染控制为目标。

（1）加强对现有水源保护林地和山坡地的封育管护，依靠生态自我修复自然保水。除封山育林外，对于少量疏幼林地，可在不损坏原有林草植被和地表土壤结构的状况下，施用人工补植等措施增加地表覆盖，使水源地森林覆盖率达到98%以上，确保水库的集雨面积范围内有良好的水源涵养林、水土保持林和山坡植被，确保水库有优质的径流水源。

（2）加强沟道和坡地的水土保持，建立水库周边生态缓冲防线在水库水源地的上游汇流区，针对沟道水土流失采取谷坊、拦沙坝、淤地坝、溪沟整治、治塘筑堰等水土流失控制措施。针对坡面水土流失采取坡改梯、沉沙池等配套坡面工程、营造水土保持林草，在水库周边建立防护林带和生物过滤缓冲带，减少进入水库的泥沙、净化水质。

（3）控制水源地周边坡地的农业开发，在水库周边坡地农业综合开发中，对于在5°以上10°以下坡地开垦种植农作物的，实行严格的审批制度。对于水库集雨面积内20°以上，其他地区25°以上的坡地，禁止开垦、种植林木以外的农作物，严禁耕作。对于已有耕地，逐步退耕还林还草，确保100%还林还草。对于25°以下10°以上原有种植蔬菜、粮食等作物的坡地要逐步退耕还林或修筑梯田，整治排水系统，以及采取等高程种植等措施，以减轻水土流失。

（4）农业非点源污染控制措施包括禁止高毒性、高残留农药、化肥的使用，推广有机施肥，减少化肥及农药使用量。另外，尽可能多地采用科学方式施肥，推广平衡施肥技术，提高肥料的利用率，以减少施肥对水库造成的污染。建设地表径流与污染物拦截、导流汇集和净化处置生态工程。例如，首先通过生态型田埂和旱地生态隔离带、缓冲带、过滤带对农田地表径流土壤颗粒进行拦截，减缓暴雨时地表径流量、径流速度和减小养分损失，然后导入生态排水沟、生态连接渠，再汇入经植物配型、基质组成优化的人工湿地或前置库，最后经过人工湿地或前置库对有机物、氮、磷等污染物进行处理后再排入水库。

10.5.2　不同土地利用方式非点源污染控制途径

1）都市农业区

加强对工业三废污染的防治，以防止地表水、地下水和土壤对都市农业生产的污染为主；对都市农业高级温室废水和废弃物进行无害化处理，包括建立湿地净化区和建造沼气池，以消纳农业自身产生的污染。

2）城郊农业区

加强对灌溉用水水质的检测和无害化处理，有必要对灌溉用污水进行灌前净化处理和设立湿地净化区。大棚蔬菜和大型畜圈禽舍均应建设配套的沼气池。大型畜圈禽舍的粪便应通过无害化处理后作为有机肥施入农田中，废水排放前应经过湿生植物缓冲区的净化处理。

3）水田区

以防止农药和化肥对农产品和地下水及地表水的污染为主，种植绿肥作物，发展沼气，增施有机肥，推广测土施肥和高效低毒农药，提高化肥农药使用效率是水田区农业污染防治的关键。由于水田地区水产养殖场较多，发展基塘、生态养殖及建立水生植物净化区也是减少水体污染的关键措施。

4）水浇地区

焚烧农作物秸秆现象主要发生在一年两熟的水浇地区，推行秸秆还田、开辟农作物秸秆的综合利用途径是本区较为艰巨的任务。水浇地区地膜使用量较大，地膜污染现象严重，推广可降解地膜是防治地膜污染的关键措施。

5）旱地区

虽然旱地的农药和化肥污染较水田和水浇地轻，增施有机肥，推广测土施肥和高效低毒农药，提高化肥农药使用效率也是旱地区农业污染防治的关键。地膜污染现象在旱地区也较为严重，推广廉价的可降解地膜是防治地膜污染的关键措施。

6）园地区

对农户的调查数据表明，果园的农药污染远高于农田的农药污染；园地由于生产规模较大，农家肥和有机肥施用量较少，在坡地园地上不适当地施用大量化肥，遇到暴雨易造成肥力流失，从而污染地表水。园地区应以防止农药和化肥对农产品和地表水的污染为主，推广测土施肥和高效低毒农药，提高化肥农药使用效率。

10.6 小流域污染物治理措施分区布局

小流域是水源区最小的集水单元之一，也是非点源防治的关键部位。通过识别小流域的非点源污染物的空间分布特征，可以将清洁措施优先布置到控制污染最有效的区域。表 10.7 列出了小流域土地利用类型与畜禽养殖和人类生活的污染物输出系数。根据小流域的土地利用图，以及人口和畜禽养殖的种类、数量即可计算得到小流域非点源污染严重的区域，同时可以识别小流域非点源污染的关键防治部位。

表 10.7 小流域土地利用类型与畜禽养殖和人类生活的污染物输出系数

一级类型		二级类型		面积 /km²	主要污染物排放强度/[kg/(hm²·a)]		负荷量/kg	
编号	名称	编号	名称		总氮	总磷	总氮	总磷
1	耕地	11	水田	0.01	2637	200	26.4	2.0
		12	旱地	0.9	1885	408	1696.5	367.2
2	林地	21	有林地	0.2	679	153	135.8	30.6
		22	灌木林	0.2	720	150	144.0	30.0
		23	疏林地	0.1	720	145	72.0	14.5
		24	其他林地	0.1	1192	246	119.2	24.6
3	草地	31	高覆盖度草地	0.1	1160	155	116.0	15.5
		32	中覆盖度草地	0.05	1150	150	57.5	7.5
		33	低覆盖度草地	0.05	1140	145	57.0	7.3
4	水域	41	河渠	0.1	0	0	0	0
		42	湖泊	0	0	0	0	0
		43	水库坑塘	0	0	0	0	0
5	居民用地	51	城镇用地	0	1650	150	0	0
		52	农村居民点	0.15	1650	150	247.5	22.5
		53	其他建设用地	0.02	1100	150	22.0	3.0
6	养殖	61	猪	150	0.76	0.29	114.0	43.4
		62	牛	10	10.21	1.72	102.1	17.2
		63	鸡（鸭、鹅）	300	0.05	0.02	14.3	6.1
7	人口	71	常住人口	640	1.78	0.16	1139.2	102.4
		72	外来打工人	5	1.58	0.16	7.9	0.8

根据这一分布特征，对丹汉江流域、商南县及闵家河流域非点源污染的空间分布特征进行分析，见图 10.31。

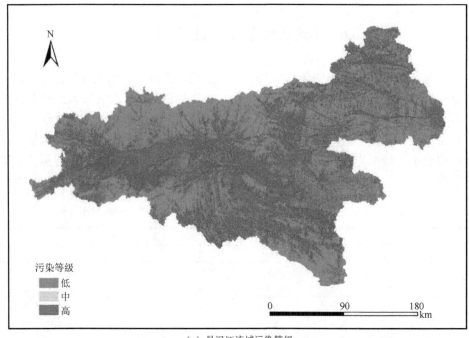

（a）丹汉江流域污染等级

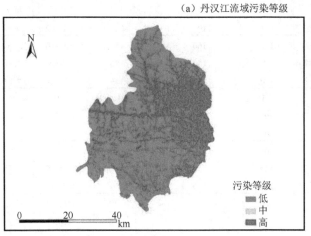

（b）商南县污染等级　　　　　　　　（c）闵家河流域污染等级

图 10.31　非点源污染物的空间分布特征

　　根据小流域土地利用类型的差异及其水土流失、非点源污染特征，确定小流域水土流失与非点源污染的敏感土地利用类型，结合小流域水土流失非点源污染治理措施体系编码（表 10.8），确定典型清洁小流域治理污染源及治理措施（表 10.9）和鹦鹉沟清洁小流域污染源分布及治理措施（表 10.10）。

表 10.8　小流域水土流失非点源污染治理措施体系编码

一级类型编号	治理类型	治理目标	二级类型编号	具体措施	技术创新
I	小流域综合治理工程	水土流失治理和基础生态环境改善	1	梯田、水平沟、谷坊、蓄水池、水保林、经果林、灌木林、人工种草、封禁治理、小型水利水土保持工程	生态埂坎梯田
			2		湿地谷坊
			3		生态沟渠
II	化肥农药污染控制措施	农业产业结构调整	1	发展生态旅游	区域定位
			2	农家乐	
		农业特色产业发展	3	农业种植业示范园	生态清洁产品
			4	农业养殖业示范园	绿色产品
			5	生态休闲观光园	有机产品
			6	农家肥、有机肥的使用	无公害农业示范园
			7	生物农药的使用，低效低残留农药的使用	
III	河道综合整治工程	河岸防护	1	生物护岸	生态防护
			2	生态护坡	
		增强水体自净能力	3	植被过滤带	
			4	植被草床	浮岛技术
			5	植被缓冲带	
		建设生态河道，维护河库自然健康	6	封育河床	
			7	小谷坊	谷坊湿地
			8	小型拦沙坝	
IV	人居环境综合整治工程	发展清洁能源，引导农户改灶、改厕	1	太阳能利用、节柴灶、沼气池	太阳能沼气池
		生活垃圾处理	2	对历史垃圾进行一次集中清理	垃圾分类处理
			3	建立垃圾台，实施垃圾分类处理	垃圾处理运行与奖励机制
			4	垃圾填埋场，难以分解的垃圾指定地域进行填埋处理	
			5	垃圾清运管理，建立具有可长期运行能力的清运机制	
		对禽畜实行圈养	6	畜禽圈养改造	设施养殖、生态养殖
		生活污水处理	7	污水收集	生态渗滤
			8	人工湿地	水体净化
			9	氧化塘	雨水净化
			10	太阳能曝气装置	滨河/湖景观设计
		村庄美化	11	村庄行道树	
			12	排水沟渠	生态文明村、镇、县建设
			13	村庄便道建设	
			14	庭院美化	

表 10.9　典型清洁小流域治理污染源及治理措施

一级类型		二级类型		主要污染源	污染强度等级	主要污染物排放强度 /[kg/（hm²·a）]				推荐治理措施
编号	名称	编号	名称			总氮	总磷	氨氮	COD	
1	耕地	11	水田	化肥	高	26.37	0.20	2.72	0	I$_{1,3}$+II$_{3,6,7}$
		12	旱地	化肥	高	18.85	4.08	1.94	0	I$_3$+II$_{3,5}$
2	林地	21	有林地	养分、有机物	低	6.79	1.53	0.70	0	I$_3$+II$_{3,5}$
		22	灌木林	养分、固体悬浮物	低	7.20	1.50	0.74	0	I$_3$+II$_{3,5}$
		23	疏林地	养分、有机物	低	7.20	1.45	0.74	0	I$_3$+II$_{3,5}$
		24	其他林地（果园、茶园等）	养分、有机质、固体悬浮物	高	11.92	2.46	1.23	0	I$_{1,3}$+II$_{6,7}$
3	草地	31	高覆盖度草地	养分、有机质、固体悬浮物	低	11.60	1.55	1.20	0	I$_{1,3}$+II$_{3,5}$
		32	中覆盖度草地	养分、有机质、固体悬浮物	低	11.50	1.50	1.19	0	I$_{1,3}$+II$_{3,5}$
		33	低覆盖度草地	养分、有机质、固体悬浮物	低	11.40	1.45	1.18	0	I$_{1,3}$+II$_{3,5}$
4	水域	41	河渠	支沟汇集点氮、磷	中等	0	0	0		I$_{1,3}$+III$_{1,2,5,7,8}$
		42	湖泊	磷	中等	0	0	0		I$_{1,3}$+III$_{1,2,5,7,9}$
		43	水库坑塘	汇集点氮、磷	低	0	0	0		I$_{1,3}$+III$_{1,2,5,7,10}$
5	居民用地	51	城镇用地	地表径流携带氮、磷悬浮物	高	16.50	1.50	1.70	0.01	I$_{1,3}$+IV$_{2,4,5,6,7,9}$
		52	农村居民点	生活污水中的氮、磷	高	16.50	1.50	1.70	0.04	I$_{1,3}$+IV$_{2,4,5,6,7,9}$
		53	其他建设用地	泥沙携带的氮、磷	低	11.00	1.50	1.13	0.03	I$_{1,3}$+IV$_{2,4,5,6,7,9}$
6	养殖	54	猪	氮、磷、COD	高	0.76	0.29	0.36	4.52	I$_{1,3}$+IV$_{2,4,5,6,7,9}$
		55	牛	氮、磷、COD	高	10.21	1.72	4.28	3.72	I$_{1,3}$+IV$_{2,4,5,6,7,9}$
		56	鸡（鸭、鹅）	氮、磷、COD	低	0.05	0.02	0.01	0.10	I$_{1,3}$+IV$_{2,4,5,6,7,9}$
7	人口	57	常住人口	生活污水磷、氮	中等	1.78	0.16	0.51	3.68	I$_{1,3}$+IV$_{2,4,5,6,7,12}$
		58	外来打工人口	生活污水磷、氮	中等	1.58	0.16	0.51	3.68	I$_{1,3}$+IV$_{2,4,5,6,7}$

表 10.10　鹦鹉沟清洁小流域污染源分布及治理措施

一级类型		二级类型		面积 /km²	主要污染物排放强度 /[kg/（hm²·a）]				流域治理组合措施
编号	名称	编号	名称		总氮	总磷	氨氮	COD	
1	耕地	11	水田	0.01	26.37	200.00	2.72	0	I$_{1,3}$+II$_{3,6,7}$
		12	旱地	0.90	18.85	408.00	1.94	0	I$_3$+II$_{3,5}$
2	林地	21	有林地	0.20	6.79	153.00	0.70	0	I$_3$+II$_{3,5}$
		22	灌木林	0.20	7.20	150.00	0.74	0	I$_3$+II$_{3,5}$
		23	疏林地	0.10	7.20	145.00	0.74	0	I$_3$+II$_{3,5}$
		24	其他林地（果园、茶园等）	0.10	11.92	246.00	1.23	0	I$_{1,3}$+II$_{6,7}$

续表

一级类型		二级类型		面积/km²	主要污染物排放强度/[kg/（hm²·a）]				流域治理组合措施
编号	名称	编号	名称		总氮	总磷	氨氮	COD	
3	草地	31	高覆盖度草地	0.10	11.60	155.00	1.20	0	I₁,₃+II₃,₅
		32	中覆盖度草地	0.05	11.50	150.00	1.19	0	I₁,₃+II₃,₅
		33	低覆盖度草地	0.05	11.40	145.00	1.18	0	I₁,₃+II₃,₅
4	水域	41	河渠	0.1	0	0	0	0	I₁,₃+III₁,₂,₅,₇,₈
		42	湖泊	0	0	0	0	0	I₁,₃+III₁,₂,₅,₇,₉
		43	水库坑塘	0	0	0	0	0	I₁,₃+III₁,₂,₅,₇,₁₀
5	居民用地	51	城镇用地	0	16.50	150.00	1.70	0.01	I₁,₃+IV₂,₄,₅,₆,₇,₉
		52	农村居民点	0.15	16.50	150.00	1.70	0.04	I₁,₃+IV₂,₄,₅,₆,₇,₉
		53	其他建设用地	0.02	11.00	150.00	1.13	0.03	I₁,₃+IV₂,₄,₅,₆,₇,₉
6	养殖	61	猪	150.00	0.76	0.29	0.36	4.52	I₁,₃+IV₂,₄,₅,₆,₇,₉
		62	牛	10.00	10.21	1.72	4.28	3.72	I₁,₃+IV₂,₄,₅,₆,₇,₉
		63	鸡（鸭、鹅）	300.00	0.05	0.02	0.01	0.10	I₁,₃+IV₂,₄,₅,₆,₇,₉
7	人口	71	常住人口	640.00	1.78	0.16	0.51	3.68	I₁,₃+IV₂,₄,₅,₆,₇,₁₂
		72	外来打工人口	5.00	1.58	0.16	0.51	3.68	I₁,₃+IV₂,₄,₅,₆,₇

参 考 文 献

常超, 王铁山, 2009. 垃圾处理的国际比较与借鉴[J]. 城市问题, (1): 77-81.

陈湘, 2014. 生态袋在内河整治护岸工程中的应用[J]. 建筑与发展, (8): 956.

段秉礼, 杨发, 李忠禄, 等, 2002. 农村能源“四位一体”模式应用及其效益[J]. 可再生能源, 6: 43-44.

郭广寨, 朱建斌, 陆正明, 2005. 国内外城市生活垃圾处理处置技术及发展趋势[J]. 环境卫生工程, 13(4): 19-23.

金丹越, 张登峰, 卢少勇, 等, 2007. 污水土壤渗滤技术研究进展[J]. 中国农学通报, 23(4): 350-354.

李凤博, 蓝月相, 徐春春, 等, 2012. 梯田土壤有机碳密度分布及影响因素[J]. 水土保持学报, 26(1): 179-183.

李国建, 2007. 城市垃圾处理工程[M]. 北京: 科学出版社.

李宪文, 史学正, COEN R, 2002. 四川紫色土区土壤养分径流和泥沙流失特征研究[J]. 资源科学, 24(6): 22-28.

孙贝烈, 陈从斌, 刘洋, 2008. 北方“四位一体”生态农业模式标准化结构设计[J]. 中国生态农业学报, 16(5): 1279-1282.

孙立明, 黄凯兴, ZHOU Y, 2004. 美国城市生活垃圾处理现状及思考[J]. 工业安全与环保, 30(2): 16-19.

田光明, 2002. 人工土快滤滤床对耗氧有机污染物的去除机制[J]. 土壤学报, 39(1):127-134.

徐红灯, 王京刚, 席北斗, 等, 2007. 降雨径流时农田沟渠水体中氮、磷迁移转化规律研究[J]. 环境污染与防治, 29(1): 18-21.

张瑞久, 逄辰生, 2007. 美国城市生活垃圾处理现状与趋势(下)[J]. 节能与环保, (12): 11-13.

MCCOOL D K, BROWN L C, FOSTER G R, et al., 1987. Revised slope steepness factor for the universal soil loss equation[J]. Transactions of the ASAE-American Society of Agricultural Engineers (USA), 30(5): 1387-1396.

MEYER L D, WISCHMEIER W H, DANIEL A W H, 1971. Erosion, runoff and revegetation of denuded construction sites[J]. Transactions of the American Society of Agricultural Engineers, 14(1): 138-141.

第11章　桃花谷水土保持清洁示范小流域建设实践

11.1　示范园概况

11.1.1　地理位置

桃花谷水土保持生态科技示范园位于丹凤县竹林关镇，紧邻沪—陕高速公路，距西安189km，车程2.5h，交通十分便利。该地距国家级"AAAA"级景区金丝峡20km，处于景区辐射带范围。竹林关镇是历史名镇，古人曾在此设立县衙，文化底蕴深厚，历史悠久，旅游资源丰富。示范园属丹凤县南中低山区中度水土流失重点治理区，介于110°38′03″～110°47′04″E和33°47′08″～33°39′03″N，呈南北走向，东西宽7.86km，南北长9.34km，示范园面积为41.4km²，属于中低山土石山区，平均海拔820m，相对高差714m。

11.1.2　水土流失状况

桃花谷水土保持生态科技示范园属于中度水土流失区，2010年土壤侵蚀总量约10.5万t，年均侵蚀模数为2538t/（km²·a），水土流失面积为21km²，其中，轻度流失面积为2.81km²，中度流失面积为12.47km²，强度流失面积为3.7km²，极强度流失面积为0.87km²，剧烈流失面积为1.15km²，分别占水土流失总面积的13.4%、59.4%、17.6%、4.1%和5.5%。

示范园水土流失类型主要有水蚀和重力侵蚀，以水力侵蚀为主，水力侵蚀以面状和沟状侵蚀出现，重力侵蚀以崩塌、滑坡、泥石流为主。根据侵蚀部位不同，侵蚀形式表现为，沟床以上的沟坡面上坡度较陡，坡面的侵蚀形式为层状侵蚀、细沟侵蚀等，尤其是在示范园中游深沟段，由于坡面遭受洪水的侵蚀，常形成许多深沟陡崖，使下部沟坡地常处于不稳定状态。因此，上部多发生以水力为主营力的沟蚀，下部则存在着剧烈的各种形式的重力侵蚀，沟坡侵蚀量约占示范园总侵蚀量的70%。2010年7月23日，丹凤县普降暴雨，桃花谷水土保持生态科技示范园发生洪水泥石流，沟道内的农田、河堤、谷坊、道路等各类水利水土保持设施和基础设施水毁殆尽，基础设施损失3.6亿元，是全国重点受灾地区，国务院副总理回良玉亲临现场视察。

11.1.3　非点源污染状况

桃花谷由于基础设施落后，村民的环保意识相对薄弱，特别是乱扔垃圾的问题在许多村庄比较突出。村内污水沿道路横流，道路泥泞不堪，恶臭熏人，村内环境极差。河里各种杂物泛滥，垃圾、死禽漂浮，河水发黑发臭，生活垃圾问题日益严重，亟待引起重视。示范园内农田较多，农民主要使用化肥提高粮食产量，每亩农田化肥施用量达 120kg 以上，而农作物的利用率在 20%以内，大量的氮、磷流失，污染水质。除草和防治病虫害主要依靠农药，农药的使用量每年达 200kg 以上。

窑沟、大柴沟两条流域出口分布着 1000 余农民和竹林关镇的机关、学校，无生活污水处理设施和垃圾处理设施，年产生垃圾 470t，污水 1.56 万 t，年产生有害畜禽粪便 120t。桃花谷氮肥用量为 162t，高出全国平均水平 3 倍以上，玉米氮肥利用率仅为 20%左右，磷肥利用率仅为 15%左右，土壤中有机氯农药残留占总残留量的 90%以上。垃圾、污水、畜禽养殖、农业非点源污染等对桃花谷沟道水质造成一定程度的污染，居民点以上的水质为Ⅱ级，居民点以下入丹江水质为Ⅳ级，对水资源造成较大危害。

11.2　示范园建设目标与工程布局

11.2.1　指导思想

坚持科学发展观，坚持生态文明建设，贯彻党的十八大及中央一号文件精神；坚持人与自然和谐、可持续发展的理念，以"水保生态、科技示范、面污治理、生态观光"为目的，坚持生态清洁与科技示范相结合的指导思想，创建集小流域综合治理、产业开发、科技示范、科研培训、生态观光为一体的水土保持科技示范园。

11.2.2　示范园建设目标

建设丹凤县桃花谷水土保持生态科技示范园园区面积为 41.4km^2，其中核心园区 3.54km^2（刘冬梅等，2008）。把有效控制水土流失与民生经济、水保示范与高效农业紧密结合，把示范园建设成为具有水保监测功能、研究功能、环境意识教育功能、生态农业示范、生态能源利用示范（堆肥技术、沼气使用、垃圾处理、污水处理）、水土保持技术展示（滑坡体治理工程、治坡工程、治沟工程、高新技术应用）和水土保持生态景观展示功能的综合型国家水土保持试验基地，达到"陕西第一、西部一流、全国知名、独树一帜"的目标。

1）水土流失治理目标

流域内设有水土保持措施，人为水土流失得到有效控制；治理水土流失面积 21km^2，水土流失综合治理程度达到 90%以上，水土保持措施保存率在 85%以上；土壤侵蚀模数控制在 500t/（km^2·a）以内，拦沙率达到 85%以上；林草面积占宜林宜草面积的 90%以上，植被覆盖度达 80%以上。

2）非点源污染治理目标

化肥施用强度（折纯）低于 350kg/hm²，减少 50%以上，农药使用量减少 50%以上；固体废弃物集中堆放，定期清理和处置，利用率达 80%以上，生活污水处理率达 80%以上；小流域出口水质达到地表水Ⅱ类水质标准以上，各项指标控制达到以下标准：总磷<0.1mg/L，总氮<0.5mg/L，生化需氧量<3mg/L，化学耗氧量<15mg/L。

3）改善生态环境目标

通过小流域综合治理，使林草面积达到宜林宜草面积的 90%以上；园林、人工种草面积占居民点用地的 20%；林草覆盖率提高 20%；综合治理措施保存率达到 85%以上；实现生态修复面积 113hm²；人为水土流失得到控制，水利水土保持工程确保设计标准范围内安全度汛。

4）发展经济目标

调整产业结构，招商引资，发展高效农业和旅游服务业，日接待能力达到 2000人次，总产值增长 900 万元，总产值达到 5000 万元，人均纯收入达到 6000 元以上，比治理前提高 50%。

5）其他目标

建立水土保持技术措施示范区、科技展示区、径流泥沙监测区，形成较为完整的陕南土石山区小流域综合治理模式，集中展示各类水土保持治理措施的形式与效果；建立水土保持宣传、培训、教育基地，建立水土保持户外教室；解决流域内人畜饮水及解决生活能源紧张问题，改善人居环境，建设社会主义新农村。

11.2.3 工程布局

1. 整体功能分区

示范区总面积为 41.4km²，包括桃花谷、大柴沟、桃花沟和石槽沟四个小流域，根据典型性、代表性及操作性等原则，将桃花谷和大柴沟两个小流域界定为核心区，总面积为 3.54km²；其余区域划分为辐射区，面积为 37.86km²。对于位于辐射区的桃花沟和石槽沟两个小流域，采用常规的水土流失治理技术措施进行治理，作为核心区的外延。辐射区的水土保持规划已经纳入"丹治"二期和易灾地区水土流失治理项目。

按照构筑"生态修复、生态治理、生态保护"三道防线的总体思路，将示范园核心区分为"生态修复、生态治理、生态保护"三个功能区，对山、水、林、田、路、村进行统一规划，拦、蓄、灌、排、节、治（污）综合治理，生物措施与工程措施相结合，因地制宜地建设农村污水处理设施和垃圾处理设施，防治污染，改善流域水环境质量，做好流域水土保持治理综合示范。

根据丹凤县桃花谷水土保持生态科技示范园目前的水土保持措施布置情况，结合该区陕南土石山区地形、地貌、土壤、植被等条件，示范园核心区拟建设八个功能性示范区，包括陕南土石山区侵蚀沟道原始侵蚀类型展示区、实验科教区、沟道及边坡治理与维护措施示范区、监测预警系统、生态农业示范区、综合治理区、生态清洁能源应用示范区和生态修复远山风景林区，示范园功能分区示意图如图 11.1 所示。

（a）示范区　　　　　　　　　　（b）功能性示范区分区图

图 11.1　示范园功能分区示意图

2. 功能性示范区布设

1）实验科教区

实验科教区位于窑沟火石沟口南边，建设实验科研宣教办公楼和学员宿舍两座，示范园核心区示范小区分布图如图 11.2 所示，用地面积 2000m^2，建设小型气象站，水环境监测室和小流域降雨模拟，以及沟道水文的实体模型等（乔彦芬等，2006）。

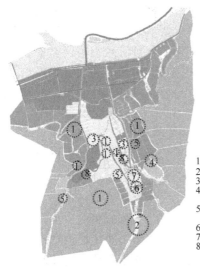

1. 综合治理区示范区
2. 生态修复及远山景区
3. 生态农业示范区
4. 陕南土石山区地貌侵蚀沟原始侵蚀类型展示区
5. 沟道及边坡治理与维护措施示范区
6. 实验教学区
7. 监测模拟系统
8. 生态清洁能源利用区

图 11.2　示范园核心区示范小区分布图

2）模拟监测预区

建立完整的监测预警系统，包括 6 个径流小区、1 套模拟降雨系统、1 套水质监测与分析系统、1 座卡口站及数字流域建设等，示范园生态农业示范区如图 11.3 所示。

图 11.3　示范园生态农业示范区

3）陕南土石山区地貌侵蚀沟原始侵蚀类型展示区

选择位于示范园核心区窑沟东侧的余家凹，沟道具备典型的陕南土石山区地貌，在降雨、植被、人为活动等因素的影响下，该区已经呈现典型的土石山区侵蚀地貌，沟道内溅蚀、面蚀、沟蚀和山洪侵蚀等水力侵蚀类型俱全，且伴随有崩塌、滑坡、错落和蠕动等重力侵蚀。选择此沟道作为水土流失沟道侵蚀过程演示区，作为水土流失室外教学的一部分，能够生动形象地反映沟道侵蚀过程和状态，对社会大众进行直观的水土保持教育。

4）沟道及边坡治理与维护措施示范区

选择窑沟、大柴沟和核心区公路沿线为沟道及边坡治理与维护措施示范区，规划内容包括沟道治理和边坡治理两部分，沟道治理包括防洪堤防、谷坊、刚性拦石坝和自然攀援植物、边坡植孔绿化、生态袋喷播种草、六棱砖填土种草、三维网、挂网、砼轻型骨架护坡、竹林带等一系列完整的安全系数高，且具有景观价值的治沟和治坡工程和生物措施。该区将沟道和边坡治理效果明显的多种措施集中展示，既可体现工程的个体功能，又为探索各项沟道和边坡治理工程的综合效能提供研究平台。

5）生态农业示范区

该区位于核心区的窑沟和大柴沟主沟道和沟道两侧的农田内，设计的内容包括桃园、樱桃园、梨园、杏园 4 个优质高产精品水果园区。示范区建设完成后，增加灌溉用水水源，为 4 个精品水果园区配套微灌（A. 微喷灌区，B. 滴灌区，C. 小股流涌灌区，3 个灌溉小区）

6）综合治理区

该区包括窑沟和大柴沟之间的福梁上到路边的耕地和大柴沟西侧核桃树面滑坡体，主要展示梯田的治理效果和整坡造林种草措施。该区规划内容包括水平梯田、整地造林和人工草场。示范水平梯田修建打破传统的单一干砌石田坎，采用草皮护坎、木桩护坎、混凝土预制构件护坎、浆砌石田坎、铅丝笼干砌石田坎、六棱砖护坎、生态袋护坎、干砌石田坎、浆砌砖田坎和土坎等方式，建设不同坡度的新型梯田田坎和金银花、黄花菜等地埂绿化利用示范，以及造林整地的条田、石坎鱼鳞坑、砼预制件鱼鳞坑、土坎鱼鳞坑等整地造林方式，以供研究、试验及教学之用。

大柴沟西侧核桃树面滑坡体已经治理完成，作为滑坡体治理工程示范点，滑坡体下部修建挡土墙，坡面修建排洪沟并进行绿化，滑坡体上部进行卸荷，便于滑坡体稳定。

7）生态清洁能源应用示范区

该区规划内容包括堆肥处理示范点、污水处理示范点、垃圾处理示范点和沼气生态农业示范点，各示范点之间规划林荫小路和草坪，栽植较丰富的植物种，使此区的科普活动与移步异景的景观相结合。

8）生态修复区

该区以示范园分水岭以内，海拔 800m 以上的山坡地为规划对象。在该区实施封禁管护，补植当地土乡树种侧柏、油松、栎树、竹子，以及一定数量的栾树、红枫、雪松、法国冬青、黄栌、樱花、香樟、桂花和广玉兰等景观树种，结合窑沟主峰桃花寨道观修建适当景观建筑。成林后，该区既可起到水土保持的功能，又以大尺度远观为景观设计主体理念，能形成优美的生态景观，同时兼顾小气候的调解功能，多种树种有机搭配形成天然氧吧。

11.3　综合治理工程设计

综合治理工程设计包括坡耕地改造、蓄水池、排洪渠和沉砂池等坡面灌排水系工程、生产道路和营造水土保持林草。

11.3.1　坡耕地改造工程设计

在示范园核心区建设草皮护坎、木桩护坎、六棱砖护坎、生态袋护坎、混凝土预制构件护坎、铅丝笼干砌石田坎、干砌石田坎、浆砌石田坎、浆砌砖田坎和土坎梯田各 20m，共 200m 坡改梯田坎示范工程，并在每类筑坎方式的梯田地埂栽植黄花菜或金银花。为便于参观和观察研究，将上述 10 种筑坎方式布设在核心区福梁道路边，每种类型 20m，因此本设计仅考虑筑坎或护坡结构形式和施工方法。此段为修建道路时开挖的土质边坡，边坡上为桃园，边坡高度为 1.5～2m，坡比为 1：0.6。

1）草皮护坎设计

护坎长 20m，坎高 1.5m，将现状坡比为 1：0.6 的坡刷至 1：1 的坡，斜坡为 2.12m，在斜坡上种植三叶草作为护坎草皮。在坡顶单排栽植黄花菜，黄花菜栽植穴距为 0.4m，每穴 4 株。草皮护坎设计图见图 11.4。

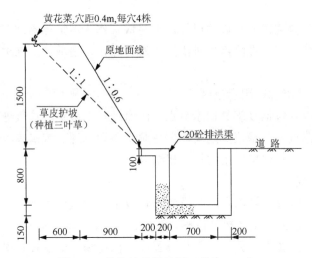

图 11.4　草皮护坎设计图（单位：cm）

2）木桩护坎设计

护坎长 20m，坎高 1.5m，现状坡比为 1：0.6。采用小头直径为 12cm、长 2.3m 的栎树作为木桩，木桩间距小于 2cm，入土深度为 0.8m。打桩完成后，桩后回填土与桃园地面平。护坎顶部单排栽植金银花，栽植株距为 0.5m，见图 11.5。

3）六棱砖护坎设计

护坎长 20m，坡高 1.5m，将现状坡比为 1：0.6 的坡刷至 1：1 的坡，斜坡为 2.12m，在斜坡上安装内径为 0.3m、壁厚 6cm、高 0.4m 的预制六棱砖。六棱砖安装好后,顶部用 C20 砼封顶,封顶宽 0.4m,在砖内回填土,种植三叶草进行绿化。在坡顶单排栽植黄花菜,栽植穴距为 0.4m,每穴 4 株,见图 11.6。

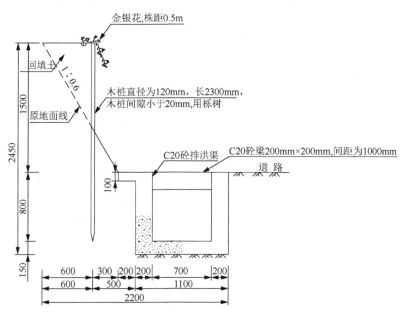

图 11.5 木桩护坎设计图(单位:mm)

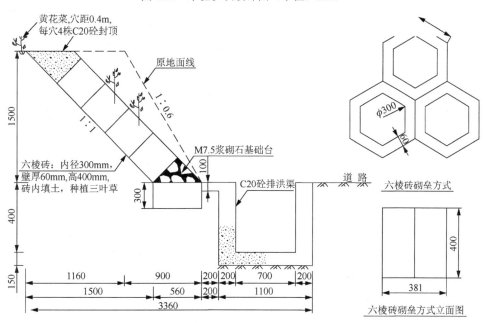

图 11.6 六棱砖护坎设计图(单位:mm)

4）生态袋护坎设计

护坎长 20m，坡高 1.5m，现状坡比为 1∶0.6，斜坡长 1.75m，斜坡面积为 35m²。直接在斜坡上使用生态袋进行护坎，护坎完成后，在生态袋上喷播三叶草进行绿化。在坡顶单排栽植黄花菜，栽植穴距为 0.4m，每穴 4 株，见图 11.7。

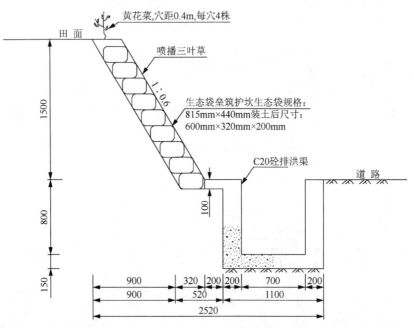

图 11.7　生态袋护坎设计图（单位：mm）

5）混凝土预制构件护坎设计

护坎长 20m，坡高 1.5m，现状坡比为 1∶0.6。设计砼预制构件高 1.5m，采用预制支架和面板拼接构成田坎，预制构件设计详见预制构件设计图。在坡顶单排栽植黄花菜，栽植穴距为 0.4m，每穴 4 株，见图 11.8 和图 11.9。

6）铅丝笼干砌石田坎设计

护坎长 20m，坡高 1.5m，现状坡比为 1∶0.6，斜坡长 1.75m。采用 3.8mm 的钢丝编制网片尺寸为 4.1m×2m 和 2.7m×2m，网格为 12cm×15cm 菱形方格的铅丝笼网片，铅丝网片规格为 2kg/m²。用铅丝笼包裹干砌石修筑田坎，基础深 0.5m。田坎分两部分修筑：下部采用 4.1m×2m 的网片，干砌石断面尺寸为：高 1.25m（含基础 0.5m），宽 0.7m；上部采用 2.7m×2m 的铅丝笼网片包裹干砌石，干砌石断面尺寸为：高 0.75m，宽 0.5m。护坎顶部单排栽植金银花，栽植株距为 0.5m，见图 11.10。

7）干砌石田坎设计

田坎长 20m，坎高 1.5m，现状坡比为 1∶0.6。干砌石田坎顶宽 0.4m，底宽 0.8m，田坎侧坡采用 75°，基础深 0.5m，高 1.5m，墙背直立。护坎顶部单排栽植金银花，栽植株距为 0.5m，见图 11.11。

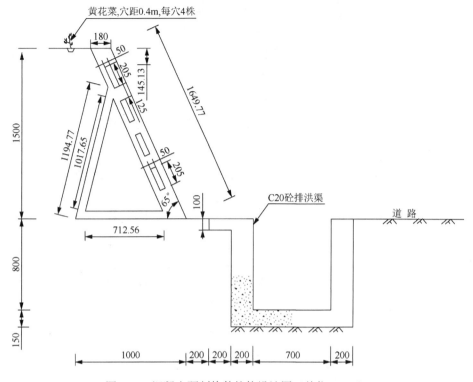

图 11.8　混凝土预制构件护坎设计图（单位：mm）

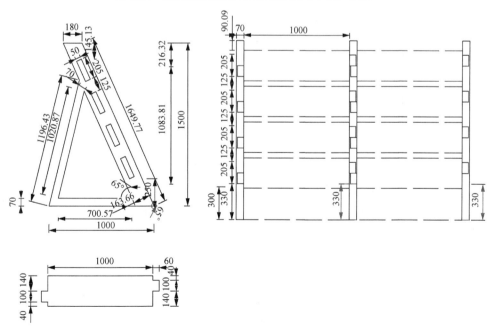

图 11.9　砼预制构件设计图（单位：mm）

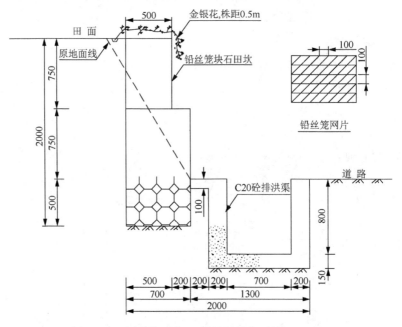

图 11.10　铅丝笼干砌石田坎设计图（单位：mm）

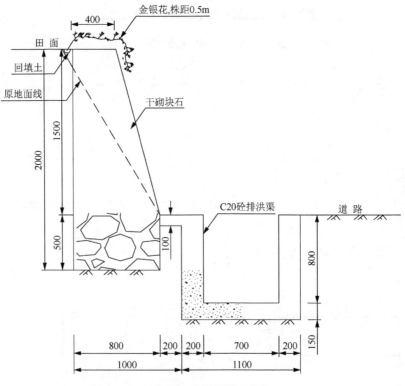

图 11.11　干砌石田坎设计图（单位：mm）

8）浆砌石田坎设计

田坎长 20m，坎高 1.5m，现状坡比为 1∶0.6。浆砌石田坎顶宽 0.4m，底宽 0.7m，基础深 0.5m，高 1.5m，墙背直立。护坎顶部单排栽植金银花，栽植株距为 0.5m，见图 11.12。

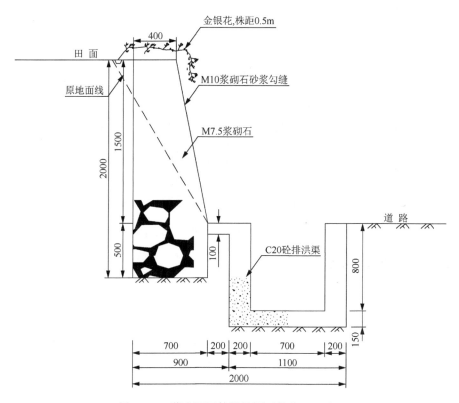

图 11.12　浆砌石田坎设计图（单位：mm）

9）浆砌砖田坎设计

护坎长 20m，坎高 1.5m，现状坡比为 1∶0.6。浆砌石田坎顶宽 0.24m，底宽 0.5m，基础深 0.5m，高 1.5m，墙背直立。护坎顶部单排栽植金银花，栽植株距为 0.5m，见图 11.13。

10）土坎梯田设计

坎长 20m，坎高 1.5m，现状坡比为 1∶0.6。因其为道路开挖时开挖出的土边坡，土层结构良好，因此不需做处理。坎顶部单排栽植金银花，栽植株距为 0.5m。

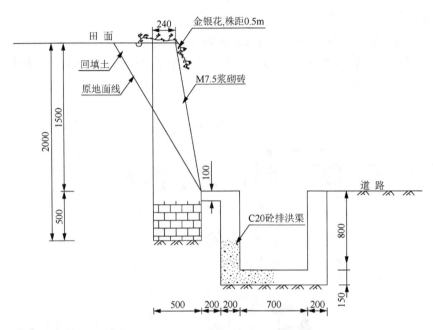

图 11.13　浆砌砖田坎设计图（单位：mm）

11.3.2　核心区坡面水系工程

1. 核心区蓄水池设计

1）设计原则

应满足桃花谷水土保持生态科技示范园内农、林用水需要，蓄水池布设在坡面水汇流的低凹处，并与排水沟、沉沙池形成水系网络，考虑到桃花谷水土保持生态科技示范园降雨相对较低、坡面径流少的实际情况，蓄水池数量适量布置。

2）设计标准

设计洪水标准按 10 年一遇 24h 暴雨量洪水标准。

3）蓄水池设计

（1）来水量根据《长江流域水土保持技术手册》中的分式：

$$N = h \times \phi \times F / 800 \qquad (11.1)$$

式中，N 为来水量，m^3；h 为 10 年一遇 24h 暴雨量，桃花谷为 70mm；F 为控制范围的集雨面积，m^2；ϕ 为径流系数，采用当地经验值 0.3。

（2）需水量计算根据分式：

$$a = F \times m / n \qquad (11.2)$$

式中，a 为灌溉面积，m^2；m 为灌水定额，$80m^3$；n 为水利用系数，0.5。

（3）来水量、需水量比较分析，来水量 W 大于需水量时，确定蓄水池修建地址。

（4）断面尺寸计算根据分式：

$$V=\pi R^2 H \tag{11.3}$$

式中，H 为池深，m；R 为半径，m；V 为容积，m^3。详见图 11.14。

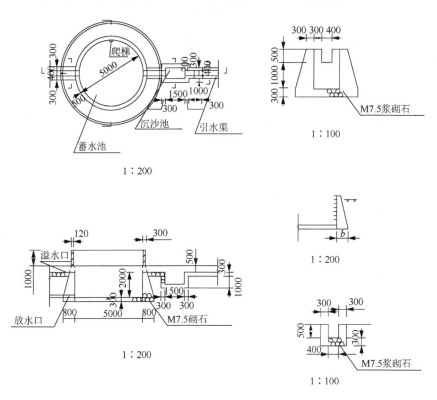

图 11.14　蓄水池设计图（单位：mm）

2. 核心区排洪沟渠

1）设计原则

（1）排洪沟渠工程与梯田、耕作道路、蓄水工程同时规划，合理布设，形成完整的防御、利用体系。

（2）排洪沟渠与蓄水池等工程相结合，形成拦蓄系统。

（3）根据防治对象，因地制宜地确定排洪沟渠工程的类型的数量，并按照高水高排、低水低排的原则设计。

（4）综合布设截、排、引、灌沟渠工程，截水沟、排水沟可兼作引水渠、灌溉渠。

2）设计标准

根据水土保持国家标准《水土保持综合治理技术规范 小型蓄排引水工程》（GB/T 16453.4—2008）中的规定，防御暴雨标准按 10 年一遇 24h 最大降水量设计。

3）设计方法

根据《商洛地区实用水文手册》，应用合理化公式计算排洪沟渠设计洪水流量：

$$Q_P = 0.278 K I_P \cdot D \tag{11.4}$$

式中，K 为径流系数；I_P 为 10 年一遇 24h 暴雨强度，取值为 70mm/h；D 为排洪沟渠以上汇水面积，km^2。再由谢才公式确定截水沟的断面尺寸：

$$A = \frac{Q_P}{c \times (R \times J)^{\frac{1}{2}}} \tag{11.5}$$

式中，A 为过水断面面积，m^2；R 为水力半径，m；J 为水力坡降；c 为谢才系数，$m^{\frac{1}{2}}/s$。

4）设计结果

根据桃花谷水土保持生态科技示范园坡面状况，根据以上设计标准及设计方法，对各条排洪沟渠进行具体设计，经计算，其成果如下。

（1）福梁主干道排洪渠。排洪渠总长 950m，渠道比降为 0.12，设计采用矩形断面，过水断面尺寸为 $H \times B = 70cm \times 80cm$，渠墙采用 20cm 厚 C20 砼浇筑，渠底 C20 砼厚 15cm，每 8m 设置伸缩缝一条。断面设计详见图 11.15（a）。土方开挖 1390m^3，土方回填 171m^3，C20 砼 461m^3。

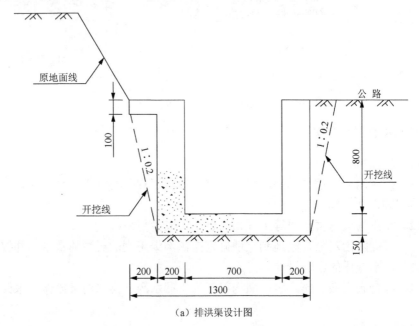

（a）排洪渠设计图

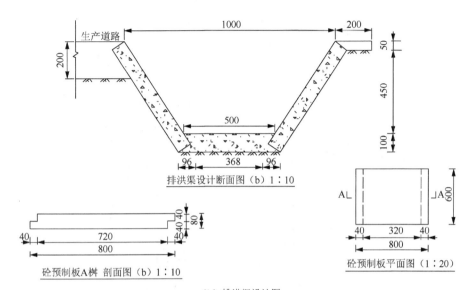

（b）排洪渠设计图

图 11.15　排洪渠设计图（单位：mm）

（2）福梁东侧坡面中部排洪渠。排洪渠总长 580m，渠道比降为 0.22，设计采用 60cm×80cm 砼预制板拼接，渠道底部用砼现浇，渠道断面为梯形断面：上口宽 1.0m，底宽 0.5m，渠深 0.5m。断面设计详见图 11.15（b）。土方开挖 321m³，现浇砼 34.8m³，砼预制板 1450 块。

3. 核心区沉沙池设计

1）布设原则

（1）一般选择在地头、地边、地块连接处和排水沟渠的内部。

（2）在进入蓄水工程前修建跌水，在沟渠拐弯处修建。

（3）根据地形，沉沙池一般设计为长方形。

2）规划设计

沉砂池的布设地点和布设数量根据排洪道沿线的地形条件和渠道长度确定，本工程为便于施工，沉砂池采用统一断面和结构形式，沉砂池宽 1.5m，长 2.0m，深 1.0m，池壁采用 M7.5 浆砌砖修建。具体设计见图 11.16。

3）施工与维护

（1）沉沙池的施工以开挖为主，避不开填方时必须用石料。

（2）沉沙池的进水口最好不在一条直线上，和其断面尺寸一致。

（3）沉沙池在一次暴雨后要进行一次清池，清出泥沙就近利用。

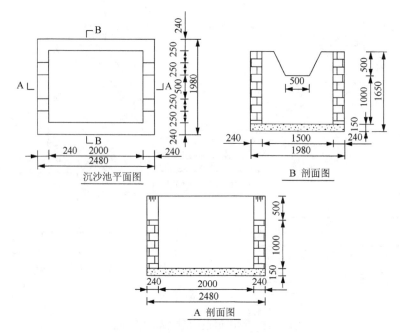

图 11.16　沉砂池设计图（单位：mm）

11.4　效　益　分　析

11.4.1　生态效益

通过栽植侧柏、水竹，林下种植三叶草、苜蓿等措施，全示范园森林、草地面积增加到 $2083.4hm^2$，林草覆盖率达到 88.7%，林草面积占宜林宜草面积的 95%，坡面径流得到控制，生态环境得到改善，动植物品种及数量不断地增加，将呈现出鸟语花香的新气象。坡改梯的修建改良了土壤，增加了基本农田和单位面积产量，通过修建谷坊、拦沙坝等水保工程，从山顶到沟底形成层层截流拦沙、节节防洪蓄水的综合保护体系，修建挡土墙、卸荷、裸露边坡绿化、刚性拦石坝等，实现泥沙就地拦挡、固定，确保泥沙不下坡、不出沟的目标。全示范园现有的水土流失得到初步治理，径流量、泥沙流失量得到控制，减蚀率为 78.5%，侵蚀模数减少到 $546t/（km^2 \cdot a）$，洪涝灾害减轻，农业生产条件大大改善，达到合理利用自然资源的目的。治污系统建设使园区内的污水实现达标排放。生物杀虫等措施使生态得到良性循环发展。随着境内生态环境的明显改善，灾害天气出现的频率也将大大减少。

11.4.2　社会效益

通过治理，示范园形成了具有六大功能区的，集水保生态、科研示范、教育教学、旅游观光为一体的水土保持生态科研示范基地，对园区内的经济园林采用土地流转、承包经营的方式，按公司+基地+农户的模式运转，将经济园林培育成特色优势品牌，实现经济良性循环滚动发展。通过栽植水竹、侧柏、香樟、广玉兰等，实现环境绿化、美化，园区成为人水和谐的宜居环境，同时对防灾、减灾、发展生态旅游等方面具有重要的作用，此举对推进丹凤县、商洛市乃至全省的水土保持生态建设治理工作具有重要意义。

参 考 文 献

刘冬梅, 王育才, 管宏杰, 2008. 陕西水资源污染农业非点源贡献分析[J]. 西北农林科技大学学报(社会科学版), 8(5): 92-96.

乔彦芬, 姜德文, 田玉柱, 2006. 综合型水土保持科技示范园的规划设计——以北京市延庆县水土保持科技示范园为例[J]. 水土保持通报, 1: 85-88.

第 12 章　丹汉江清洁小流域示范体系

陕西省是一个水资源紧缺，且分布极为不均的省份，全省 71% 的水资源分布在陕南地区的丹汉江流域，陕南的丹汉江流域是国家南水北调中线工程的重要水源区，同时又是我省引汉济渭工程的水源区。关中、陕北地区的水资源量只占全省的 29%，而土地面积、人口、经济总量却分别占全省的 65%、77% 和 90%。陕西省一贯重视生态环境保护与建设，并立足当前省情实际，提出了针对陕北的"缺水"实施"引水"，针对关中的"干旱"而"留住水"，针对陕南"水多易灾"要"防住水"的生态治理新思路。陕西省以新思路为引领，在"十三五"期间，以水土流失治理和非点源污染防控为主要内容，以陕南为核心区，加强生态清洁示范小流域建设，涵养、净化、保护好水土资源，并逐步在关中和陕北推进并扩大生态清洁小流域建设步伐，促进全省经济社会的可持续发展。

2009 年 6 月，陕西省启动了丹汉江水源区水土流失非点源污染过程与调控研究课题，其中，将生态清洁小流域作为重要研究内容，探索生态清洁示范小流域的建设模式及其成效；同年 12 月，编制了《陕西省丹汉江流域生态清洁型示范小流域建设指南》；2010 年，陕西省酝酿并启动了生态清洁小流域试点建设，于 3 月召开了研讨会，安排部署全省生态清洁小流域建设工作，会议确定了以非点源防治课题研究为支撑，运用陕西省煤、油、气生态补偿资金，与"丹治"等项目紧密结合，按照抓点示范、以点带面的思路，全面拉开陕西省生态清洁小流域建设的帷幕。

2011 年以来，陕西省生态清洁小流域以水土保持为基础全面加强非点源防控措施体系建设，在非点源污染防治、新农村建设、清洁产业及产品培育发展、生态旅游发展等方面做了不少积极的探索，全省涌现出了一批各具特色的典型生态清洁示范小流域，如石泉县杨柳生态清洁小流域、商州区闵家河生态清洁小流域、汉滨区的龙须沟生态清洁小流域、白河县天宝生态清洁小流域、宁强县肖家坝生态清洁小流域，均对项目区的经济社会发展和全省的生态清洁小流域建设起到了良好的示范带动作用。

2011～2015 年，全省共开展了 47 条生态清洁小流域建设，涉及 28 个县（区），其中，陕南实施生态清洁小流域建设 43 条；全省完成非点源污染治理 77km^2，实现了 81 个村庄的清洁化治理；全省煤、油、气水土流失补偿费累计投资达 9200 余万元。

2016 年是"十三五"的开局之年，也是此次生态清洁小流域规划的起始年，基于以上几点背景要素，陕西省以 2015 年为水平年，以 2016～2030 年为规划期，开展此次全省生态清洁小流域建设长远规划。全省共实施 239 条生态清洁小流域建设，计划投资 41.3 亿元。生态清洁小流域建设规划为近期和远期两个阶段。近期：2016～2020 年，即"十三五"期间，为清洁流域抓点示范试点建设期，计划投资 6.5 亿元，开展 65 条生态清洁小流域建设；远期：2021～2025 年，为全面推广建设期，计划投资 34.8 亿元，开展 174 条生态清洁小流域建设。《生态清洁小流域建设规划》全面总结了陕西省非点源污染现状，分析了当前生态清洁小流域建设开展情况及存在的问题。并针对目前的情况，提出了今后一段时期陕西省开展生态清洁小流域建设的思路、布局、主要建设任务及保障措施。

12.1　石泉县大岭沟水土保持科技示范园

大岭沟清洁小流域位于石泉县城西北部，大岭沟河小流域自石泉县城城关镇沿河而上至饶峰河支沟大岭沟两岸。该流域包括城关镇的杨柳社区、黄荆坝村和丝银坝村 3 个行政村，总土地面积为 17.95km²，也是"丹治"工程项目区。经过近两年"丹治"工程的综合治理，该流域得到了基本治理。区域内的主要沟溪（河）有饶峰河、大岭沟、鲁家沟和西沟等，是石泉县高效农业示范区和新农村建设的重点区域，210 国道沿河贯通该流域，水泥硬化通村路网相连，交通便利，自然条件和经济条件较好。

12.1.1　指导思想

全面贯彻"预防为主、全面规划、综合治理、因地制宜、加强管理、注重效益"的水土保持方针，坚持以科学发展观为统揽，以人与自然和谐为主线，以山青、水秀、村美、民富作为总的指导思想，突出"以保护水源为中心，构筑生态修复、生态治理、生态保护三道防线，点线面（村庄、河沟、非点源污染水土流失区）五同步（污水、垃圾、改厨改厕、环境、河道）综合治理，促进人与自然和谐相处，走向绿化—美化—园林化"的清洁小流域理念和治理思路，进一步完善和发展传统、常规的小流域综合治理，充分利用"丹治"工程的治理成果，探索"以非点源污染综合防治（水量不减少、水质要达标）为目标，统筹考虑治理区的经济发展，完善、提高农村生产生活条件，在以坡耕地和宜林宜草荒山荒坡为治理重点的建设基本农田、发展水土保持林和经济林的同时，有条件地实施村落工程、污水处理、配套水利设施、实施生态农业示范建设，合理开发和保护水土资源。通过对生态系统的有效保护和水资源的合理配置，维护小流域生态系统的良性循环，美化村居环境，保障水源区的生态安全和水质安全，促进流域经济社会的可持续发展，建设花园式社会主义新农村"的生态清洁型小流域综合治理模式。强化预防监督体系，严格控制人为水土流失，以小流域为单元，按照"三沿、三边"的战略布局，围绕 1 条沟道（大岭沟）、1 条路（210 国道）建设三道防线，集中、规模地综合治理，充分展现南水北调中线水源区水土流失综合治理生态清洁型小流域示范区新姿，打造陕南山区生态清洁小流域水土保持综合治理省级示范区。

12.1.2　小流域建设目标

1. 水土流失防治目标

到 2013 年末，区域内水土流失治理程度达到 75%，年拦蓄径流 9.05 万 m^3，减少泥沙 1.2 万 t，人为水土流失得到有效控制，生态环境明显改善。

2. 生态文明、生态环境建设目标

通过实施村落、院落美化措施，村路主干道、联户路干线种植行道树和绿篱，实施生活污水收集、处理，利用设施配套，完善村居、民房的沼气、改厨改厕，集中示范清洁、生态产业观光园，初步实现"人在画中走、车在林中行、清泉绕村流"的生态、休闲、安适的特色山区新农村。

3. 农村经济发展目标

在"丹治"工程已调整土地利用结构的基础上，路旁、院边种植枇杷、葡萄等特色时令经济果林，形成特色采摘、观光种植园，使人均基本农田保持在 0.81 亩，加大林果产品数量，提高产品质量。结合石泉县生态旅游业的蓬勃兴起，依托生态清洁小流域治理日趋完善，发展 210 国道沿线生态"农家乐园"等第三产业，切实增加农民收入。结合"丹治"工程，人均纯收入稳步提高 40% 以上，加快农村经济发展。

4. 非点源污染防治目标

化肥施用强度（折纯）低于 $350kg/hm^2$，减少 50% 以上，农药使用量减少 50% 以上，并执行《农药安全使用标准》；固体废弃物集中堆放，定期清理和处置，示范无公害、循环利用清洁产品基地建设，提高有机质利用率，使其达 80% 以上，提高生活污水处理率，使其达 80% 以上；小流域出口水质达到地表水 II 类水质标准以上，各项指标控制达到以下标准：总磷<0.1mg/L，总氮<0.5mg/L，生化需氧量<3mg/L，化学需氧量<15mg/L。

12.1.3　工程总体布局

1. 全流域水土流失治理方案

对大于 25° 的坡耕地进行退耕还林；对靠近村庄、交通便利、灌溉方便的缓坡坡耕地退耕还经济果林，建设生态果园；对沟道及道路边坡进行治理；对于沟道、河滨带主要采用以生态植物护岸为主进行治理；对疏幼林进行封禁治理。

2. 全流域产业调整及化肥农药使用减少方案

坡耕地退耕建设生态果园，减少坡耕地产业结构，积极采取生物防治和有机质循环利用措施，以减少农药化肥使用量，保护环境，降低水质污染。

3. 全流域垃圾处理方案

在相对集中的村落和生态移民集中安置点，根据服务住户、人口数量，在路口交通便利处放置塑料垃圾收集桶和垃圾房，以满足人们生活方便，且满足环保、卫生等条件。综合考虑垃圾源运距、地段、垃圾处理量等因素，在现有可利用的沟凹地地形建垃圾集中填埋场。

4. 全流域污水处理方案

大岭沟生态清洁小流域污水处理方式采用集中式污水处理，对于村庄相对集中的农户污水采用潜流式人工湿地集中处理。

5. 全流域村庄美化方案

全面推行节柴灶，结合村民意愿，有条件的可施行气化灶；对全部农户实施冲水式厕所，对边远农户配套沼气池，地上房屋建筑格式、结构结合当地习俗统一规划，采取群众自愿原则。

12.2　商州区闵家河生态清洁小流域

闵家河小流域属于商洛市商州区以西的黑龙口镇，距商洛市区 35km，原长坪公路及 312 国道从流域经过，交通十分便利。该流域属丹江二级支流，是丹江口水库上游的重要水源涵养区（张雁，2013）。地势西高东低，介于 $109°40'\sim109°44'E$，$33°44'\sim33°49'N$，流域总面积为 $28.19km^2$。

12.2.1　指导思想

坚持以科学发展观为统揽，以人与自然和谐为主线，以保障流域内的生态和水质安全为目标，以丹汉江水土保持重点治理工程为基础，以调整农村产业结构和农业种植结构为抓手，坚持防治结合的原则，突出整体规划，综合布局，首先培育和发展梁坪村生态清洁重点工程，逐步扩展，辐射带动，通过生态系统的有效保护和当地社会经济发展方式的转变，维护人与自然的和谐，促进流域经济社会的可持续发展。

贯彻落实科学发展观和中央关于建设社会主义新农村的部署，以农村"生产发展、村容整洁"为切入点，以小流域综合治理为重点，以改善农村水土流失地区的生产生活条件和生态环境为着力点，做到水土流失治理与水源和水环境保护、农业集约化生产、人居环境改善相结合，使小流域形成景观优美、自然和谐、卫生清洁、人居舒适的环境，促进地方经济快速发展。

12.2.2　建设目标

预计规划年限为 2011～2012 年完成以下目标。

1. 治理水土流失目标

闵家河小流域现有水土流失面积 492.16hm^2，治理期末治理程度达到 100%，减沙效益达到 74%。

2. 非点源污染治理目标

化肥施用强度（折纯）低于 200kg/hm^2，减少 50%以上，逐渐减少使用化学肥料，推广使用有机肥和复合肥。农药使用量减少 50%以上；固体废弃物集中堆放，定期清理和处置，利用率达 80%以上，生活污水处理率达 80%以上；小流域出口水质达到地表水Ⅱ类水质标准以上，各项指标控制达到以下标准：总磷<0.1mg/L，总氮<0.5mg/L，生化需氧量<3mg/L，化学需氧量<15mg/L。

3. 改善生态环境目标

为改善生态环境，实现人与自然和谐相处，规划林草面积达到宜林宜草面积的 80%以上，综合治理措施保存率达到 85%以上，综合治理面积达到水土流失面积的 69.5%以上，人为水土流失得到控制，水利水保工程确保设计标准范围内安全度汛。

4. 发展农村经济目标

调整产业结构，将该区域耕地的 1/10 建成无公害蔬菜区和经济作物区。通过招商引资，发展生态旅游服务业，到治理期末，人均基本农田达到 0.2 亩，农业总产值比治理前增加 22.9%以上，人均年收入净增 70 元。

12.2.3　工程布局

按照"三道防线"的总体思路，将闵家河小流域分为"生态修复、生态治理、生态保护"三个功能区，对山、水、林、田、路、村进行综合治理，控制水污染的物理和化学成因。

根据土地利用规划结果，对规划为生态修复、生态治理、生态保护用地的地块按照水土保持的要求确定治理措施。生态修复工程布局在生态用地上，生态治理工程布局在生态治理用地上，生态保护工程布局在生态保护用地上，如图 12.1 所示。

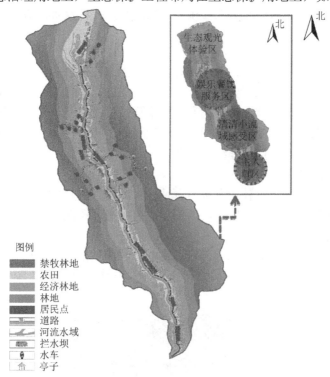

图 12.1　闵家河小流域整体措施布局示意图

生态修复工程突出"养山保水"，以人工修复和自然修复措施为主，主要集中在中山、低山和人烟稀少地区，在这里实行全面封禁，禁止人为开垦、盲目割灌和放牧等生产活动，实施生态移民，适度开展生态旅游，合理利用自然资源，减少人为活动和人为干扰，充分依靠大自然的力量进行自然修复，发挥植被，特别是灌草植被的生态功能，实现自然保水。

生态治理工程突出"进村净水"，同时结合产业发展、农民增收及村庄环境改善措施，在人口相对密集的浅山、山麓、坡脚等农区进行农业种植结构调整，减少化肥农药的使用，设置植被过滤带，发展与水源保护相适应的生态农业、观光农业、休闲农业，减少非点源污染（刘贤词等，2009）。加强小型水利基础设施建设，改善生产条件，同时在村镇及旅游景点等人类活动和聚集区建设小型污水处理设施及流域垃圾处理设施，改善人居环境。在生态治理工程中，将利用对土地实施保护性耕作、坡耕地退耕还林（草），建设基本农田、小水池、小水窖、小型污水处理及垃圾处理等设施，实现"清洁流域"的目标。

生态保护工程突出"保水拦沙"，以水质改善、河流生态及景观修建措施为主，河道两侧是治理重点，对其实施人工植树、封河育草、沟道水系建设（毕小刚等，2005）。通过适当的生物措施和工程措施，有效发挥灌木和水生植物的水质净化功能，维系河道及湖库周边的生态系统，控制侵蚀，改善水质，美化环境。

1. 整体功能分区

以小流域为单元，按照构筑"生态修复、生态治理、生态保护"三道防线的总体思路，将示范区核心区分为三个功能区，对山、水、林、田、路、村统一规划，拦、蓄、灌、排、节、治（污）综合治理，生物措施与工程措施相结合，因地制宜地建设农村污水处理设施和垃圾处理设施，防治污染，改善流域的水环境质量，做好流域水土保持治理综合示范。

1）生态保护区

集中在上游林地、疏林地及部分荒地区，依靠大自然的自我修复能力，恢复植被，培育和保护流域生态屏障，保护和提高水源涵养能力。

2）生态修复区

集中在流域中游的坡耕地、已经退耕和治理的坡耕地，采取封山育林、退耕还林还草等措施，控制和减少人为活动，提高生态系统的自我调节能力，如图 12.2 所示。

图 12.2　闵家河整体功能分区示意图

3）生态治理区

建设小型污水处理设施，并建立农村垃圾等固体废弃物处理技术，此外，调整农业种植结构，减少化肥农药施用量，控制和减少非点源污染物排放。该区是本次治理的核心区。

2. 治理分区

依据规划的指导思想和建设目标，按照"生态修复、生态治理、生态保护"三道防线的总体思路，根据园区人居分布、土地利用现状和地貌类型，因地制宜，科学合理地对闵家河小流域进行治理分区。本次规划将闵家河小流域分为 6 个区，如图 12.3 所示。

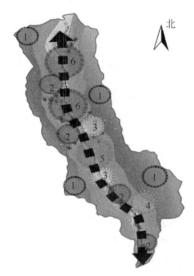

图 12.3　闵家河治理分区示意图

1）生态修复与植被保护区

对集中在流域中游的坡耕地、已经退耕和治理的坡耕地，以及上游的天然林和人造林，采取封山育林、退耕还林还草等措施。控制和减少人为活动，提高生态系统的自我调节能力。基本目标为，实现坡地全部退耕还林（草），植被覆盖度达到 90%以上。

2）农业生产与非点源污染控制区

流域土地类型主要为石坎梯田，采用现代农业技术，对石坎梯田进行高效农业示范，采取现代化的非点源污染控制技术，防治非点源污染，建设标准高、示范性强的现代生态农田。

3）人居环境污染控制区

对园区内所有居民住宅进行整理，使其美观，并新建污水收集、化粪池、堆肥场及垃圾站等基础设施。

4）沟道侵蚀控制区

结合传统的谷坊、拦沙坝技术，以及现代沟坡治理新技术，全方位、多角度进行沟道侵蚀控制。

5）清洁小流域示范园区

从防治目标、防治对象、防治措施上全方位、多角度展示清洁小流域的建设成果。

6）生态旅游观光区

建设登山项目、红色旅游景点，以及户外休闲、跑马场和凉亭等观光项目。

12.3　其他生态清洁小流域

12.3.1　西乡县樱桃沟生态清洁小流域——樱桃特色产品

樱桃沟流域紧邻西乡县城，位于县城北部城关镇莲花村席家沟，因大面积种植樱桃而得名。流域呈南北走向，流域面积为 8.42km²，属于中低山土石山区，平均海拔 700m。

1. 指导思想

以科学发展观为指导，全面贯彻中央一号文件精神。从"以人为本、立足生态、改善民生、综合治理、协调发展"为出发点，坚持构建人与自然和谐相处及可持续发展的理念，以"水保生态、科技示范、面污治理、观光旅游"为目标，把控制非点源污染、维护库区优良水质、保护和改善生态环境作为主线贯穿始终，统筹考虑流域区经济社会发展，着力改善农村生产生活条件，以生态清洁工程为重点，坚持以小流域为单元，因地制宜，科学规划，合理配置各项措施，创建综合治理、产业开发、科技示范、生态旅游为一体的生态清洁型示范小流域，使樱桃沟小流域逐步走上生产发展、生活富裕、乡风文明、村容整洁、山川秀美的可持续发展之路。保护水源，改善水质，美化人居环境，促进当地产业结构调整和经济发展，促进经济社会发展与生态文明建设相协调。

2. 建设目标

经过 1 年（2012～2013 年）的治理，完善农村基础设施，加强水土资源的拦蓄，完成配套设施的配置，增加村庄和道路两旁的绿化面积，点缀景观设施等系列综合治理措施；利用综合治理基本完成项目规划的建设任务，减少泥沙进入主河道；农业生产条件得到显著改善，农民人均纯收入增加 30.0%以上，人居环境整洁、优美，为项目区全面建设小康社会奠定牢固的生态基础。

以小流域为单元，综合治理，遵循自然规律和生态法则，与当地景观相协调，基本实现资源的合理利用和优化配置、人与自然的和谐共处、生态环境的良性循环。通过有效保护，使综合治理后的小流域实现山青、水秀、人富的目标（刘光东，2013）。

化肥施用强度（折纯）低于 350kg/hm²，减少 50%以上，农药使用量减少 50%以上，并执行《农药安全使用标准》。小流域内的旅游点、养殖场、集中村落生产和生活污水达标排放，治理率达到 80%以上，污水回用率达到 90%以上。小流域出口水质达到地表水 II 类水质标准以上，各项指标控制达到以下标准：总磷<0.1mg/L，总氮<0.5mg/L，生化需氧量<3mg/L，化学需氧量<15mg/L。

3. 总体布局

（1）小流域治理工程：治理水土流失面积 0.084km²，修建拦沙坝两座，谷坊 3 座。建生态果园示范园 8.40hm²。

（2）村庄环境整治工程：栽植行道树 2000m。

（3）生态清洁工程：埋设生活污水处理管道 1500m，利用人工湿地污水处理系统建集中式污水处理 1 处。

（4）完善水土流失和水质指标动态变化监测点。

12.3.2　旬阳县佛洞河生态清洁小流域——狮头柑特色产品

弗洞河流域位于旬阳县吕河镇，距县城 10km，辖两个行政村，特色产品为狮头柑。流域总面积为 10.07km²，流域处于汉江南岸，地势南高北低，最高海拔 1153m，最低海拔 210m，流域呈椭圆形，属于低山地貌类型区。

1. 指导思想

坚持科学发展观，贯彻党的十七届四中全会、党的十七届五中全会及中央一号文件精神；坚持人水和谐，人与自然和谐，可持续发展的理念；以"水保生态、保护水源、净化水质"为重点，坚持生态清洁与科技示范相结合的指导思想，创建小流域综合治理、产业开发、科技示范、生态游为一体的水土保持科技示范园。

2. 建设目标

水土保持生态环境目标：一是使村落、院落美化，修筑 1.5m 宽的硬化联户道路，道路两旁栽植小叶黄杨和桂花树作为景观；二是生活污水处理，居民密集点配置一套集中式污水处理装置，居民零散点 3～7 户配设置一套分散式污水处理装备，污水沉淀淤泥池栽植景观水杉；三是以两户为单元配置一个垃圾桶；四是拟建垃圾池 3 个；五是收集畜禽类粪便作为沼气池的原材料。

发展农村经济目标：农村产业结构目标、方向得到确立，农业种植结构得到初步调整，特色产业得到示范引导。发展经济林，给旬阳狮头柑之乡再添风采。

3. 总体布局

紧紧围绕"生态修复、生态治理、生态保护"三道防线，以"充分利用水资源，水质不被污染，水源得到涵养和保护"为前提，有效控制非点源污染源，切实增加农民收入，促进流域经济社会的可持续发展。

1）水土流失治理方案

对于大于 25°的坡耕地采取退耕营造水保生态林和疏幼林补植的方式，并进一步加大封育管护力度；对 15°～25°的坡耕地退耕营造经济林，以达到治理水土流失防治的目标；对荒山荒坡大力营造水保生态林，增加植被，涵养水源。

2）流域污水处理方案

对村落里的生活污水进行收集统一处理，经过净化达到排放标准，排入渠道至沟道里；生活垃圾收集入村内的垃圾池中统一运出。

3）流域村庄美化方案

对院落里房前屋后的垃圾和柴草进行清理，对污水进行处理，对禽畜粪便进行集中收集，集中存放，统一使用。户与户之间修筑硬化联户道路，道路两旁栽植行道树，对部分居民点进行改厕。

12.3.3　宁强县肖家坝生态清洁小流域——茶叶特色产品

汉中市宁强县熊家沟流域肖家坝茶业园以发展高品质的茶产品为方向，建设集生态清洁小流域治理、清洁产品开发、现代农业示范及生态旅游为一体的茶产业示范基地。示范园区距离县城近，位于县城东北部 4.8km 处，距 108 国道 7.7km，距西汉高速 1.7km。乡村水泥路通达示范园区，交通条件良好，示范作用强。

1. 指导思想

坚持科学发展观，贯彻党的十七届六中、党的十七届七中全会及中央一号文件精神，坚持人水和谐、人与自然和谐、可持续发展的理念，以水土保持科技示范为核心，以"水保生态、产业（茶）示范、综合治理、协调发展"为主线，建立完善的水土保持工程体系，处理好水土流失治理与现代农业科技示范、产业结构调整、循环经济发展的关系，处理好示范园建设与促进生态旅游、新农村建设的关系。创建集水土保持综合治理、观测试验与水土保持产业开发、现代农业示范和循环经济示范及生态旅游为一体的水土保持产业（茶）示范园。

2. 建设目标

宁强县熊家沟流域肖家坝茶示范园建园规模为 93.3hm^2，设计种茶达到 39.71hm^2，合 596 亩，占园区面积的 42.6%。示范园初期的目标是，种植茶叶面积约 600 亩，产茶总量达到每年 40t。园区水土流失治理程度达到 80%以上。示范园建设投资 717.62 万元，计划建设期为 2012 年 12 月～2015 年 3 年，资金筹措以所在流域的水土保持项目为主要途径。具体规划目标如下。

1）水土流失治理目标

全面治理水土流失，构建水土保持综合防护措施体系。

2）产业发展目标

建立水土保持产业（茶）园，示范园面积为 93.3hm²，种茶规模达到 596 亩，示范园年产值达到 717.62 万元。

3）水土保持经济示范目标

建立水土保持产业示范基地，示范水土保持与经济活动紧密结合，突破水土保持注重公益的特性，进而为水土保持行业的发展注入更强劲的活力。把该园区建成全省水土保持产业示范、展示、培训基地，宣传教育基地。

4）经济发展与生态旅游目标

突破水土保持生态园的旧模式，创建在突出经济园的前提下搞生态的新模式。结合示范园区建设，形成独特的生态旅游景区，提高城郊生态旅游收入。

3. 总体布局

遵循功能区划分原则，将示范区划分为保土高效茶园示范区、低产茶园高效改造示范区、良种引种试验繁育示范区与无性栽培示范区四个分区。

1）保土高效茶园示范区

该区布置在示范区西部退耕坡地区，示范面积为 9.94hm²。坡耕地水土流失严重，采取反坡与坡改梯等保土保水的水土保持措施进行整地，修建蓄水池作为水源地，配套渠系灌溉茶园，特别是在春天进行浇灌，提高高品质茶叶的产量，提高茶园效益。

2）低产茶园高效改造示范区

该区位于示范区入口处已建茶园区，示范面积为 12.94hm²。这些茶园多为坡地，虽然茶树已成林郁闭，但耕作使得林下地被物稀少，几乎裸露，保水保土能力较低，茶园产量不高。布置坡面水系排水工程，减少径流冲刷地表，保持土壤肥力，修建蓄水池，配套喷灌或管道灌溉茶园，提高茶叶产量，提高茶园效益。

3）良种引种试验繁育示范区

该区布置在示范区中部缓坡地上，示范面积为 2hm²。虽然宁强县茶叶栽培历史悠久，但茶树种多为老品种，良莠不齐，极大地影响了茶叶的产量与品质。从国内外引进优良茶树品种 10～15 个，进行比较试验，对表现优良的适生种繁育苗木，在全县推广。良种引种试验繁育区划示意图如图 12.4 所示。

大田繁育区 （优良品种繁殖）	新品种展示区	管理区
	引种试验区	采穗区
	扦插繁育区	播种繁育区

图 12.4　良种引种试验繁育区划示意图

4）无性栽培示范区

该区布置在示范区北部平坝地区，示范面积为 11.32hm²，无性系良种茶叶如图 12.5 所示。

图 12.5　无性系良种茶叶

传统茶园建园采取种子直播或种子育苗的有性繁育移栽建园，目前采用茶树枝条繁育的无性系技术建园方兴未艾。与有性繁殖比较，无性系茶树栽培具有以下优势：①可以按照不同茶类选择适制品种，提高茶叶品质；②可以按照发芽迟早不同，选择合理品种结构，有利于错开劳动力需求过分集中的情况，有利于合理安排生产；③可以为机采创造条件，降低采摘成本；④效益高，一般定植后第 3 年亩产达 50kg，茶叶品质好、售价高、效益好。

12.3.4　洛南县香山生态清洁小流域——旅游型

香山清洁示范小流域位于洛南县城以北石城镇境内，流域北邻驾鹿乡，西与石门镇接壤，东与巡检镇相连，系石坡河一级支流西抚川的下游，流域总面积为 11.71km²，属于中山土石山区。该区在主打香山生态旅游的同时，大力发展第三产业，加速了当地经济的快速发展。

1. 指导思想

认真贯彻水利部新时期的水土保持工作思路，坚持人与自然和谐的指导思想；坚持大封禁、小治理，合理调整土地利用结构；坚持预防为主、生态效益优先的原则，兼顾社会效益和经济效益，充分利用大自然的自我修复功能防治水土流失，将自然修复理念融入小流域治理中，由对应治理向条件建设转变（姜德文，2004）。进一步贯彻党的十七大精神，落实科学发展观，树立人与自然和谐共处的理念，把改善生态环境、建设生态文明、维护库区水质优良、支撑经济社会可持续发展作为主线，围绕社会主义新农村建设，大力改善生产条件，提高农业综合生产能力，全面建设生产发展、生态改善、生活文明的新型小流域。

2. 建设目标

1）治理水土流失治理目标

通过治理，该区域到建设期末水土流失治理面积达到 1.81km^2，治理程度达到 85%以上，减沙效益达到 50%以上，水土流失得到基本控制。

2）生态建设目标

通过治理，该区域坡耕地实现配套截水沟等小型水利水保工程，部分退耕地发展当地特色产业，种植核桃经济林，在荒山荒坡营造水土保持生态林，对疏林地全部封禁，实现生态自然修复。各项措施的水土保持功能得到充分发挥，人为水土流失得到遏制，生态环境明显改善，非点源污染得到控制，水源涵养能力增强，水质得到净化，确保水质安全。

3）发展农村经济目标

通过治理，该区域不合理的土地利用现状得到调整，趋于合理状态，农村各业结构得到调整，产值逐年增加，农民生产、生活条件得到改善。土地利用率大幅提高，农田基本可以满足粮食需要，人均经果林面积达到 0.9 亩，农民人均纯收入提高了 40%，可逐步实现山青、水秀、人富的治理目标。

4）社会效益目标

通过治理，小流域林草覆盖率增加，人居环境改善，人畜饮水、农村剩余劳动力问题得到解决，加快了社会主义新农村建设，促进了人与自然和谐相处。

3. 总体布局

1）小流域综合治理工程

结合当地实际，实施坡耕地改造，修建坡面灌排水系等小型水利水保工程。营造水土保持林草，通过工程措施和生物措施相结合，减少土壤侵蚀，发挥截排水、林草植被等水土保持设施控制和降解非点源污染的作用。

2）生态修复工程

在条件适宜处实施封山禁牧、封育保护，加强林草植被保护，防止人为破坏。要充分依靠大自然的力量恢复植被，改善生态环境，涵养水源，保护水资源（康承高等，2010）。

3）人居环境综合整治工程

搞好村庄绿化、环境美化，控制和减少污染物排放。制定村庄环境卫生保洁制度，实现生活垃圾集中管理和填埋。对于居民比较集中和有条件的地区，生活污水应处理达标后排放。

4）生态农业建设工程

推广绿色、无公害技术，发展生态农业。大力推广施用有机肥料，采用生物方法，以及易降解、低残留的农药防治病虫害，控制和减少农业污染。

12.3.5　宁陕县鱼塘生态清洁小流域——综合型小流域

鱼塘生态清洁小流域位于陕西省安康市宁陕县县城以东长安河支流东河下游，系汉江三级支流，属城关镇所辖，流域总面积为 9.86km²，流域呈东西走向，东高西低，南北长约 7km，东西宽 5km，河道平均比降为 25.8‰，为变质岩褶皱低山河谷地貌区。小流域在县城周边、东河沿岸，属于城乡接合部，人口居住集中、交通便利、示范带动性强、群众积极性高，结合流域特点，在梯平地上发展规模化无公害蔬菜示范园和苗圃培育，增强流域的自然水景观效应，形成规模化的"农家乐"。不但能改善当地群众的生产生活条件，还能推动当地经济社会的发展。

1. 建设目标

农村经济目标：农村产业结构目标、方向得到确立，农业种植结构得到初步调整，特色产业得到示范引导。发展苗圃生态建园和无公害蔬菜园，大力提倡村民提供"农家乐"，悠闲感受大自然的惬意生活。

非点源污染防治目标：化肥施用强度（折纯）低于 350kg／hm²，减少 50% 以上，农药使用量减少 50% 以上，并执行《农药安全使用标准》；固体废弃物集中堆放，定期清理和处置，利用率达 80% 以上，生活污水处理率达 80% 以上；小流域出口水质达到地表水 II 类水质标准以上，各项指标控制达到以下标准：总磷<0.1mg/L，总氮<0.5mg/L，生化需氧量<3mg/L，化学需氧量<15mg/L。

2. 总体布局

紧紧围绕"生态修复、生态清理、生态保护"三道防线，以"充分利用水资源，水质不被污染，水源得到涵养和保护"为前提，有效控制非点源污染源，切实增加农民收入，促进流域经济社会的可持续发展。

（1）流域水土流失治理方案：对 15°～25° 的坡耕地，营造生态林以达到水土流失治理防治目标；对 15°～25° 的疏幼林进行封禁治理；对大于 25° 的荒山荒坡进行造生态林。

（2）流域产业调整及化肥农药使用方案：对梯平地的农作物施家畜禽粪便，建无公害蔬菜园和苗圃培育基地。

（3）流域村庄美化方案：对院落里房前屋后的垃圾和柴草进行清理、污水处理，畜禽粪便进行集中收集，集中存放，统一使用。户与户之间修筑硬化联户道路，道路两旁栽植行道树，对部分居民进行改厕。

12.4　陕西省清洁小流域规范化建设

12.4.1　陕西省水土保持生态清洁小流域可行性研究报告编制大纲

以水利部《水土保持工程可行性研究报告编制提纲》为参考，结合陕西省煤、油、气项目可研编制大纲及北京市相关地方技术规范，陕西省起草了水土保持生态清洁小流域可行性研究报告编制大纲，主要内容如下。

目录

工程特性表

1. 摘要

1.1　项目区地理位置及建设背景

简述项目区的地理位置、项目建设所依据的区域综合规划、江河规划、水土保持规划、项目建议书的有关成果和批复意见，以及可行性研究报告的编制过程等（项目区位置示意图）。

1.2　施工期与水平年

1.2.1　施工期

说明项目开、竣工时间、总工期。

1.2.2　现状水平年

说明项目现状水平年。

1.2.3　设计水平年

设计水平年是指所有（规划设计的）措施或设施开始正常运转，且发挥相应作用和效益的年份。

1.3　项目区概况

1.3.1　自然概况

简述地质地貌、土壤、植被、水文气象等基本情况。

1.3.2　社会经济概况

简述行政区划、乡镇、村数、土地面积、总人口、农业人口、农业劳动力、人均收入等情况。

1.3.3　水土流失与水土保持现状简况

简述项目区水土流失状况、水土保持分区概况、水土保持现状，以及工作中的主要经验、教训。

1.4　项目非点源污染及其防治概况

1.4.1　非点源污染概况

1.4.2　防治概况

1.5 清洁小流域建设目标和防治任务

1.5.1 清洁小流域建设目标

1.5.2 非点源污染防治工作任务

1.6 非点源污染主要防治措施体系布设

　　按照"三区划分"说明各区主要治理模式。

1.7 非点源污染的监理与监测

　　说明监理和监测的主要内容和方法。

1.8 投资估算与资金筹措

1.9 效益分析与经济评价

1.10 结论和建议

2. 项目背景

2.1 项目由来

　　从立项组织和资金渠道说明。

2.2 项目区选择的原则

2.3 清洁流域建设的必要性与有利条件

2.3.1 必要性

2.3.2 有利条件

2.3.3 不利因素和克服办法

3. 编制总则

3.1 指导思想

　　编制工作的指导思想和采取的技术路线。

3.2 编制原则

　　简述报告编制的主要内容及遵从的主要原则；设计文件主要由"报告、表格、图件、概算"4个方面构成，原则从4个方面谈起。

3.3 编制依据

　　按法律法规、规范性文件、技术标准、技术文件（含申请书及批文，委托编制委托书等）及技术资料依次排列。

4. 项目区情况及评价

4.1 自然条件

4.1.1 流域概况

　　位置、面积、流域（平面）形状、经纬度、海拔高程（沟口和最高点）、相对高差、所属地貌类型区等。

4.1.2 地形地貌

4.1.3 地质

4.1.4 气象水文

4.1.5　土壤植被

4.2　自然资源

说明项目区的土地资源、水资源、生物资源、光热资源、矿藏资源的存量、开发利用及前景等。

4.3　农村社会经济发展总体评价

4.3.1　农村人口发展变化趋势评价

总人口、农业人口、人口密度、人口自然增长率、劳动力总量、外出务工者比例。主要根据人口变化的历史，预测当地未来人口变化的趋势，人口增减只是一个方面，户籍人口和常住人口（在县外半年以上、在本县一年以上就业、上学）之间的差异、人口集中流动或者迁移的趋势等为另一个方面。

4.3.2　土地利用评价

土地利用情况，耕地情况，土地资源评价。

4.3.3　农村经济结构评价

农村产业结构等，农业生产，林业生产，牧业生产，副业生产，特别评价农家乐和生态旅游等方面的情况与问题。

4.3.4　流域内道路布局及对外交通情况评价

4.3.5　居民点（城镇化）发展趋势评价

布局评价：规划布局、分布规则。

基础设施建设评价：居住区道路（街道）建设、通信、网络设施建设、自来水设施情况、公共厕所及垃圾收集设施建设等。

公共设施建设评价：居住区学校、医院（卫生所）、幼儿园、娱乐休闲场所、公共浴池等；居民房屋建设、院落美化评价、房屋翻新改造的程度；院落美化的比例；户内卫生间占有率、改造率；户内污水排放管道化程度。

村庄美化评价：行道树栽植，房屋墙面整洁。

公共卫生管理水平评价：对外交通情况评价。主干路的现状（路况、走向、数量），其他道路的现状（路况、走向、数量），绘制小流域道路分布图。

4.4　非点源污染情况及现有防治水平

4.4.1　沟道中生活类非点源污染现状

以主沟道为主，说明主沟道名称、横断面形状、主沟长度、平均比降、汇入河流、行政村数量、住户数量、沟台地面积等；主要支沟情况为，面积大于 $0.5km^2$ 的支沟的数量、名称、汇流面积、平均比降、住户数量、沟台地面积；绘制小流域沟道分布图。说明沟道人工改造情况（渠道化、岸坡工程、沟道拦沙坝、谷坊、绿化情况等）；沟道污水排放（方式和数量、如污水排放口）现状；沟道垃圾状况为，垃圾产生、堆积和管理情况。

4.4.2 坡面生产中的非点源污染源现状

　　流域内化肥、农药的年购入总量、施用总量（由单位面积、单户调查换算）；化肥的种类和用量，农药的种类和用量。

4.4.3 流域水体污染评价

　　评价沟道的自然净化能力，主沟道典型断面水质情况。

5. 目标、任务及措施布局

5.1 清洁小流域建设目标

5.1.1 清洁小流域的建设目标

5.1.2 非点源污染防治工作的指导思想

5.1.3 非点源污染防治工作应当坚持的原则

5.2 清洁流域建设任务

5.3 流域"三道防线"的划分

5.4 措施布局

5.4.1 一般原则

5.4.2 措施布局

6. 工程设计

6.1 农药化肥减量化

6.1.1 调整产业结构

6.1.2 调整经济结构

6.1.3 生态示范园（观光园、养殖园和种植园）

6.1.4 无公害、有机农业、循环农业及清洁产品培育

6.2 村庄美化

6.3 生活垃圾处置

6.4 污水处理

6.5 村庄排洪沟（渠）

6.6 田间生产道路

6.7 护坡

6.8 沼气池、节能灶、改厕

6.9 湿地恢复

6.10 谷坊

6.11 封育保护

6.12 梯田

6.13 水土保持林

6.14 水土保持种草

6.15 拦沙坝

6.16　挡土墙

6.17　小型水利工程

6.18　标识系统——宣教

7.　监理、监测

7.1　监理

7.1.1　监理项目

7.1.2　监理组织机构

7.1.3　监理方法

7.2　监测

7.2.1　监测的主要内容

7.2.2　监测的主要方法

7.2.3　监测的组织机构

8.　施工组织和保证措施

8.1　施工条件

8.2　施工组织

8.3　施工进度安排

8.4　保证措施

8.4.1　组织领导措施

　　　包括政策、机构、人员、经费等。

8.4.2　技术保障措施

　　　包括监理、监测、技术培训、新技术研究及推广等。

8.4.3　投入保障措施

　　　包括资金筹措、筹劳、进度等。

9.　投资估算与资金筹措

9.1　投资估算

9.1.1　估算依据

　　　说明估算编制办法、定额来源及采用的价格水平年。

9.1.2　估算成果

9.2　总投资

9.3　资金筹措方案

9.3.1　提出资金筹措的方案

9.3.2　分析资金来源的可行性

10.　效益分析和经济评价

10.1　效益分析

10.1.1　经济效益

10.1.2 生态效益

10.1.3 社会效益

10.2 经济评价

10.2.1 经济净现值

10.2.2 经济内部收益率

10.2.3 经济效益费用比

11. 结论和建议

11.1 结论

11.2 建议

12.4.2 陕西省水土保持生态清洁型小流域实施方案编制大纲

为了进一步明确水土保持生态清洁型小流域的实施方案，更好地结合陕西省实际执行国家的相关技术标准，更加有效地规范清洁小流域建设的指导思想、原则、方略、技术路线和具体措施体系，更加有效地引导相关组织或个人开展健康、积极的清洁小流域实践活动，陕西省起草了水土保持生态清洁型小流域实施方案编制大纲，具体内容如下。

1. 综合说明

1.1 项目背景

简述 XX 生态清洁型小流域项目的来源（立项组织过程）。简述项目地理位置及区位优势。简述项目可研概况。

1.2 建设目标及任务

简述 XX 生态清洁型小流域建设目标及建设任务和规模。

1.3 项目组织管理及监测、监理

简述项目组织管理的机构、办法及施工组织进度安排。

简述项目监测、监理机构及方案。

1.4 投资概算及资金筹措

简述本实施方案的投资规模、各类别措施投资概算；简述项目资金来源构成。

1.5 项目效益

简述项目效益。

1.6 结论

2. 基本情况

2.1 小流域的自然条件

2.1.1 流域概况

2.1.2 地质地貌

地质构造、沟道分布情况、地面坡度组成。

2.1.3　土壤

土壤类别、性状及土地资源评价。

2.1.4　植被

2.1.5　水文、气象

径流、降水、温度与光热资源。

2.2　社会经济状况

2.2.1　人口与劳力

2.2.2　土地利用现状

2.2.3　农村经济状况（各业产值）

2.2.4　农村基础设施状况

流域内道路布局及路况、居民居住及城镇化建设情况。

2.3　非点源污染现状及防治情况

2.3.1　非点源污染源状况

2.3.1.1　生活非点源污染源现状

侧重分布于村庄或沟道。

2.3.1.2　生产非点源污染源现状

侧重分布于坡面或坡脚的耕地、经济林。

2.3.2　污染物汇聚变化过程及危害

2.3.3　非点源污染防治现状

2.4　水土流失现状和防治状况

2.4.1　水土流失与非点源污染的关系

2.4.2　水土流失现状

2.4.3　水土流失的危害

2.4.4　水土保持现状

3．建设目标及总体布局

3.1　生态清洁小流域建设目标

3.1.1　总体目标

污染总控、水源涵养、水质保洁、生态保护、人居美化、产业结构优化、产出有机化、社会经济与自然和谐化。

3.1.2　水土保持生态环境目标

3.1.3　发展农村经济目标

3.1.4　非点源污染防治目标

3.2　生态清洁小流域指导思想

3.3　建设原则

3.3.1　坚持以小流域为单元，山、水、林、田、路、村的综合治理的原则

3.3.2 坚持与新农村建设相结合的原则

3.3.3 坚持与水土保持重点治理项目相结合的原则

3.3.4 坚持与生态旅游等产业开发有机结合的原则

3.3.5 坚持非点源污染防治与群众的宣传教育结合的原则

3.3.6 坚持与其他行业力量相结合的原则

3.3.7 坚持小流域污染总控原则

3.4 工程总体布局

　　简述传统小流域综合治理对非点源污染防治的贡献，再结合三道防线分类布设措施，包括常见的水土保持措施及以非点源污染防治为核心的预防性措施、减量化措施等，形成一个源头—过程—末端处理的较完整的水土流失及非点源污染防治措施体系。

4. 建设任务及工程设计

4.1 建设任务及规模

4.2 工程设计

4.2.1 封禁保护措施

4.2.2 坡面治理工程

4.2.3 小型拦蓄引排水工程

4.2.4 河道（沟道）综合整治工程

4.2.5 人居环境综合整治工程

4.2.6 产业结构调整类工程

　　结合实际来发展生态农业建设工程，如无公害种植业、养殖业等农业示范园，或者立足优势发展生态农业观光等旅游产业，体现出各自生态清洁产品的特色。

4.2.7 宣传教育工程

5. 施工组织设计和进度安排

5.1 施工组织设计

5.1.1 实施条件

5.1.2 材料供应

5.1.3 劳力保障及机械调配

5.2 进度安排

6. 投资概算和资金筹措

6.1 投资概算

6.1.1 投资概算编制的原则和依据

6.1.2 采用的定额和主要材料价格

6.1.3 投资概算总表、分项工程投资概算表

6.2 投资筹措方案

7. 效益分析

7.1 经济效益

各项措施的增产、增收效益。

7.2 生态效益

提高地面植被覆盖度，减少侵蚀量，提高减沙效益，改善水质和土壤理化性质。

7.3 社会效益

减轻自然灾害及对下游的危害。提高土地利用率、生产率、劳动生产率，改善农村产业结构，提高生活水平等效益。

8. 项目组织管理

8.1 组织管理机构

8.2 组织管理措施

8.3 技术保障措施

8.4 监测及监理

由具有相应资质的监理单位，对项目的进度、质量、投资等进行控制。

对监测单位的资质，对项目监测的范围、内容、频次和方法提出要求。

9. 结论及建议

参 考 文 献

毕小刚, 杨进怀, 李永贵, 等, 2005. 北京市建设生态清洁型小流域的思路与实践[J]. 中国水土保持, (1):18-20.

姜德文, 2004. 充分依靠大自然的自我修复能力治理水土流失[J]. 水土保持, (4): 44-45.

康承高, 罗静, 2010. 达县水土保持生态建设与管理的思考[J]. 中国水土保持, (9): 65-66.

刘光东, 2013. 浅析金池院生态清洁型小流域的治理措施[J]. 陕西水利, (2): 69-70.

刘贤词, 邢巧, 王晓辉, 2009. 海南省农村农业非点源污染现状及防治对策[J]. 中国水土保持, (3): 19-20, 40.

张雁, 2013. 丹江上游不同退耕还林型土壤有效 NP 特征研究[J]. 科学种养, 9: 81-82.

第 13 章　生态流域清洁小流域建设管理体制与控制战略

13.1　丹汉江水源区清洁小流域建设管理建议

13.1.1　生态清洁小流域建后管理对策

1. 建立流域综合管理联动机制

加强部门联动，建立水务局、城乡规划局、发展和改革委员会、国土资源局、环境保护局、市政管理局、林业局、农业局等相关部门参加的流域综合管理联席会议制度，定期召开会议商讨，并协调解决生态清洁小流域管理中的实际问题，由工作联席会议办公室负责综合协调日常工作，并起草相关政策，各相关部门按照联席会通过的流域管理政策，在职责范围内加强小流域管理，共同推进生态清洁小流域建设工作。

2. 制定流域管理相关政策

按照水土资源保护要求，出台相关流域管理意见，如按照区域功能要求对小流域进行分类，确定发展方向，提出限制发展、适宜发展的产业目录和要求；按照水土资源状况和环境容量，在流域内划分禁止开发建设区、限制开发建设区和适宜开发建设区，分区提出指导意见；按照非点源污染防治要求，制定流域内化肥、农药使用规定及环保型替代品的鼓励政策；细化流域内开发建设活动各部门监管职责，明确开发建设单位及个人水土资源保护义务，控制无序开发等。

3. 完善流域监管体系

按照部门监管和农民管护队伍群防群治相结合的方式，完善生态清洁小流域监管体系。流域综合管理联席会各成员单位通过审批、许可、监督执法等方式，管理流域内集中的开发建设活动，农民管水员、看山护林员按照水土资源保护要求，通过看管、举报等方式，管理流域内点多、面广、分散的开发建设活动及破坏资源的行为。

13.1.2　依托科技创新，提高流域动态管理水平

1. 实施流域水土流失调查评价

借助遥感及数学模型技术，利用北京山区土壤流失方程对小流域水土流失状

况进行调查评价，定期发布土壤侵蚀空间分布图，为流域水土资源规划和管理部门决策提供参考。

2. 开展流域山洪泥石流预测预报

利用山洪泥石流预测预报工具开展流域山洪灾害预测预报，及时为流域内的单位和个人发布灾害预报信息和防御方案，提高流域山洪泥石流灾害管理水平。

3. 实现流域水环境容量管理

建立小流域水质水量监测体系，在重点监测断面布设网点，调查监测水质水量及非点源污染状况。利用监测数据建立数学模型，对小流域水环境容量进行模拟和调控计算，在既定水质保护目标下，通过模拟新增污染对流域出口水质的影响，提出污染防治措施，实现流域水环境容量管理。

4. 探索流域水污染突发事件应急管理

借鉴水污染突发事故时空模拟经验，利用地理信息系统技术和数学模型技术，对小流域内水污染突发事件的时空特征进行研究，为小流域出现水污染事件后的应急管理提供决策参考。

13.1.3　完善管护机制，提升流域治污设施管护能力

1. 加强垃圾处理设施运行管理

明确区（县）政府对辖区内垃圾处理的责任，完善村收、镇运、区（县）处理的垃圾管理机制，由区（县）财政支付处理经费，同时探索建立收集社区化、运输专业化、处理科学化、运作企业化、管理规范化的农村垃圾收集处理制度，提高流域内垃圾处理设施运行水平。

2. 加强污水处理设施运行管护

明确区（县）政府对污水的治理责任，按照"谁建设、谁管护"的原则确定管护主体，采取委托管护、政府购买服务，以及 BOT 等多种方式探索专业化管理模式，同步建立农村污水处理收费制度，向污水处理设施服务对象征收污水处理费，专项用于运行管护，资金缺口由区（县）财政予以补贴，涉及重要地表水源区的由市级财政给予补贴。同时加强监管，对污水处理设施运行状况进行考核，效果好的给予奖励，不达标的要核减运行经费，并责令整改，予以处罚。通过明确责任、保障经费、落实监管，提高流域内污水处理设施的运行效益。

13.1.4 采取多种形式，提高流域管理的公众参与意识

1. 树立流域资源环境保护的主体意识

通过展板、讲座、传单、读物，以及定期邀请流域内单位和农民代表召开座谈会等方式，加强流域资源环境保护的主体意识教育，提高单位及个人保护生态清洁小流域的自觉性。

2. 向公众及时发布流域管理及生态安全相关信息

建立生态清洁小流域信息发布系统，借助于农村远程教育网络，及时向流域内的村庄发布水土资源保护知识，监督执法案例及违法举报电话，山洪泥石流灾害预报及防御措施信息等，普及水土资源保护及流域生态安全意识（郭曼音，2014）。

13.1.5 建立生态清洁小流域分类分级建设体系

1. 小流域分类分级方法

1）小流域分类研究

根据流域自然地理背景、水文水系特征、社会经济发展水平，结合山区发展功能定位和区域水土保持要求、水资源管理需求等，划分水土保持功能区。全面考量小流域水源涵养与保护、山区发展和生态改善与维护等功能，统筹考虑流域未来发展方向，提出小流域分类的基本原则，从地文、水文、人文等角度建立小流域分类指标体系和方法，在此基础上对全市的小流域进行分类。其中，地文情况重点从小流域的地形地貌特征、水热气候条件、土壤岩性本底和土地利用结构四个方面来分析流域的自然基础；水文情况重点从河流形态、水量、水质、水景四个方面分析流域水文状况；人文情况重点从人类的生产方式、生活方式和生态干扰三个方面来分析人类活动对流域的干扰程度及人类与流域的互动关系。

2）小流域分级研究

在小流域分类的基础上，根据不同类型小流域的主导功能及其发展方向，确立小流域的分级目标与基本原则，从生态健康水平、环境清洁尺度与景观多样性等方面，定量分析流域生产、生态、生活三大功能的限制性因子，进而确定不同类型小流域主导功能的重要影响因素（杨坤等，2012），建立问题指向性的小流域分级评价指标体系、标准与方法，在此基础上对全市的小流域进行分级。其中，从流域的形态结构、生态功能等方面来反映流域生态健康水平；从流域的非点源污染情况、点源污染状况及水质情况来反映流域的清洁程度；通过构建景观多样性指标、结构因素特征指标，以及景观空间构型指标定量反映流域的景观多样性和旅游资源开发条件。

2. 生态清洁小流域分类分级治理

在小流域分类分级基础上，根据生态清洁小流域所能达到的不同等级的目标要求，确定其治理标准和投资标准，在此基础上统一规划，按照先水源区、人口密集区，后一般区，先易后难的原则稳步推进生态清洁小流域建设。在建设规模和建设标准上提升档次，将产业发展和生态建设有机结合，进一步加强污染治理，确保小流域水资源不受污染，为山区发展打造良好的生态环境基础。对于自身条件先天不足、经济条件有限的，应量力而行地将生态清洁小流域等级提至适宜等级，梯次推进，由低级到高级逐步治理；对于先天条件好、经济条件允许的，应一步到位，将生态清洁小流域等级提至最高等级。

在治理方向上，要因地制宜，突出重点，在一、二级水源保护区建设水源保护型生态清洁小流域，在优先保护水源的前提下，妥善解决农民增收问题；在具有山水、民俗旅游资源的小流域，打造休闲观光型生态清洁小流域，将经济活动影响控制在流域资源环境承载力范围内，使生态保护与产业发展良好结合；在特色林果种植区，大力建设绿色产业型生态清洁小流域，把生态建设与经济结构调整紧密结合，形成一批特色经济沟；在村庄集中、人口密集的小流域，推进和谐宜居型生态清洁小流域建设，把生态环境改善与人居环境改善紧密结合，促进新农村建设。

同时，要注重工程后期管护问题，对建成的生态清洁小流域进行评定、分级，达标的由市里统一挂牌，并安排资金给予管护经费补助，以保障生态清洁小流域内的公共设施良好运行，工程效益充分发挥。

3. 生态清洁小流域分类保护管理

在小流域分类的基础上，结合流域水资源承载力和水环境容量及水源保护要求，划定禁止开发区和限制开发区（杨坤等，2012）。在生态脆弱区、生态敏感区禁止开发建设活动，杜绝破坏水土保持设施的行为发生；在水源保护区、生态保育区合理选择产业发展方向，确立适宜的资源开发模式与强度，限制损害主导生态功能的产业扩张，从源头上做好预防。

同时，在水土资源开发利用过程中，以生态安全为前提，充分考虑生态系统保护问题，使当地生态系统转向良性循环，如留足防洪空间，恢复河（沟）道的自然形态特征；减少筑坝和截流，防止切断鱼类等水生生物洄游通道；建设道路时增加生物通道，保障动物正常迁徙等。进一步加强流域开发的水土保持全过程管理，从规划阶段就提前介入，不符合水土保持要求的项目坚决禁止，适宜建设的项目要严格水土保持监督管理与执法，实施"三同时"管理，按照"谁破坏、谁治理"的原则，督促开发建设单位自觉履行水土流失防治责任，编报并实施水土保持方案，防止开发建设过程中造成水土流失，危害河道行洪，影响水环境质量，破坏山区发展的环境基础的情况发生。

13.1.6　建立完善的评估体系

1. 技术措施评估

对生态清洁小流域单项治理措施效益进行评价，建立对农村污水处理、河岸（库滨）带建设、护岸及护坡工程建设、湿地恢复与建设、水土保持造林及农村生活垃圾处置等措施的环境影响评价模型，进行价值评估。在此基础上，通过研究生态清洁小流域建设前后各有关评价指标发生的变化，探讨生态清洁小流域治理措施与不同等级的建设效果之间的对应关系，建立治理措施评估体系和技术方法，为生态清洁小流域建设措施配置和方案设计提供手段（杨坤等，2012）。

2. 投入-产出评估

对生态清洁小流域治理成本、效益进行分析，基于上述不同等级生态清洁小流域措施评估和生态清洁小流域治理的各项投入，建立投入-产出模型，分析产投比，建立生态清洁小流域治理投入-产出评估指标体系和方法，为生态清洁小流域建设投资决策提供技术手段（杨进怀等，2007）。

13.1.7　技术推广及示范工程的长效运行管理机制

1. 制定水土流失与非点源污染控制总体规划

目前，在设计丹汉江水源区的各项规划中，对于水土保持、水污染防治、生态移民、防洪、农村环境整治等，在不同的规划中都有所涉及。但是针对水土流失与非点源污染产生的问题尚缺乏统一的规划和治理。

未来由水土流失非点源污染产生的环境问题将是水源区面对的主要生态压力，为此建议由陕西省水土保持局牵头，委托环境保护局、农业局、林业局及高等科研院校等单位共同参与，根据丹汉江水源区水土流失与非点源污染的特点与程度，制订《丹汉江水源区水土流失与非点源污染控制总体规划》，以生态清洁小流域为主题，确定具体控制目标与方案，进行示范区工程布局设计，保证示范区内农业非点源污染控制工程的全面实施。

2. 农业非点源污染控制示范区建设

建设农业非点源污染控制示范区，"眼见为实"，让农民看到农业非点源污染控制技术在示范区的应用实效，从而自觉自愿地使用。在示范区内主要推行以下关键技术。

1）平衡配套施肥，减少化肥施用

（1）调整用肥结构。推广使用优质有机-无机复混的作物专用肥，替代单一化学肥料或配比不当的高浓度化学复混复合肥。

（2）使用合理的施肥方法和施肥量，达到减少化肥总量 15% 的目标，在示范区内统一施肥时间、施肥方法、施肥品种和施肥量是关键。

（3）每年一次以上实施全量秸秆还田，增加有机质投入。

（4）示范区和辐射区内每年拿出五分之一的土地进行绿肥种植，增加有机肥投入。

2）推广综合防治技术，减少农药用药量

（1）进一步做好病虫的基础调查工作，对病虫进行准确预测预报。抓好防治时期，提高防治效果。

（2）大力推广低毒、有效含量低、亩用量少、对病虫防治效果好、防效长的新农药，如毗虫琳、锐劲特等农药。

（3）积极推广复合型的防治措施，做到治秧田保大田、治前期控后期。在多种病虫混合发生的情况下，做到突出重点、兼治其他，减少防治面积。

（4）全面推广药剂浸种、拌种、大田无水施药等新技术，减少用药量和对水环境的污染。

3）农业非点源污染控制工程运行管理机制

制订《丹汉江水源区水土流失与非点源污染控制工程长效管理机制》，并指定专人负责，每年对其进行工作业绩考核。对丹汉江水源区水土流失非点源污染的控制，采取措施多方参与，设施有偿使用，收益共享机制。充分利用与西安理工大学等高校的良好合作基础优势，发挥技术部门的依托作用、专家的技术支撑作用、公司参与管理的作用，以及农民的共同参与作用，建立适应公司化运作、企业化管理的农业非点源污染控制工程的长效管理运行模式。

4）长效监督机构建立

为了保障广大农民真正执行农业非点源污染控制的各项标准和法规，考虑到高校、科研部门在专业技术人员方面有一定优势，可将相关法规的监督和执行由政府委托有关机构负责。在丹汉江水源区建立健全的水土保持生态清洁技术服务和推广网络，为保证监督的公正和效果，法规执行状况的监督与农业技术服务的推广要设在两个不同部门，由不同人员分管。

5）加强农民专业组织的建设

国际经验表明，农民技术协会或专业经济合作组织可以有效组织小农户和分散的农民进行市场销售、获得技术培训等，同时可以引导农民增强公众环保意识。另外，可以从公共信誉方面对环境友好的农作方式进行鼓励。日本在发展可持续农业的过程中，设立了生态农民的荣誉称号，激励农民保护环境。英国在建设有机农场时，规定每 1～2 年需要注册一次。

无论是从一般的技术推广、市场活动还是环境保护来说，我国目前迫切需要建立这一类的农民专业技术组织。尽管政府已从多个层面在推动此类组织的建立，但近期的一项调查研究表明，目前仅有 2%的农民参加了类似的农民专业技术组织；另外，由于缺乏法人地位和完善的管理系统，农民专业技术组织的作用受到了限制。

为了保证农民专业技术组织的健康发展，建议采取以下的一些政策措施。

（1）转变政府职能，政府需要在信贷、培训、信息交换等方面为农民专业技术组织提供支持。

（2）建立与农民专业技术组织管理相关的法律法规，明确其法人地位。

（3）创造环境条件，催化农民专业技术组织的建立和有效运行。

（4）允许农民专业技术组织从事金融业务或者具有信贷功能，帮助农民获得贷款。

陕南地区作为我国南水北调的主要水源区，借助于国家、省、地市进行生态建设的有利时机，建议适时开展土地结构调整、产业结构调整，发展生态产业、绿色产业，形成规模。在产业发展的同时，强调合理施肥技术和新型肥料的应用，降低施肥成本，提高种植业效益。同时，注重利用特色专业户、示范户（村、镇、县）做科技知识的传播和推广工作。

13.1.8　制度建设

在生态清洁型小流域建设试点工程建设区域内，出台、制定封山禁牧、封育保护的政策和乡规民约，规范化肥、农药使用种类及科学使用方法，加强农村生活垃圾、畜禽和水产养殖排放的控制管理，加强对试点区工业企业、饮食服务等行业排污的监督管理，落实开发建设项目水土保持"三同时"制度，开展农村文明新村建设活动。

1. 封山禁牧、封育保护的政策和乡规民约

在项目建设管理上：一是划定封禁界线，明确管护范围，确定管护职责；二是加大宣传力度，制定公布有关政策、制度和乡规民约，提高项目区农民的生态环境保护意识；三是确定管护人员，严格进行管护；四是加强项目监测，正确评价实施的效果；五是加强生态修复的日常管理，提高建设效益。

在项目措施的实施上：一是制定规章，制定出台区域式流域的《关于防治水土流失，建设生态环境的通告》《关于进一步加强畜牧管理，保护林草植被的若干规定》《生态修复管护条例》《关于加强生态环境保护的决定》等强制性规定。同时，制定《生态修复封育保护奖罚制度》《水土保持生态修复管护人员职责及管理办法》及《水土保持生态修复区乡规民约》等。二是加强宣传，出动宣传车辆，印发宣传资料下发至项目区涉及的各个村庄；在项目区的醒目地方，刷写与生态

修复、保护植被、改善生态环境有关的墙体标语（杨莉等，2005）；对制定的强制性政策规定与规章制度，通过电视台以通告的形式播放；树立生态自然修复标志及宣传碑。三是在离村较近的路口、行政分界、项目区边界及重点管护地段建立铁丝网围栏设施。四是结合实施项目，实施人工补植、补播林草，人工抚育林草。

2. 化肥、农药科学使用方法

化肥、农药的大量使用，以及在农田中未被利用完全而造成的对水质的污染是非点源污染产生的主要因素。因此，化肥、农药的种类选择和正确使用对于防治非点源非常重要。化肥应多使用易降解、低残留的微肥和有机肥，禁止使用有毒害、使用不完全的化肥。农药应多使用易降解、少毒害的品种。有机肥传统的生产方式是将畜粪便收集，人工进行堆沤。有机肥对促进作物增产、改良土壤、培肥地力、改善农作物品质等具有良好的效果。

在试点区内加强宣传科学施肥推广活动、提高土壤肥力的方法、使作物高产的重要措施。施肥并不是越多越好，而是要做到科学施肥。科学施肥的核心问题，一是要减少肥料养分的损失，用最少的肥料获得最高的产量，最大限度地提高肥料的利用率；二是调节好化肥和农家肥的施用比例，氮、磷、钾肥平衡施肥，提高土壤肥力，防止水土污染。因此，不仅要了解作物的营养特性、作物种类和不同发育阶段对养分的要求，还要全面考虑土壤和气候条件、肥料本身的性质，运用合理的农业技术充分发挥肥效，以获得作物高产和稳产。

3. 农村生活垃圾、畜禽和水产养殖排放的控制管理

农村环境整治是一项涉及面很广的社会系统工程，政府应积极做好宣传引导工作，并在政策上、资金上给予适当的倾斜和支持，加快农村基础设施建设、生态环境建设，促进人与自然和谐发展，以推动城乡共同发展。

"垃圾靠风刮，污水靠蒸发"是农村一些地方处理垃圾的普遍现象。由于村民的环保意识相对薄弱，特别是乱扔垃圾的问题在许多村庄比较突出。河里各种杂物泛滥，垃圾、死禽漂浮，河水发黑发臭。村道两旁垃圾乱堆，边角料焚烧乌烟瘴气等，使农村生活垃圾问题日益严重，急需引起政府的重视。农村垃圾的治理要走减量化、资源化、无害化的道路，而不能只做简单的垃圾转移。

农村垃圾的治理可以结合农村的特点，将垃圾处理与可再生能源结合起来。农村垃圾除了生活垃圾，还有大量的农业生产过程中产生的垃圾，如畜禽的粪便、水产养殖排放、农作物秸秆等。建设沼气池、日光温室（或大棚），将种植、养殖、粪便和生活垃圾处理与利用集成在一起，形成农业生产和废物再生利用的有效机制。

4. 加强对试点区工业企业、饮食服务等行业排污的监督管理

试点区的工业企业及饮食服务等行业产生的废水、废渣、废气若不加强管理，肆意排放，将会污染水源，引起水质恶化，使非点源污染更加严重，影响人民吃水安全。因此，为了防止试点区工业企业、饮食服务等行业的恣意排污，必须在项目区出台一系列的监督管理措施，在污水出水口处修筑生物过滤池，池中栽植易降解污水杂质的植物，如莲等，污水通过生物降解池过滤后再排放出去，这样就有效地减轻了污水对水质的影响，要求试点工程区的生活污水都必须通过生物过滤池过滤后才能排放。另外，还要为农民修筑卫生池，以改善环境。加强宣传力度，对于违犯监督管理的企业或个人要严加处罚。

5. 落实开发建设项目水土保持"三同时"制度

水土保持"三同时"制度就是要求开发建设项目要与水土保持工程同时设计、同时施工、同时竣工验收投产使用。水土保持"三同时"制度要求业主必须严格按照制度办事，防护其对土地扰动造成的水土流失，做到"谁开发，谁负责治理，谁受益"，及时、有效地防治因其开发产生的水土流失，加强水土保持意识。

6. 开展农村文明新村建设活动

水土保持工作要积极响应党中央关于开展社会主义新农村建设的重大决策，通过水土保持治理工作，改变农村面貌，进行村庄建设和环境治理，帮助落后村、贫困村解决发展中的问题。农民群众是社会主义新农村建设的主体，水土保持工作要充分尊重农民的意愿，充分调动他们的积极性和创造性，防止强迫命令。要引导广大农民发扬自力更生、艰苦奋斗的优良传统，通过辛勤劳动改善生产生活条件，建设家园。

建设社会主义新农村必须立足当前、着眼长远，注重解决农民最关心、最迫切的问题。要通盘考虑城镇建设和农村发展，对社会主义新农村建设做出科学规划，有计划、有步骤、有重点地推进。要从农民群众最关心的实际问题入手，突出抓好农村基础设施建设，加快发展农村教育、卫生和文化事业，着力解决农村基础设施滞后和农民上学难、看病难等突出问题，使社会主义新农村建设有一个良好的开局。进一步加强农村基层组织建设和干部队伍建设，完善村民自治，实行村务公开。

加强农村普法宣传教育，推进农村思想道德建设，开展精神文明创建活动，全面提高农民素质，培养造就新型农民。文明新村建设要有计划、有步骤地扎实进行，本着"规划先行、试点带动、整体推进"的原则，创新工作机制。按照"群众自愿、社会参与、政府激励"的筹资原则，动员各界累计筹措资金，对创建村给予水泥等实物补贴，村中自投劳动力，使基础设施达到"三化"，即路面硬化、

庭院绿化、广场亮化。同时结合文明新村创建，强化群众思想素质教育，普及法规宣传，狠抓减轻负担等政策落实，取信于民，凝聚人气，创优开放和发展环境，有力地推动文明新村创建活动向纵深发展。

13.1.9　宣传体系

在对农户进行调查的过程中发现，农民缺乏对自身行为与环境之间关系的认知，只关心减少化肥农药用量会对作物的产量和质量造成影响，进而会导致收入损失，而漠视其生产活动对环境和人体健康的危害，甚至绝大部分农民不知道什么是农业非点源污染，仍然认为工业污染是造成水环境污染的主要原因。因此，应该加强宣传教育及环境信息传播，提高公众的环保觉悟和参与意识，这是进行环境管理的最基础手段。

1. 正规教育

在小学及中学阶段设置涉及控制农业非点源污染方面的相关课程，教育学生从小做起，从我做起，热爱环境，保护环境，并组织学生参加清理农村垃圾和加入资源回收再利用等活动，通过中小学生受教育后，影响父母及其他家人、朋友，使其也加入到控制农业非点源污染的活动中（施启迪，2010）。

2. 非正规教育

利用有线电视、报纸、广播、节目、讲座、传单等形式向公众讲授什么是农业非点源污染、农业非点源污染与水体污染之间的关系，以及对环境和人体健康的危害、污染者付费原则等，使每一位农民都清楚地认识到，自己既是污染的贡献者，又是污染的受害者、治理的责任人、决策的监督人，更是治理纳税的付费人，使他们充分认识到控制农业非点源污染的重要性和迫切性，增强公众保护环境的意识（王士钦等，2000）。各级负责农业和环境的有关工作人员都应积极学习农业非点源污染控制的意义和科学方法，学习国家的相关法律和法规。同时，针对政府公务员和农民大力宣传相关的环境监测结果，以及新的环境保护技术。在税收、信贷、市场投入等方面为农业非点源污染治理项目制定相应的政策体系（周早弘，2011），鼓励国内外企业和私人投资，调动乡村集体、农民个人和外商共同投资、参与农业非点源污染治理工程的积极性（侯孝宗，2013）。

13.1.10　加强科学技术研究

1. 经济、简单、可行的技术体系研发

1）操作简单、价格便宜的替代技术是农业非点源污染控制的关键

对于丹汉江水源区的种植业而言，建议以生态农业可持续发展为目标，根据

"高产、优质、高效"及"低耗、无污染"的总原则，拓宽思路，加强农业生态系统中养分循环和优化养分管理的基础性研究，开发适合水源区区域条件的、简便易行的高效施肥新技术，同时加强常规施肥技术的组装集成，研制和开发新型高效肥料（如控释尿素、控释复混肥等），从源头控制化肥氮磷的非点源污染，其中的关键是控制氮肥的施用量。

2）加强养殖业的污染源控制技术研发

水源区的养殖业仍以千家万户的传统养殖为主，零星分散、规模小、品种单一，非农户和规模户所占比例仍然偏小，养殖效益不能得到最大限度的发挥，且使环境污染日益严重；由于养殖布局分散，污染治理难，畜禽粪便已成为当前农业非点源污染的主要污染源。而目前现有的畜禽粪便和人粪混合的无动力装置——干湿分离无害化处理池及沼气处理技术等技术措施，相对于农民而言，仍然存在成本较高、工艺不够简易等问题，再加上没有长效的监督管理机制，推广起来仍有一定困难。

因此，寻找替代性的经济、简单、可行的控制农业非点源污染的技术体系，在经济行为与污染危害之间建立起因果关系是制订控制政策的基础。

3）农村生活垃圾的处理是另一重点内容

研究推广厨余垃圾处理技术，对农村生活垃圾进行"户分类，村收集，村运输，村处理"措施，将分类收集的厨余垃圾沤制有机肥回用于农田，实现垃圾处理减量化、无害化和资源化。发展小流域农村分散污水处理技术。将污水处理放在小流域水环境整体改善中系统考虑，把污水处理与山区地形条件、村落微环境生态修复、生态堤岸建设、林草拦污缓冲带建设、农田灌溉和景观用水需求等有机结合，筛选、集成成熟可靠又适合山区农村特点、实际的生态处理技术和设备化、模块化生物处理技术，研究小流域农村分散污水处理优化组合技术，以解决小流域农村污水问题（郑连勇，2001）。

2. 做好生态环境的保护、建设与修复

1）河（沟）道生态保护和修复技术

研究河（沟）道生态保护与修复技术体系，包括规划方法、设计方法、施工方法及技术措施等各个环节，涉及河（沟）道的防洪空间、水质、最小生态流量、河道纵横向的连续性、自然形成的水文形态特征、生物多样性及其休闲娱乐功能等多方面。在单项技术方面，重点研究河（沟）道岸坡生态防护技术（杨坤等，2012）、河（沟）道生物栖息地修复技术及河（沟）道水环境生态修复技术等。

2）小流域山洪危险性评价和分区技术

在改进小流域暴雨洪水观测设施网络配置、推荐小流域（≤50km²）暴雨洪水计算方法和建立山洪灾害危险性评价方法与模型的基础上，研究提出小流域山洪灾害危险性评价及分区技术、方法，为生态清洁小流域治理中土地的科学规划与利用，工程的防洪设计，群众建房建舍的合理布局，主动避险提供技术指导。

3. 加强国际合作，借鉴先进理念和经验

1）引入欧盟水框架理论和小型水体近自然修复理念

在 4 个区（县）、6 条小流域的 100km 河沟道，开展中德财政合作小型水体生态修复工程。具体做法如下。

（1）在对河流生态指标、物理化学指标、水文形态指标监测的基础上，对河流进行评价分级，制定生态恢复措施。

（2）近自然治理，利用自然水流冲淤塑造来改善水文形态特征，恢复河道自然属性。

（3）治理与维护措施相结合，给河道更多空间，宜弯则弯，宜宽则宽。

（4）保持河道横向、纵向及与地下水的连续性，维持河道系统的生物多样性。

2）建立生态清洁小流域全面监测评价体系

引进德国先进监测设备开展蒸渗仪站点土壤水分循环监测。完善现有监测体系，结合山地坡面和平原农地土壤侵蚀及非点源污染监测、小流域水质水量和生物多样性监测、大流域断面水质水量监测构成的监测网络，形成了从点、地块、小流域到大流域的监测网络，为科学评价小流域水土资源状况和工程治理成效提供数据支撑。

4. 水土流失与非点源污染监测

在小流域内建立固定监测站点，布设径流小区、观测场、卡口站等，对项目实施情况及成效进行全程监测，为工程建设提供科学的理论数据，以进一步提高水土保持综合治理技术的科技含量。

13.1.11　建立清洁小流域利益相关者的组织机构

生态清洁小流域建设是传统小流域的发展和完善，理念新、要求高、技术性强、涉及面广，其组织管理应更加系统。

1. 加大部门协作力度

生态清洁小流域建设由省级水保部门组织实施，市级水保部门配合，负责实施方案的审定、投资计划下达，以及工程的组织协调、技术指导、监督检查、竣工验收、监测等。县级水利部门在当地政府的统一领导与协调下，加强与有关部门的配合，组织编制小流域实施方案，落实责任、明确任务，完成生态清洁小流域建设。

2. 健全科技服务体系

加强科技培训和技术指导工作，建立以县、镇、村水土保持科技推广机构为主体，以农户自我服务为补充的技术推广服务网络。并采取有效措施，与科研院所及高校联合，积极引进新技术与新品种，推广科技承包制。最终建立管理人员、科研人员、农民群众相结合，科研、示范、推广相结合，信息、物资、资金相匹配的科技推广服务体系和开发实体。

3. 完善工程管护制度

水土保持工程建成后要及时移交至受益方进行管护，明确管护责任，发现损毁，及时修复；建立农村垃圾"村收、镇运、县处理"的管理机制，切实解决农村生活垃圾污染问题；完善水源和山林管护，切实巩固治理成效（王星，2012）。

13.2　推动以生态文明为核心的生态环境建设

13.2.1　实施主体功能区划，构建生态环境安全格局

（1）全面实施国家主体功能区划，在丹汉江流域进一步划定以水源区保护为主题的生态红线。加大环境治理力度，结合环境容量实施严格的污染物排放标准，大幅削减污染物排放总量，加强环境风险防范，保护和扩大生态空间。

（2）以生态文明建设为主题，推进丹汉江流域的生态文明建设，实施环境优化经济措施，发展绿色和低碳发展模式；进行生态文化建设，建立生态文明的消费模式；优先保护饮用水源。

（3）逐步划定各主要河流、湖泊的水生态功能区，建立健全水生态质量监测指标体系。加快城市污水处理与再生利用工程建设，加强工业废水治理。

（4）完善农村环境管理体制，建立健全农村环境保护目标责任制，大力推进农村环境的综合整治，加强农村饮用水水源地保护和水质改善，切实推进城乡环境基础设施共建共享，建设美丽乡镇和农村宜居环境。

（5）实施生态修复工程，提高生态产品的生产能力。

（6）要在已有生态文明创建活动的基础上，总结和推广良好实践和创建模式，全面推进创建生态省、生态市、环境优美乡镇、生态街道、生态村、绿色社区、绿色学校、绿色家庭等生态文明建设的"细胞工程"，夯实生态文明建设基础，在全国范围大力提高生态文明建设水平。

13.2.2　流域生态文明制度构建

为了实现美丽中国的目标和生态文明建设的战略任务，必须有一个生态文明

制度保障体系。从近中期制度构建来看，主要建立生态文明综合决策、评价考核、经济激励、公众参与四项制度。

1）生态文明综合决策制度

根据"五位一体"的战略布局，把生态文明理念全面融入丹汉江流域地方经济、政治、文化和社会建设中，特别是把生态文明和绿色发展融入地方社会经济决策中，把最严格的耕地保护制度、水资源管理制度、环境保护制度融入生态文明建设的综合决策机制中，实现政府决策的绿色化和生态化。

2）生态文明评价考核制度

阻碍生态文明建设的一个重要因素，就是发展过程中资源环境代价过高，资源环境约束加剧。因此，要把资源消耗、环境损害、生态效益纳入经济社会发展评价体系，继续探索建立绿色国民经济核算体系和资源环境统计指标体系，建立与老百姓感受相吻合的评价指标体系。以生态文明理念指导经济和社会发展规划，加快建立体现生态文明要求的考核指标和考核办法，把生态文明建设纳入党政领导班子和领导干部政绩考核评价体系，健全生态环境保护责任追究制度和奖惩机制。

考虑到广义的生态文明建设错综复杂、不易操作，应尽快组织相关部门开展地方调研，结合目前已有的各种类型的生态文明创建活动，如生态县、生态市、生态省、生态工业、循环经济等实践，研究提出生态文明建设评价体系和考核体系。

3）生态文明经济激励制度

经济激励制度是促进生态文明建设的重要手段（秦成逊等，2014）。生态文明建设要充分利用市场经济对资源环境的优化配置作用，促进生态产品的市场化。加快建立覆盖污染排放、污染产品、生态保护和碳排放的独立型环境税。推行排污权有偿使用制度，积极开展节能量、碳排放权、排污权、水权交易试点，建立资源环境市场交易制度。建立体现生态价值和代际补偿的资源有偿使用制度和生态补偿制度。

4）生态文明公众参与制度

生态文明建设事关百姓的美丽生态和生活品质的提高。公众既是生态文明的建设者，也是生态文明建设的受益者。生态文明建设需要建立一个政府主导、市场推进、公众参与的新机制。首先是加强生态文明宣传教育，把生态文明和资源环境保护纳入中小学和高校的教育课程，增强全民节约资源和保护生态意识，营造爱护生态环境的良好风气。积极鼓励全社会绿色和低碳消费，形成合理消费、绿色消费的社会风尚。大力度推进以"节水、节电、节地"为核心的绿色家庭、绿色社区建设，通过能源消费革命推动绿色和可再生能源发展，加快建设资源节约型和环境友好型社会。完善和建立生态文明建设的信息公开制度，保障公众在生态文明建设中的知情权、决策权、监督权和受益权，特别是在正在修订的《中华人民共和国环境保护法》中设立生态环境损害赔偿制度，全面维护公众享受美丽健康生态环境的权益。

13.2.3　生态文明小流域建设

1）水生态文明

人们在改造客观物质世界的同时，以科学发展观为指导，遵循人、水、社会和谐发展的客观规律，积极改善和优化人与水之间的关系，建设有序的水生态运行机制和良好的水生态环境所取得的物质、精神、制度方面成果的总和。

2）生态文明小流域

按照生态学原理，遵循生态平衡的法则和要求，建立满足流域良性循环和水土资源可持续利用，水生态体系完整，水生态环境优美的小流域。在清洁小流域的基础上，进一步考虑以下几方面内容。

（1）水系生态治理：水系生态治理是流域中的河流、湖泊、湿地等水体应得到有效生态保护和治理。评价指标包括生态河道、湖泊、湿地保护和治理程度，保护和治理的长度（面积）。

（2）亲水景观建设：亲水景观建设是流域水体周边应有亲水设施和安全保护措施，满足人水和谐、人水相亲的要求。评价指标包括亲水设施的种类，安全保护设施配置情况。

（3）观赏性：流域水体沿岸景观丰富，应注重自然生态保护，展现当地文化特色，形成特有的风光带，亲水景观与人良好共生，为居民和社区营造良好的生活、娱乐及休闲空间。评价指标为水域及周边环境观赏性、亲水性、人文特色和整体景观效果。

13.3　加强法律法规建设，强化执法监督

13.3.1　尽快制定、完善非点源污染防治的法律

1979 年我国通过了《中华人民共和国环境保护法（试行）》，以法律的形式对环境保护予以规范，为水资源保护法律制度的建立奠定了基础。1984 年和 1988 年分别颁布了《中华人民共和国水污染防治法》和《中华人民共和国水法》，1996 年和 2002 年分别公布了新修订的《中华人民共和国水污染防治法》和《中华人民共和国水法》，此外，还有其他一些法律、法规也涉及水污染防治问题，为我国的水污染防治提供了法律依据。

1998 年、2002 年和 2005 年陕西省人民代表大会常务委员会根据《中华人民共和国水污染防治法》和有关法律、法规的规定，结合本省流域实际分别制定了

《陕西渭河流域水污染防治条例》《陕西省城市饮用水水源保护区环境保护条例》和《陕西省汉江丹江流域水污染防治条例》。然而，无论是国家立法还是陕西省的地方性法规基本上是针对点源污染的，没有将非点源污染纳入总量控制计划，对城市和非城市的、农业的非点源污染控制不足，而且内容也十分简单，这在很大程度上影响了流域的水污染治理效果。

要解决我国严重的非点源污染问题必须从立法、政策、技术三个层面来推动治理，而立法是当务之急。不过在国家立法以前，地方立法可以先行，国家立法不可能对各地具体的环境保护进行全面规范，非常具体的环境保护工作需要地方结合本地的客观环境条件进行立法，这是由于各地自然环境差异较大导致环境问题产生的原因和解决的方法、步骤有所不同。陕西省应结合本省的经济发展状况、地面径流量、流域地形、气候等制定非点源污染防治综合法规和单行条例，为经济的可持续发展提供法律保障。

13.3.2 强化执法

与立法相比，执法环节更待加强，要加大执法力度，做到有法必依，执法必严，违法必究。要贯彻执行已经颁布实施的法律、法规和规章。各级领导干部要强化法律意识，提高执法水平和依法行政的力度。加大对因农业开发、畜禽饲养等农业生产活动和不按规定使用农用化学物质造成的农业环境污染事故的调查处理力度，协同环保行政主管部门加强对农村生活和其他活动造成的非点源污染事故的调查处理（刘冬梅等，2008）。与此同时，要建立健全农业监测监督管理体系和执法管理队伍，加强监督部门的管理力度，尤其要发挥执法部门的作用，对于有法不依、违反法律法规者，决不姑息，严惩不贷，以维护法律的严肃性和权威性。

13.4 政策措施

欧、美、日等发达国家或地区为了防止农业非点源污染，制定落实了一系列支持农业清洁生产的政策。从国外的先进经验可以得出，要保护农业环境，除了要有相关法律作为保障外，还应有相关政策的响应，一方面要体现出法律的约束力，另一方面也要通过政策调动农民保护环境的积极性。农业非点源污染本身具有分散性、随机性、隐蔽性，再加上我国实行家庭承包责任制，农村生产生活单位日益细化，对大量分散的农业生产行为进行监督成本是很高的。

因此，政府应更多地通过经济政策引导农民自觉采取有利于环境的行为，使农业生产朝着有利于环境友好的方向发展。例如，建立以围绕农业清洁生产为核心的科技、产业结构调整的产业鼓励政策、优惠政策、风险分担政策、财政扶持政策、金融扶持政策、税收优惠政策，对从事农业清洁生产研究、示范、培训的项目，列入县级以上地方人民政府同级财政安排的有关技术进步资金的扶持范围，在信贷方面给予充分支持；相反，对化肥和农药的生产、销售课税，对污物的排放收费，从源头上减少化肥的投入和污染物的排出。

13.5　技　术　措　施

1. 推广清洁、无公害的农药品种和施用技术

在生物防治、物理防治还未能代替以农药防治为主体的情况下，根据危害发生的具体情况，指导农民用药，使用那些低污染、低残留的农药，在施用技术上，要采用科学、合理、安全的农药施用技术，根据农药的特性，农药在农作物中的变化、残留规律，农作物的收割期等特点安全使用农药，为了提高农药的治理效果，可将两种或多种农药合理混合施用或交替轮换使用，以避免或延缓害虫产生的抗药性。

2. 生物防治病虫害技术

利用作物间的相生相克、共生互利关系，采用轮作、间混套种等种植方式控制病虫害与草害，通过调整收获和播种时间，打乱害虫食性或错开季节，可有效地减少危害。利用动物、微生物及作物分泌化学物质来治虫、除草，通过放养天敌也能有效控制病虫害。

3. 科学、合理的施肥技术

根据气候条件、土壤类型和养分的测试值，以及农作物对养分的吸收规律，确定施肥量、施肥期，多施有机肥、微生物肥，少施化肥。目前，我国已开发出根瘤菌肥、磷细菌肥、钾细菌肥、固氮菌肥和复合菌肥等，这些肥料具有无污染、提高农作物品质、改良土壤、增加土壤肥力等优点，应大力推广和使用。

4. 禽畜粪便资源化技术

通过一定的技术处理将粪便由废弃物变成资源，变成农业的肥料、饲料和燃料（冯玉娟等，2014）。

第一，禽畜粪便处理后用作肥料。禽畜粪便经过一定处理后作为肥料使用，是优质有机肥，合理地施用既能促进植物生长、增产，又可避免过量施用化学肥料导致的土壤板结、肥力下降，以及由于化肥流失可能对地下水和地表水造成非点源污染。

第二，禽畜粪便处理后用作饲料。禽畜粪便所含的氮素、矿物质、纤维素等

营养成分，经过一定的技术处理后，可以作为奶牛等的饲料（赵明梅等，2009）。

第三，禽畜粪便处理后用作燃料。采用厌氧发酵法，就是将畜禽粪便进行发酵产生沼气，这是禽畜粪便利用的最有效的方法。

5. 构建缓冲带，防治水土流失

土壤侵蚀过程造成的养分损失，是土壤退化和非点源污染的直接原因，陕西省是全国水土流失最严重的省份之一，全省水土流失面积为 13.8 万 km^2，占全省土地总面积的 66.8%，强度以上水土流失面积达 4.2 万 km^2。严重的水土流失造成土壤退化，河流、水库淤积，非点源污染严重。缓冲带全称为保护缓冲带，是指利用永久性植被拦截污染物或有害物质的条带状、受保护的土地。它是由美国农业部国家自然资源保护局向美国公众推荐的土地利用保护方式。缓冲带防治农业非点源污染主要是通过滞缓径流、沉降泥沙、强化过滤和增强吸附等功能来实现的，能明显降低各种污染物的浓度。缓冲带的建设有利于改善土壤质量、环境质量，提高水质，降低径流对河道的冲刷能力（刘冬梅等，2008）。

13.6　做好生态移民搬迁工作

13.6.1　生态移民范围及规模

根据陕西省人民政府制定的《陕南地区移民搬迁安置总体规划》（2011～2020 年），到 2015 年，陕南地区地质灾害、洪涝灾害频发易发区、贫困山区移民及生态移民共安排搬迁安置 38 万户，140 万人；到 2020 年，陕南地区共安排搬迁安置移民 60 万户，240 万人。其中，生态移民搬迁主要是对历史文化遗址、风景名胜区、自然保护区地质公园、森林公园、水源涵养区、水源地和生态敏感地区范围内，因群众生产生活对生态环境产生潜在威胁和负面影响地区的移民搬迁。规划期间，陕南三市生态移民搬迁共安排 127554 户，468838 人。其中，汉中市 19862 户，73323 人；安康市 82973 户，310470 人；商洛市 24719 户，85045 人。

13.6.2　生态移民的环保措施及迁出区的生态恢复

水源区生态移民规划项目的顺利实施，既减少了退耕区的污染物，控制了生态破坏，又使退耕区的生态环境得到改善。在生态移民的实施过程中，将严格按国家的环保法律、法规及标准，加大环保措施建设，防止新的环境污染和生态破坏产生，充分保护生物多样性，同时保障迁出区、安置区的环境质量。

1. 迁出地环境污染治理

1) 生活污水及垃圾的无害化处理

在实施生态移民后，迁出地生活污水为零排放。除村民居住区的周围土壤受到不同程度的污染外，基本没有需要专门治理的污水存在。对于生活垃圾及固体废弃物的处理，根据旧址生活垃圾分散的具体情况，在搬迁前，按照《中华人民共和国固体废弃物污染环境防治法》的要求，对容易降解的垃圾做填埋处理，对不易降解的垃圾（如塑料薄膜、资料包装纸 等）进行集中，实行无害化处理。农户住房拆迁后，将废弃的农舍进行拆迁清理。

2) 旧址卫生防疫消毒处理

旧址在农民迁出后，需在卫生防疫部门的指导下，对各个旧址进行"消、杀、灭"处理，以免造成疫情传播。

3) 危险废物的清理

区内居民生产生活中所产生的如废旧日光灯、废旧电池，以及其他危险废物，会对退耕还林区内的动植物产生长期的辐射污染，在农户搬迁的同时，应在环保部门指导下对其收集后进行妥善处理。

4) 生产生活迹地生态恢复

竹山县以山地地形为主，地势南高北低，海拔高低悬殊，最高海拔为 2740m，低山为丘陵，面积约 1203.7km²，占总面积的 33.6%，中山地区约 1887.9km²，占总面积的 52.6%，最低海拔 220m，地形起伏多变，绝大多数需搬迁农户住在海拔 800～1200m 的高山山坡地区，耕地土层薄，极易造成土壤水土流失。应对搬迁后的生态环境进行恢复，实施植树造林工程。

2. 迁出区土地垦复措施

移民迁出区内由于人为因素和自然因素的损害，土地一般都趋于劣势，如果不及时采取垦复措施，土壤环境将受到严重破坏。

迁出区土地复垦措施主要有：一是对土层较厚的坡耕地实施退耕还林，在还林初期实行林、草、药间作；二是对土层较薄的坡耕地实行大面积封山育林，逐步恢复自然植被，防止水土流失。

3. 迁出区土地综合治理措施

根据迁出区的自然条件，采取工程措施与生物措施相结合进行综合治理，为防止治沟侵蚀，特别是泥石流的危害，实行河坡治理工程拦截水土，作为植树种草用地。生物措施主要是实行退耕还林还草，种植水保林，实行封山育林，培植植被生长环境，改善植被状况，增加植被覆盖，增强蓄水保土能力，抓住退耕还林还草的机遇对退耕区进行还林还草。

4. 迁入地环境污染防治

迁入地主要在生产项目、生活设施项目和交通建设过程中，需采取一定的环境污染防治措施，以防止新的污染源产生。

1）生产项目建设的环保措施

（1）新、改、扩建各种项目，均应按照《建设项目环境保护管理条例》的要求进行环境影响评价后，方可实施，杜绝可能造成的生态破坏和水土流失及环境污染。

（2）交通建设过程中，固体废弃物的处理需严格按照《中华人民共和国固体废物污染环境防治法》进行，避免固体废弃物对环境的污染影响。

2）生活设施项目建设的环保措施

由于搬迁后人口相对集中，对迁入地的环境会产生一些污染影响，为了避免安置区对环境造成的影响，应设置垃圾处置场和污水处理厂项目，把垃圾处置场和污水处理厂的处理能力加大一些，以便移民迁入后，有足够的能力处理污染物。

移民迁入安置区后，由于能源结构的调整，每年要向环境空气中排放一定量的 SO_2、NO_2，对安置区的环境质量会造成一定影响，在安置区内必须搞生态环境建设，大力发展生态能源，如沼气等，大力开展生态家园建设，减少 SO_2、NO_2 排放量，改善安置区的环境质量。

13.6.3　保障措施

1. 加强组织领导，落实工作责任

秦岭北麓扶贫移民搬迁政策性强，工作量大，建设任务重，要按照政府主导、分级负责的原则抓好项目规划和实施。成立县级扶贫移民搬迁安置领导小组，负责协调、解决移民搬迁工作中的重大问题。县扶贫办作为项目实施的主体，成立相应机构，具体负责组织实施，要将责任落实到股室、落实到人，主要领导是第一责任人。实行目标责任制和考核评价制度。县上各有关部门加大投入力度，加快搬迁进度，鼓励提前完成搬迁任务。县财政部门安排项目资金时，要优先向扶贫移民搬迁中心村倾斜。县人民政府要按照统一规划、资源整合的原则，实施综合配套，提高建设水平。

2. 搞好产业开发，加快搬迁户增收步伐

要依托当地资源优势，培育发展主导产业，通过移民搬迁推动农业生产要素优化配置，实现农业生产的规模化、标准化、产业化，加快发展现代农业。要优先将信贷资金、实用技术培训资金和市县配套资金等用于发展区域特色产业，提高搬迁户的自我发展能力。加大技能培训和就业指导，推动搬迁户多渠道就业创

业。盘活房屋、宅基地等资产，积极引导农民依法流转土地，实现集中规模经营，增加搬迁户收入。

3. 完善配套政策，促进项目建设

县政府相关部门要研究制定土地权属置换、宅基地审批、新村规划、房屋设计、子女上学、户口迁移、社会保障和农民就业创业相关配套政策，减免有关费用，减轻群众负担。要足额落实财政配套资金，健全部门项目整合制度，积极引导社会力量广泛参与。积极研究制订扶贫移民搬迁户享受国家保障性住房和廉租房有关政策。要加大对搬迁户和迁入地群众的扶持力度，促进项目的顺利实施。

4. 健全规章制度，规范项目管理

县扶贫办具体做好年度项目申报、审批，按照项目"四制"原则实施管理，加强项目检查、督促和指导，加强项目建设管理，严把工程质量关。进一步加强资金监管与审计工作，积极推行公告、公示和县级报账制，到户补助资金由县上通过"一卡（折）通"直接补助到户，确保项目资金安全运行。

参 考 文 献

冯玉娟, 苏西平, 王林涛, 2014. 农业废弃物处理与资源化利用[J]. 环境与生活, 20: 116-118.

郭曼音, 2014. 对海南省小流域综合治理的几点认识[C]//生态清洁小流域与美丽乡村建设国际研讨会. 北京: 中国水土保持学会.

侯孝宗, 2013. 农业非点源污染的研究进展与治理对策[J]. 工程与建设, 27(4): 440-442.

刘冬梅, 王育才, 管宏杰, 2008. 陕西水资源污染农业非点源贡献分析[J]. 西北农林科技大学学报(社会科学版), 5: 92-96.

秦成逊, 任鑫圆, 吴慧, 等, 2014. 生态文明制度建设研究综述[J]. 昆明理工大学学报(社会科学版), 14(1): 30-34.

施启迪, 2010. 利用研究性学习进行水资源保护教育的探索与实践论文[D]. 上海: 华东师范大学.

王士钦, 杨绍飞, 黎虹, 2000. 发展中的有线电视数据广播技术[J]. 有线电视技术, 12: 19-21.

王星, 2012. 陕西省丹汉江流域生态清洁小流域建设技术与实践[J]. 中国水土保持, (2): 11-13.

杨进怀, 吴敬东, 祁生林, 等, 2007. 北京市生态清洁小流域建设技术措施研究[J]. 中国水土保持科学, 5(4): 18-21.

杨坤, 李世荣, 2012. 北京市生态清洁小流域分类分级建设对策研究[J]. 中国水土保持, (2): 7-9, 68.

杨莉, 杨慧, 2005. 右玉县生态修复试点的成效与经验[J]. 山西水土保持科技, (4): 39-40.

赵明梅, 汪国刚, 郎咸明, 2009. 畜禽粪便生产有机肥的新技术应用[J]. 安徽农业科学, 37(1): 239-240, 249.

郑连勇, 2001. 城市生活垃圾处理无害化、资源化、减量化目标[J]. 城市规划汇刊, (4): 71-75, 80.

周早弘, 2011. 农户经营行为对农业非点源污染的影响因素分析[J]. 湖南农业科学, 9: 79-81, 85.